职业技术教育精品教材建设项目

建筑材料

主　编／朱翠芳　张倩倩　韦朝运
副主编／丁于强　林　俊　甘正正

西南交通大学出版社
·成　都·

图书在版编目（CIP）数据

建筑材料 / 朱翠芳，张倩倩，韦朝运主编. —成都：西南交通大学出版社，2022.6（2024.6 重印）
ISBN 978-7-5643-8714-3

Ⅰ. ①建… Ⅱ. ①朱… ②张… ③韦… Ⅲ. ①建筑材料－高等职业教育－教材 Ⅳ. ①TU5

中国版本图书馆 CIP 数据核字（2022）第 097651 号

Jianzhu Cailiao
建筑材料
主编　朱翠芳　张倩倩　韦朝运

责任编辑	杨　勇
封面设计	墨创文化
出版发行	西南交通大学出版社 （四川省成都市金牛区二环路北一段 111 号 西南交通大学创新大厦 21 楼）
发行部电话	028-87600564　028-87600533
邮政编码	610031
网　　址	http://www.xnjdcbs.com
印　　刷	成都中永印务有限责任公司
成品尺寸	185 mm × 260 mm
印　　张	13.75
字　　数	292 千
版　　次	2022 年 6 月第 1 版
印　　次	2024 年 6 月第 2 次
书　　号	ISBN 978-7-5643-8714-3
定　　价	42.00 元

课件咨询电话：028-81435775

PREFACE 前言

本着积极推进课程改革和教材建设的思想，为满足职业教育改革与发展的需要，结合全国高职高专教育土建类专业教学指导委员会制定的教育标准和培养方案及主干课程教学大纲，以“必需、够用”的原则，“讲清概念、强化应用”为主旨，依据各种新材料、新工艺、新标准，我们组织编写了这本教材。本书主要有以下特色：

第一，教材以“知识目标、技能目标、练习、实训”的编写形式，构建了一个“引导—学习—练习—实训”的教学过程，给学生的学习和教师的教学做出了引导，帮助学生从更深的层次思考、练习和动手操作巩固所学的知识。

第二，根据现行的建筑材料国家标准和行业标准，结合高等职业教育要求，以行业需求为基本依据，以就业为导向，以学生为主体，在编写内容上注重与岗位实际要求紧密结合，符合国家对技能型人才培养的要求，体现教学组织的科学性和灵活性；在编写过程中注重理论性、基础性、现代性、实践性，强化学习概念和综合思维，有助于学生知识与能力的协调发展。

第三，编写内容以突出建筑材料的性质与应用为主题。摒弃了一些过时的、应用面较窄的材料，采用图、表、文字相结合的编写形式；新增加了装配式新型建筑材料的特点及优势，体现建筑材料发展的新趋势；渗透现代材料与工程的基本理论，可以扩大学生的知识面，引导学生了解新型材料的发展方向。

本书主要阐述了建筑材料的基本性质、气硬性胶凝材料、水泥、混凝土、建筑砂浆、建筑钢材、墙体和屋面材料、防水材料、建筑木材、装配式建筑材料、建筑装饰材料、建筑材料试验等内容。为方便教学，本书在各模块前设置了“知识目标”和“技能目标”。“知识目标”以提要的形式概括了本模块的重点内容；“技能目标”则对学生学习本模块内容后应具备的职业技能进行了提示，从而对学生学习和老师教学进行引导。各模块后面设置了“思考与练习”，更深层次地给学生提供思考和复习的切入点。

本书由柳州城市职业学院的朱翠芳、张倩倩、韦朝运担任主编，丁于强、林俊、甘正正担任副主编。广西建工轨道装配式建筑产业有限公司、柳州装配式建筑产业协会、广西云亭烯技术有限公司参与了本书的编写。本书在编写过程中得到了本校教研室老师们大力支持和帮助，在此表示由衷的感谢!

由于编写时间仓促，编者的经验和水平有限，书中难免有不妥和疏漏之处，恳请老师和同学指正!

编 者

2021 年 12 月

CONTENTS 目录

《建筑材料》在线答题

绪　论

建筑物是由各种材料建成的，用于建筑工程中的材料的性能对建筑物的各种性能具有重要影响。因此，建筑材料不仅是建筑物的物质基础，也是决定建筑工程质量和使用性能的关键因素。为使建筑物具有安全、可靠、耐久、美观、经济适用的综合性能，必须合理选择且正确使用建筑材料。

一、建筑材料的定义与分类

（一）建筑材料的定义

建筑材料是指建造建筑物或构筑物所使用的各种材料及制品的总称。建筑材料是一切建筑工程的物质基础。本课程讨论的建筑材料是构成建筑物本身的材料，包括地面、墙、柱、梁、板、楼梯、屋盖、门窗和建筑装饰所需的材料，即狭义的建筑材料。广义的建筑材料指的是，除用于建筑物本身的各种材料外，还包括给水排水、供热、供电、供燃气、电信以及楼宇控制等配套工程所需的设备与器材。另外，如围墙、脚手架、板桩和模板等涉及的器具与材料，也应囊括其中。

（二）建筑材料的分类

建筑材料的种类繁多，性能用途各异，为了便于区分和应用，工程中通常从不同的角度对建筑材料进行分类。

1. 按照化学成分分类

建筑材料按照化学成分的不同可分为无机材料、有机材料和复合材料三大类，见表1。

2. 按照使用功能分类

建筑材料按使用功能的不同可以分为结构材料、围护材料和功能材料三类。

（1）结构材料：结构材料是指在建筑物中主要起承受荷载作用的材料，常用于工程的主体部位，如结构物的梁、板、柱、基础等。结构材料的性能决定了工程结构的安全性和使用的可靠性，所以这类材料要求必须具有足够的强度和耐久性。常用的结构材料有混凝土和钢材等。

（2）围护材料：围护材料是指用于建筑物围护结构的材料，如墙体、门窗和屋面等部位使用的材料。围护材料不仅要求具有一定的强度和耐久性，同时为了适应现代建筑的功能需要，还要求必须具有良好的保温隔热、防水、隔声、蓄热等性能。常用的围护材料有砖、砌块、各种墙板和屋面板等。

（3）功能材料：功能材料是指担负建筑物使用过程中所需的建筑功能的非承重用材料，如防水材料、装饰材料、保温隔热材料、吸声隔声材料和密封材料等。这些功能材料的选择与使用决定了工程的适用性及美观性，是建筑材料发展的亮点。随着现代建筑功能要求的提高，新型材料不断出现，品种也更加丰富。

表1　建筑材料按照化学成分不同分类

<table>
<tr><th colspan="3">分类</th><th>举例</th></tr>
<tr><td rowspan="7">无机材料</td><td rowspan="2">金属材料</td><td>黑色金属</td><td>铁、钢、不锈钢</td></tr>
<tr><td>有色金属</td><td>铝、铜及其合金</td></tr>
<tr><td rowspan="5">非金属材料</td><td>天然石材</td><td>砂、石及石材制品</td></tr>
<tr><td>烧土制品</td><td>砖、瓦、陶、瓷、琉璃制品</td></tr>
<tr><td>玻璃及熔融制品</td><td>玻璃、玻璃纤维、岩棉、铸石</td></tr>
<tr><td>胶凝材料</td><td>气硬性：石灰、石膏、菱苦土、水玻璃
水硬性：水泥</td></tr>
<tr><td>混凝土及硅酸盐制品</td><td>混凝土、砂浆、硅酸盐制品</td></tr>
<tr><td colspan="2" rowspan="3">有机材料</td><td>植物质材料</td><td>木材、竹材</td></tr>
<tr><td>沥青材料</td><td>石油沥青、煤沥青、沥青制品</td></tr>
<tr><td>高分子材料</td><td>塑料、涂料、胶粘剂</td></tr>
<tr><td colspan="2" rowspan="2">复合材料</td><td>无机非金属材料与金属材料复合</td><td>钢筋混凝土、预应力混凝土、钢纤混凝土等</td></tr>
<tr><td>无机非金属材料与有机材料复合</td><td>沥青混凝土、聚合物混凝土等</td></tr>
</table>

二、建筑材料在建筑工程中的地位和作用

任何一种建筑物或构筑物都是按照设计要求，使用恰当的建筑材料，按照一定的施工工艺方法建造而成的。因此，建筑材料是建筑业发展的物质基础。正确地选择、合理地使用建筑材料，不仅直接决定了建筑物的质量和使用性能，也直接影响着工程的成本。及时提供数量充足、质量良好、品种齐全的各种材料，才能保证工程建设的顺利进行。

1. 建筑材料质量影响建筑工程质量

建筑材料的质量直接影响着工程的质量，具体表现为材料的品种、组成、构造、规格及使用方法都会对工程的结构安全性、耐久性、适用性产生影响。将劣质材料使用到工程中，必然危害工程质量，影响工程的使用效果和耐久性能，甚至会造成严重事故。因此，必须从材料的生产、选用、使用、检验评定以及材料的储存、保管等各个环节确保材料的质量，从而确保建筑物的质量。对于新材料和代用材料的应用，要采取积极而又慎重的态度，使用前必须经过严格检验和技术鉴定。

2. 建筑材料影响建筑工程造价

合理的材料费支出是控制工程成本的关键。在一般建筑工程的总造价中，材料费用占工程造价的 50%～60%。因此，材料的选择、使用与管理是否合理，直接影响到建筑工程的造价。只有学习并掌握建筑材料知识，才能优化选择和正确使用材料，充分利用材料的各种功能，提高材料的利用率，在满足使用功能的前提下节约材料，降低材料费用，降低工程造价、提高经济效益。

三、改进和发展建筑材料的意义

在建筑工程的建设过程中，工程的结构设计方案、施工方法都与材料密切相关。建筑材料的性能是决定建筑结构形式和施工方法的主要因素。建筑材料的改进和发展，将直接促进建筑工程技术进步和建筑业的发展。我国国民经济的发展对建筑功能、工程结构的要求越来越高，从而对材料也提出了更高的要求。例如，钢筋、混凝土材料的产生和广泛应用，取代了过去的砖、石、木，使钢筋混凝土结构成为现代建筑的主要结构形式；对于高层、高等级的建筑，也需要大量具有多种功能的轻质复合墙体材料和各种高档次的装饰材料；想要减轻建筑物的自重、提高建筑物的抗震能力、改善工作与居住环境条件、推动节能建筑的发展，就需要轻质材料和保温材料。总之，建筑材料是建筑工程的基础和核心。新材料的发展促进结构和施工技术的不断进步，使工程建筑的功能、适用性、艺术性、坚固性和耐久性都得到相应改善。我们培养出来的学生，要有这样的思想，为全面建设社会主义现代化国家、全面推进中华民族的伟大复兴而努力学习。为推动建筑材料的发展、推动绿色的发展、促进人与自然和谐共生而努力奋斗。

四、建筑材料的相关技术标准

要对建筑材料进行现代化的科学管理，必须对材料产品的各项技术性能制定统一的执行标准。工程材料、建筑材料的生产、销售、采购、验收和质量检验，均应以产品质量标准为依据。目前，我国现行的标准有国家标准、行业标准、地方标准、企业标准四大类。各级标准分别由相应的标准化管理部门批准并颁布。国家标准和行业标准是全国通用标准，是国家指令性文件，各级生产、设计、施工部门必须严格遵照执行。

1. 国家标准

国家标准是由国家标准局颁布的全国性的技术文件，有强制性标准（代号 GB）和推荐性标准（代号 GB/T）。例如：

GB——全国强制性标准；

GB/T——全国推荐性标准；

GBJ——全国建筑工程技术方面的标准。

对强制性国家标准，任何技术（或产品）不得低于规定的要求；对推荐性国家标准，表示也可执行其他标准的要求。

2. 行业标准

行业标准是由主管生产的部委或总局颁布的全国性的技术文件，由中央部委标准机构指定有关研究院所、大专院校、工厂、企业等单位提出或联合提出，报请中央部委主管部门审批后发布，最后报国家技术监督局备案。例如，建材行业标准（代号 JC），建设部行业标准（代号 JGJ），冶金行业标准（代号 YB），交通行业标准（代号 JT），水电行业标准（代号 SD）等。

3. 地方标准

地方标准是地方主管部门发布的地方性的技术文件，有强制性标准（代号 DB）和地方性推荐标准（代号 DB/T）。

4. 企业标准

企业生产的产品没有国家标准和行业标准的，应当制定企业内部的标准，以作为组织生产的依据企业标准。企业标准仅适应本企业，其代号为 QB。

五、本课程的学习目的、学习任务及学习方法

建筑材料是建筑工程类专业的一门重要专业基础课程。学习该课程是为今后继续学习其他专业课（如钢筋混凝土结构、钢结构、建筑施工技术、建筑工程计量与计价等）打下基础，同时，也使学生获得建筑材料试验的基本技能训练。

本课程的主要学习内容包括材料的基本性质和各种常用材料的生产成分、技术性质、规格标准、质量检验、应用范围、储运、保管等知识，以及为工程建筑、结构、施工等专业课程提供材料方面的基本知识，以便学生在今后的工作中能更好地选择、检验和应用材料。

在学习中学生必须注意掌握一定的学习方法以达到学习目的。首先，要理论联系实际，积极主动地参观材料市场和施工现场，获得感性认识，这是提高学习兴趣和学习效果的必要途径；其次，重视试验课程教学环节，试验教学是加强职业道德、培养

材料性能检测技能的重要环节。

在实际工程中，材料问题的处理或某些工程技术问题的解决，主要依靠于对材料知识的灵活运用。为能正确运用材料知识，在学习过程中要重点掌握某些典型材料的技术性能、特点，熟悉其组成、结构、构造。在此基础上利用已掌握的理论知识解决与材料有关的实际问题，引导学生如何分析问题，培养学生独立分析问题的能力。

绪论课件与微课

模块一　建筑材料的基本性质

【知识目标】

掌握建筑材料与质量有关的性质、与水有关的性质及与热有关的性质的概念及表示方法，并能较熟练地运用；了解建筑材料的物理性质、力学性质、耐久性的基本概念等；了解影响材料基本性质的相关因素，掌握建筑材料各种基本性质指标的计算方法。

【技能目标】

通过本模块的学习，能对材料的基本性质指标进行计算，并充分了解和掌握各种材料的性质和特点，正确选择和合理使用材料。

学习情景一　建筑材料的物理性质

一、材料与质量有关的性质

1. 密　度

密度是指材料在绝对密实状态下单位体积所具有的质量。按下列公式计算：

$$\rho=\frac{m}{V} \tag{1-1}$$

式中　ρ——材料的密度（g/cm^3）；

m——材料在干燥状态下的质量（g）；

V——干燥材料在绝对密实状态下的体积（cm^3），简称绝对密实体积或实体积。

材料的绝对密实体积是指不包括材料孔隙在内的体积。钢材、玻璃等少数密实材料可根据外形尺寸求得体积。

材料在绝对密实状态下的体积，是指不包含材料内部孔隙的实体积。除了钢材、玻璃、沥青等少数材料外，绝大多数材料在自然状态下含有一些孔隙。在测定有孔隙材料的密度时，先把材料磨成细粉，烘干至恒质量，然后用李氏瓶测得其实体积，用上式计算得到密度值。材料磨得越细，测得的体积越真实，得到的密度值也越精确。

2. 表观密度

表观密度是指材料在自然状态下单位体积的质量，用下式计算：

$$\rho_0 = \frac{m}{V_0} \tag{1-2}$$

式中　ρ_0——材料的表观密度（g/cm^3 或 kg/m^3）；

m——材料的质量（g 或 kg）；

V_0——材料在自然状态下的体积（m^3 或 cm^3），简称自然体积或表观体积，包括材料本身的体积和材料所含孔隙的体积。材料孔越多，表观密度越小。

对于规则形状的材料，可直接测量其外观尺寸，并通过相关计算即可得到该材料的自然状态体积；对于形状不规则材料，则需在材料表面涂蜡后（即封闭开口孔），再用排水法测定其自然状态体积。

工程上可以利用表观密度推算材料用量，计算构件自重，确定材料的堆放空间。

3. 堆积密度

堆积密度是指散粒状材料（如砂、石）或粉状材料（如水泥），在自然堆积状态下单位体积的质量，用下式表示：

$$\rho_0' = \frac{m}{V_0'} \tag{1-3}$$

式中　ρ_0'——材料的堆积密度（kg/m^3）；

m——材料的质量（kg）；

V_0'——材料的自然堆积体积，包括颗粒体积。

测定散粒状材料的堆积密度时，材料的质量是指填充在一定容积的容器内的材料质量，其堆积体积是指所用容器的容积。

材料的堆积密度取决于材料的表观密度，以及测定时材料的装运方式和疏密程度。松堆积方式测得的堆积密度值要明显小于紧堆积时的测定值。工程中通常采用松散堆积密度来确定颗粒状材料的堆放空间。

4. 材料的密实度与孔隙率

1）密实度

密实度是指材料体积内固体物质所充实的程度，也就是固体物质的体积占总体积的百分率。密实度用下式表示：

$$D = \frac{V}{V_0} \times 100\% = \frac{\rho_0}{\rho} \times 100\% \tag{1-4}$$

式中　D——材料的密实度（%）。

2）孔隙率

孔隙率是指材料内部孔隙体积占材料在自然状态下总体积的百分率，用下式表示：

$$P=\frac{V_0-V}{V_0}\times100\%=\left(1-\frac{V}{V_0}\right)\times100\%=\left(1-\frac{\rho_0}{\rho}\right)\times100\% \tag{1-5}$$

式中 P——材料的孔隙率（%）。

密实度 D 和孔隙率 P 是从不同角度反映材料的致密程度，它们的大小取决于材料的成分、结构以及制造工艺，密实度与孔隙率的关系为 $P+D=1$。工程上一般常用孔隙率表示材料的致密程度。

5. 材料的填充率与空隙率

1）填充率

填充率是指颗粒或粉状材料在堆积状态下颗粒体积占堆积总体积的百分率，用下式表示：

$$D'=\frac{V_0}{V_0'}\times100\%=\frac{\rho_0'}{\rho_0}\times100\% \tag{1-6}$$

式中 D'——材料的填充率。

2）空隙率

空隙率是指颗粒或粉状材料在堆积状态下颗粒之间的空隙体积占堆积总体积的百分率，可用下式表示：

$$P'=\frac{V_0'-V_0}{V_0'}\times100\%=\left(1-\frac{V_0}{V_0'}\right)\times100\%=\left(1-\frac{\rho_0'}{\rho_0}\right)\times100\%=1-D' \tag{1-7}$$

式中 P'——散粒状材料在堆积状态下的空隙率（%）。

填充率和空隙率是从不同角度反映颗粒或粉状材料堆积的紧密程度，其关系为 $P'+D'=1$，一般工程上常用空隙率。空隙率在配制混凝土时可作为控制混凝土粗、细骨料的配料比例以及计算混凝土含砂率的依据。

二、材料与水有关的性质

1. 亲水性与憎水性

材料在使用过程中经常会与水接触，那么首先遇到的问题就是材料能否被水所润湿。所谓润湿，是指水被材料表面吸附的情况，它和材料本身的性质有关。根据材料被水润湿的程度，可将材料分为亲水性与憎水性两大类。

亲水性与憎水性可用润湿角来表示，如图 1-1 所示。润湿角是指在材料、水、空气三者的交点处，沿水滴表面的切线与水和材料接触面之间的夹角。θ 角越小，水分越容易被材料表面吸附，说明材料被水润湿的程度越高，即材料亲水性越好。

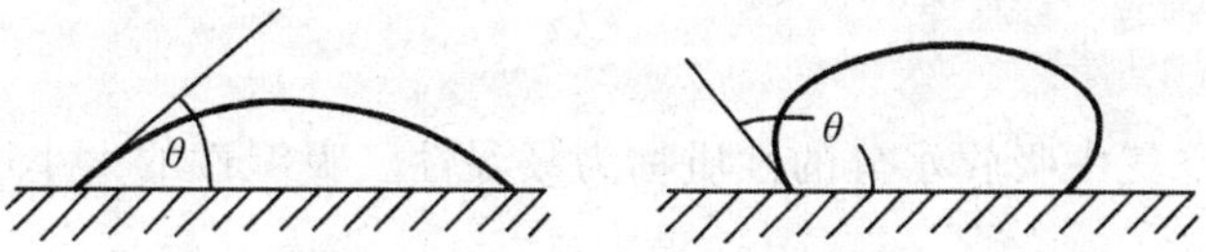

(a) 亲水性材料　　(b) 憎水性材料

图 1-1　材料的润湿示意图

通常认为，润湿角 $\theta \leq 90°$的材料为亲水性材料，如砖、石料、混凝土、木材等。润湿角＞90°的材料为憎水性材料，如沥青、石蜡、塑料等。憎水性材料不仅可以作防水材料，而且还可用于处理亲水性材料的表面，以降低其吸水性，提高材料的防水和防潮性。

2. 吸水性

材料在浸水状态下吸收水分的能力称为吸水性，其大小用吸水率表示。吸水率可用质量吸水率和体积吸水率来表示。

1）质量吸水率

质量吸水率：材料在吸水饱和时，所吸水量占材料在干质量的百分率。质量吸水率 W_m 的计算公式为：

$$W_m = \frac{m_b - m}{m} \times 100\% \tag{1-8}$$

式中　W_m——材料的质量吸水率（%）；

m_b——材料吸水饱和状态下的质量（g）；

m——材料在干燥状态下的质量（g）。

2）体积吸水率

体积吸水率是指材料吸水饱和时，其所吸收的水分的体积占材料干燥时体积的百分率，并以 W_V 表示。体积吸水率 W_V 的计算公式为：

$$W_V = \frac{m_b - m}{V_0} \times \frac{1}{\rho_w} \times 100\% \tag{1-9}$$

式中　W_V——材料的体积吸水率（%）；

m_b——材料吸水饱和状态下的质量（g）；

m——材料在干燥状态下的质量（g）；

V_0——干燥材料在自然状态下的体积（cm^3）；

ρ_w——水的密度（g/cm^3），常温下取 $\rho_w = 1.0\ g/cm^3$。

材料的吸水率反映了材料在标准测试方法下吸收水分的能力，是一个固定值。常用的建筑材料，其吸水率一般用质量吸水率表示。对于某些轻质材料，如加气混凝土、木材等，由于其质量吸水率往往超过 100%，一般采用体积吸水率表示。

3. 吸湿性

材料在潮湿空气中吸收水分的性质称为吸湿性。吸湿性的大小用含水率表示，按下列公式计算：

$$W = \frac{m_1 - m}{m} \times 100\% \tag{1-10}$$

式中 W——材料的含水率；

m_1——材料在含水状态下的质量（g）；

m——材料在干燥状态下的质量（g）。

当材料中所含水分与空气湿度达到平衡时的含水率，称为平衡含水率。

材料的含水率随空气的温度、湿度变化而改变。材料既能在空气中吸收水分，又能向外界释放水分，当材料中的水分与空气的湿度达到平衡的含水率时就称为平衡含水率。材料吸水后，会导致自重增加、保温隔热性能降低、强度和耐久性产生不同程度的下降。材料含水率的变化会引起体积的变化，影响使用。

材料的含水率受所处环境中空气湿度的影响。当空气中湿度在较长时间内稳定时，材料的吸湿和干燥过程处于平衡状态，此时材料的含水率保持不变，其含水率叫作材料的平衡含水率。

4. 耐水性

耐水性是指材料长期在饱和水作用下不被破坏，强度也不显著降低的性质。材料的耐水性用软化系数表示，按下列公式计算：

$$K_{\mathrm{p}} = \frac{f_{\mathrm{sw}}}{f_{\mathrm{d}}} \tag{1-11}$$

式中 K_{p}——材料的软化系数；

f_{sw}——材料吸水饱和状态下的抗压强度（MPa）；

f_{d}——材料在干燥状态下的抗压强度（MPa）。

软化系数的大小，表明材料浸水饱和后强度降低的程度，一般为 0 ~ 1。软化系数越小说明材料吸水饱和后的强度降低越多，其耐水性越差。通常认为，软化系数大于或等于 0.85 的材料是耐水性材料。

【例 1-1】石材在气干、绝干、水饱和情况下测得的抗压强度分别为 174 MPa、178 MPa、165 MPa，试计算该石材的软化系数，并判断该石材可否用于水下工程。

【解】该石材的软化系数 $K_{\mathrm{p}} = 165/178 = 0.93 > 0.85$，故该石材可用于水下工程。

5. 抗渗性

抗渗性是指材料在压力水作用下抵抗水渗透的性质。材料的抗渗性以渗透系数或抗渗等级表示，按下列公式计算：

$$K = \frac{Qd}{AtH} \tag{1-12}$$

式中　K——材料的渗透系数（cm/h）；

Q——透过材料试件的水量（cm^3）；

d——材料试件的厚度（cm）；

A——透水面积（cm^2）；

t——透水时间（h）；

H——静水压力水头（cm）。

对于沥青、沥青混凝土、瓦等防水防潮材料，常用渗透系数 K 表示其抗渗性。渗透系数反映了材料抵抗压力水透的能力，渗透系数越大，材料的抗渗性越差。对于混凝土和砂浆等材料，常用抗渗等级 P 表示其抗渗性，P 值越大，表示抗渗等级越高，抗渗性就越好。

6. 抗冻性

抗冻性是指材料在吸水饱和状态下，能经受多次冻融循环作用而不被破坏，强度不严重降低且质量也不显著减小的性质。材料的抗冻性用抗冻等级表示。材料的抗冻等级可分为 F15、F25、F50、F100、F200 等，分别表示此材料可承受 15 次、25 次、50 次、100 次、200 次等的冻融循环。

材料的抗冻性与材料的强度、孔结构、耐水性和吸水饱和程度有关。一般情况下，密实的材料、具有闭口孔隙且强度较高的材料，有较强的抗冻能力。材料抗冻等级的选择，是由结构物的种类、使用条件以及气候条件等来决定的。

三、材料与热有关的性质

1. 导热性

导热性是指材料传导热量的性能，用导热系数（热导率）表示。导热系数 λ 是指厚度为 1 m 的材料，当两侧温差为 1 K 时，在 1 s 时间内通过面积为 1 m 的热量。按下列公式计算：

$$\lambda = \frac{Qd}{(T_2 - T_1)\ At} \tag{1-13}$$

式中　λ——导热系数[W/（m·K）]；

Q——传导的热量（J）；

d——材料的厚度（m）；

T_2-T_1——材料两侧的温度差（K）；

A——材料的传热面积（m^2）；

t——传热时间（h）。

导热系数 λ 越小，材料的隔热保温性能越好。

材料的导热系数越大，表示传热越快，保温性越差。各种材料的导热系数差别很大，一般来说，无机材料的导热系数大于有机材料；材料的孔隙率越大，即空气越多，导热系数越小，同类材料的孔隙率是随表观密度的减小而增大，导热系数随表观密度的减小而减小；导热系数与孔隙形态特征也有关系，由微细而封闭孔隙组成的材料，导热系数小，反之则大；材料的含水率增加，导热系数也增加。常见建筑材料的导热系数为 0.035 ~ 3.5 W/（m·K），工程中通常把 λ＜0.23 W/（m·K）的材料称为绝热材料（保温和隔热材料）。

2. 热容量和比热容

热容量是指材料加热时吸收热量、冷却时放出热量的性质。其计算公式为：

$$Q = m \times C(T_2 - T_1) \tag{1-14}$$

$$C = \frac{Q}{m(T_2 - T_1)} \tag{1-15}$$

式中 Q——材料吸收或放出的热量（J）；

m——材料的质量（g）；

C——材料的比热容[J/（g·K）]；

T_1，T_2——材料受热或冷却前后的温度差（K）。

建筑设计时，应选用导热系数小而热容量较大的材料。

热容量大小用比热容表示，1 g 材料温度升高或降低 1 K 时，所吸收或放出的热量称为比热容。材料的比热容反映材料吸热和放热能力的大小。选择高热容材料作为墙体、屋面、内装饰，在热流变化较大时，对稳定建筑物内部温度变化有重要意义，能保持建筑内部温度的稳定性。

3. 热变形性

材料随温度的升降而产生热胀冷缩变形的性质。

材料的热变形性，对于土木工程是不利的。例如，在大面积或大体积的混凝土工程中，当热变形产生的膨胀拉应力，超过混凝土的抗拉强度时，可引起温度裂缝；对于大体积的土木工程，为防止热变形引起裂缝，应设置伸缩缝；对于石油沥青，当温度降低到一定程度，易产生脆裂等。

4. 耐燃性

材料在空气中遇火不燃烧的性能，称为材料的耐燃性。按照遇火时的反应将材料分为非燃烧材料（A）、难燃烧材料（B1）、可燃烧材料（B2）和易燃烧材料（B3）四级。

1）非燃烧材料

在空气中受到火烧或高温作用时，不起火、不碳化、不微烧的材料，称为非燃烧材料，如砖、天然石材、混凝土、砂浆、金属材料等。

2）难燃烧材料

在空气中受到火烧或高温作用时，难燃烧、难碳化，离开火源后燃烧或微烧立即停止的材料，称为难燃烧材料，如石膏板、水泥石棉板、板条抹灰等。

3）可燃烧材料

在空气中受到火烧或高温作用时，立即起火或微烧，且离开火源后仍继续燃烧或微烧的材料，称为可燃烧材料，如胶合板、纤维板、木材、苇箔等。

4）易燃烧材料

在空气中受到火烧或高温作用时，立即起火，并迅速燃烧，且离开火源后仍继续迅速燃烧的材料，称为易燃烧材料，如纤维织物等。

学习情景二　建筑材料的力学性质

一、材料的强度、强度等级和比强度

1. 强　度

材料在外力作用下抵抗破坏的能力，称为材料的强度。材料破坏时，建筑材料受外力作用时，内部就产生应力。外力增加，应力相应增大，应力达到的极限值称为材料的极限强度。

根据外力作用方式的不同，材料强度有抗压、抗拉、抗剪、抗弯（折）强度等，如图 1-2 所示。

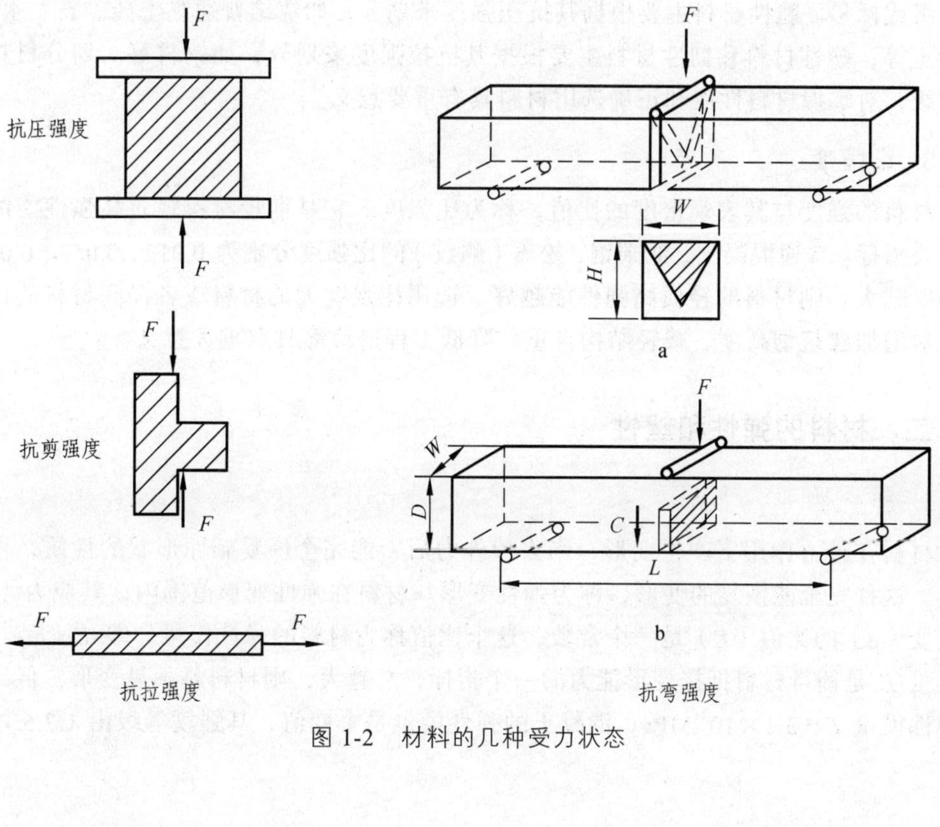

图 1-2　材料的几种受力状态

（1）抗压强度、抗拉强度、抗剪强度的计算：

$$f = \frac{F_{max}}{A} \tag{1-16}$$

式中 f——材料强度（MPa）；

F_{max}——材料破坏时的最大荷载（N）；

A——试件受力面积（mm^2）。

（2）抗弯强度的计算：

$$f_w = \frac{3F_{max}L}{2bh^2} \tag{1-17}$$

式中 f_w——材料的抗弯强度（MPa）；

F_{max}——材料受弯破坏时的最大荷载（N）；

L，b，h——两支点的间距，试件横截面的宽、高（mm）。

强度是材料的主要技术性质之一。材料的强度与其组成及结构有关。相同种类的材料，其组成、结构特征、孔隙率、试件形状、尺寸、表面状态、含水率、温度及试验时的加荷速度等，对材料的强度都有影响。不同材料的各种强度是不同的。

2. 强度等级

大多数建筑材料根据其极限强度的大小，划分成若干不同的等级，称为材料的强度等级或标号。脆性材料主要根据其抗压强度来划分，如烧结普通黏土砖、石、水泥、混凝土等；塑性材料和韧性材料主要根据其抗拉强度来划分，如钢材等。划分材料强度等级，对掌握材料性能和正确选用材料具有重要意义。

3. 比强度

材料的强度与其表观密度的比值，称为比强度。它是衡量材料轻质高强性能的一项重要指标。普通混凝土、低碳钢、松木（顺纹）的比强度分别为0.012、0.053、0.069。比强度越大，则材料的轻质高强性能越好。选用比强度大的材料或者提高材料的比强度，对增加建筑物高度、减轻结构自重、降低工程造价等具有重大意义。

二、材料的弹性和塑性

1. 弹　性

材料在外力作用下产生变形，当去掉外力后，能完全恢复到原形状的性质，称为弹性。这种完全能恢复的变形，称为弹性变形。材料在弹性变形范围内，其应力（a）与应变（e）的比值（E）是一个常数，这个比值称为材料的弹性模量，即 $E = a/e$。弹性模量 E 是衡量材料抵抗变形能力的一个指标，E 越大，则材料越不易变形。低碳钢的弹性模量 $E = 2.1\times10^5$ MPa；混凝土的弹性模量是个变值，其强度等级由 C7.5 增加到 C60，弹性模量 E 由 1.55×10^4 MPa 增加到 3.65×10^4 MPa。

2. 塑　性

材料在外力作用下产生变形，当去掉外力后，仍保持变形后的形状和尺寸的性质，称为塑性。这种不能恢复的永久变形，称为塑性变形。在建筑材料中，没有纯弹性材料，一部分材料在受力不大的情况下，只产生弹性变形，当外力超过一定限度后，便产生塑性变形，如低碳钢。有的材料在受力时，弹性变形和塑性变形同时产生，当去掉外力后，弹性变形消失，而塑性变形不能消失，如混凝土。

三、材料的脆性和韧性

1. 脆　性

材料在外力作用下，直到破坏前并无明显的塑性变形而发生突然破坏的性质，称为脆性。脆性材料的特点是塑性变形很小，抵抗冲击、振动荷载的能力差，抗压强度较高，抗拉强度较低。大部分无机非金属材料属于脆性材料。

2. 韧　性

材料在冲击或震动荷载的作用下，能吸收较大能量，并产生较大变形而不发生破坏的性质，称为韧性，又称为冲击韧性。韧性材料的特点是塑性变形大，抗拉、抗压强度都较高。建筑钢材、木材、橡胶等属于韧性材料。对于承受冲击震动荷载的路面、桥梁、吊车梁等结构，应选用具有较高韧性的材料。

四、材料的硬度和耐磨性

1. 硬　度

硬度是指材料表面抵抗较硬物体压入或刻划的能力。不同材料的硬度采用不同的测定方法。钢材、木材和混凝土等材料的硬度常采用压入法测定，如布氏硬度（HB）是以单位面积压痕上所受到的压力来表示，天然矿物的硬度常采用刻划法测定，矿物硬度分为 10 级，其硬度递增的顺序为滑石、石膏、方解石、萤石、磷灰石、正长石、石英、黄玉、刚玉、金刚石。材料的硬度越大，则其耐磨性越好，加工越困难。

2. 耐磨性

耐磨性是指材料表面抵抗磨损的能力。材料的耐磨性用磨损率计算，即：

$$G=\frac{m_1-m_2}{A} \tag{1-18}$$

式中　G——材料的磨损率（g/cm^2）；

m_1——材料磨损前的质量（g）；

m_2——材料磨损后的质量（g）；

A——材料试件的受磨面积（cm^2）。

五、材料的耐久性

材料在使用过程中，能抵抗周围各种介质的侵蚀而不被破坏，也不失去其原有性能的性质，称为耐久性。材料在使用过程中，除受到各种外力作用外，还受到物理、化学和生物等自然因素的破坏作用。

物理作用包括材料的干湿变化、温度变化及冻融变化等。这些变化可引起材料的收缩和膨胀，长期而反复作用会使材料逐渐破坏。

化学作用包括酸、碱、盐等物质的水溶液及气体对材料的侵蚀作用，使材料的组成成分发生质的变化，而引起材料的破坏，如水泥石的化学侵蚀、钢材的锈蚀等。

生物作用包括菌类、昆虫等的侵害作用，导致材料发生腐朽、虫蛀等而破坏，如木材及植物纤维材料的腐烂等。

耐久性是材料的一项综合性质，而且因材料的组成和构造不同，其耐久性的内容也不相同。如：钢材的锈蚀破坏；石材、混凝土、砂浆、烧结普通黏土砖等无机非金属材料，主要是抗冻、抗风化、碳化、干湿变化等物理作用的破坏；当与水接触时，有可能因化学作用而破坏；沥青、塑料、橡胶等有机材料因老化现象而破坏。

思考与练习

1-1　材料的孔隙率与空隙率有何区别？为什么？

1-2　解释抗冻等级 F15、抗渗等级 P10 的含义。

1-3　如何区分材料的亲水性和憎水性？如何利用这一原理提高材料的防水性能？举例说明。

1-4　砂的表观密度为 2.62 g/cm³，孔隙率为 40%，求砂的堆积密度。

1-5　收到含水率为 5%的砂子 500 t，干砂实为多少吨？需要干砂 500 t，应进含水率为 5%的砂子多少吨？

1-6　某批陶粒烘干质量为 1 500 kg，自然堆积体积为 2 m³。取其中 50 g 磨细后，测得其体积为 20 cm³。已知其空隙率 40%，求该批陶粒的密度、表观密度、堆积密度和孔隙率各为多少。

1-7　某工程每天浇筑 50 m³混凝土，每立方米混凝土用卵石 1 260 kg。卵石表观密度为 2.68 g/cm³，空隙率为 41%，载重量 4 t 汽车运输的有效容积为 2 m³，问每天需要运输卵石多少车次？

1-8　某砖进行抗压试验，浸水饱和后的平均荷载为 172 kN，绝对干燥状态的平均破坏荷载为 215 kN，气干的平均破坏荷载为 185 kN。若试件的受压面积相同，问此砖能否用在建筑物常与水接触部位？为什么？

1-9　有一个 1 500 cm^3的容器，平装满碎石后，碎石质量 2.55 kg，为测其碎石的表观密度，将所有碎石倒入一个 7 780 cm^3的量器中，向量器中加满水后称重 9.36 kg，试求碎石的表观密度。若在碎石的空隙中又填以砂子，而砂子的表观密度为 1 700 kg/m^3，问可填多少克砂子？

模块一课件与微课

模块二　气硬性胶凝材料

【知识目标】

了解建筑石灰的原料及生产过程；掌握气硬性胶凝材料和水硬性胶凝材料的区别；掌握石灰的生产、熟化、硬化、技术标准、性质、应用、用途及储运；掌握石膏的种类、凝结与硬化、技术性能及特点、石膏及其制品的应用；了解水玻璃的硬化过程、性质与应用。

【技能目标】

通过本模块的学习，能根据不同的施工条件选择相适应的气硬性胶凝材料。

在建筑工程中，把经过一系列的物理、化学作用后，由液体或膏状体变为坚硬的固体，同时，能将散粒材料（如砂、石子）或块状材料（如砖、石块、砌块）胶结成具有一定机械强度的整体的材料，统称为胶凝材料。

建筑上使用的胶凝材料按其化学组成可分为有机胶凝材料和无机胶凝材料两大类。

有机胶凝材料是以天然或合成的高分子化合物（如沥青、树脂、橡胶等）为基本组分的胶凝材料。

无机胶凝材料是以无机化合物为主要成分，掺入水或适量的盐类水溶液（或含少量有机物的水溶液），经一定的物理化学变化过程产生强度和黏结力，可将松散的材料胶结成整体，也可将构件结合成整体。无机胶凝材料也称矿物胶凝材料（如各种水泥、石膏、石灰等）。

无机胶凝材料按硬化条件可分为气硬性胶凝材料和水硬性胶凝材料。气硬性胶凝材料只能在空气中凝结硬化，也只能在空气中保持和发展其强度，气硬性胶凝材料的耐水性差，不宜用于潮湿环境；水硬性胶凝材料在空气中和水中均能很好地硬化，并保持和发展其强度，水硬性胶凝材料的耐水性好，可用于潮湿环境或水中。

常用的气硬性胶凝材料有石灰、石膏、水玻璃、菱苦土等；常用的水硬性胶凝材料有各种水泥。本章只介绍气硬性胶凝材料。

学习情景一　建筑石灰

石灰是建筑工程中使用较早的矿物胶凝材料之一。由于其原料来源广泛，生产工艺简单，成本低廉，具有其特定的工程性能，至今仍广泛应用于建筑工程中。

一、石灰的生产

1. 原　料

生产石灰的原料有以碳酸钙（$CaCO_3$）为主要成分的矿物、岩石（如石灰岩、白云岩）等，而主要原料是天然的石灰岩。

2. 生产过程

将主要成分为碳酸钙（$CaCO_3$）和碳酸镁（$MgCO_3$）的岩石经高温煅烧（加热至 900 °C 以上），得到白色或灰白色的块状材料即为生石灰，因成块状，俗称块灰。反应同时放出二氧化碳气体。生石灰的主要化学成分为氧化钙（CaO）和氧化镁（MgO）。当氧化镁含量不大于或等于 5%时称为钙质石灰，氧化镁含量大于 5%时称为镁质石灰。

$$CaCO_3 \xrightarrow{900℃} CaO + CO_2 \uparrow$$

$$MgCO_3 \xrightarrow{700℃} MgO + CO_2 \uparrow$$

在上述反应过程中，$CaCO_3$、CaO、CO_2 的质量比为 100∶56∶44，即质量减少 44%，而在正常煅烧过程中，体积只减少约 15%，所以生石灰具有多孔结构。石灰在生产过程中，对质量有影响的因素有煅烧的温度和时间、石灰岩中碳酸镁的含量及黏土杂质含量。碳酸钙在 900 °C 时开始分解，但速度较慢。所以，煅烧温度宜控制在 1 000~1 100 °C。温度较低、煅烧时间不足、石灰岩原料尺寸过大、装料过多时，会产生欠火石灰。欠火石灰中 $CaCO_3$ 尚未完全分解，未分解的 $CaCO_3$ 没有活性，从而降低了石灰的有效成分含量；温度过高或煅烧时间过长时，则会产生过火石灰。随煅烧温度的提高和时间的延长，已分解的 CaO 与原料中含有的 SiO_2 和 Al_2O_3 等黏土杂质烧结成难溶于水的玻璃质釉状物，从而使石灰与水反应的速度变得更慢（需数天或数月）。过火石灰如用于工程上，由于熟化不彻底，其细小颗粒会在已经硬化的浆体中吸收水分，发生水化反应而体积膨胀，引起局部鼓泡或脱落，影响工程质量。因此，为了消除过火石灰在使用过程中造成的危害，通常将石灰膏在储灰池中存放 2 周以上，使过火石灰在这段时间内充分的熟化，这一过程称为“陈伏”。陈伏期间，石灰膏表面应敷盖一层水以隔绝空气，防止石灰浆表面碳化。

二、石灰的熟化与硬化

1. 石灰的熟化

生石灰在使用前，一般要加水使之消解为熟石灰——氢氧化钙，这个过程称为石灰的“熟化”或“消化”。其反应式如下：

$$CaO+H_2O = Ca(OH)_2+64.83\ kJ\uparrow$$

在熟化过程中，一方面因为反应速度很快，释放出大量的热量，另一方面熟化后体积增大 1 ~ 2.5 倍。熟化易在工程中造成事故，因此，在石灰熟化过程中应注意安全，防止烧伤、烫伤。石灰熟化的理论用水量为生石灰质量的 32%，由于生石灰熟化时放热，会使大量的水变为水蒸气而蒸发，为了使生石灰充分熟化，实际用水量可达 70% ~ 100%。

熟化时根据加水量的多少，可得到消石灰粉和石灰浆。

生石灰在熟化过程中有两个显著的特点：一是体积膨胀（增大 1 ~ 2.5 倍）；二是放出大量的热，放热速度快。不同质量的石灰，其熟化的速度有很大的差异。煅烧良好、氧化钙含量高、杂质含量小的生石灰，其熟化速度快，放热量和体积增大也快。另外，熟化速度还取决于熟化池中的温度，温度高，熟化速度快。

2. 石灰的硬化

石灰浆在空气中的硬化是由以下两个作用相继进行而完成的。

（1）干燥结晶。石灰膏中的游离水分一部分蒸发掉，另一部分被砌体吸收。氢氧化钙从过饱和溶液中结晶析出，晶相颗粒逐渐靠拢结合成固体，强度随之提高。

（2）碳化硬化。氢氧化钙与空气中的二氧化碳反应生成不溶于水的、强度和硬度较高的碳酸钙，析出的水分逐渐蒸发，其反应式为：

$$Ca(OH)_2+CO_2+nH_2O — CaCO_3+(n+1)H_2O$$

这个反应实际是二氧化碳与水结合形成碳酸，再与氢氧化钙作用生成碳酸钙。如果没有水，这个反应就不能进行。碳化过程是由表及里，但表层生成的碳酸钙结晶阻碍了二氧化碳的深入，也影响了内部水分的蒸发，所以碳化过程长时间只限于表面。氢氧化钙的结晶作用则主要发生在内部。石灰硬化过程的两个主要特点：一是硬化速度慢；二是体积收缩大。

因此，石灰的硬化只能在空气中进行，也只能在空气中才能继续发展提高其强度，所以石灰只能用于干燥环境的地面上的建筑物、构筑物，而不能用于水中或潮湿环境中。

三、石灰的技术性质

根据石灰中有效氧化钙和氧化镁的含量、生石灰产浆量和未消化残渣含量、二氧化碳（CO_2）的含量、消石灰粉游离水含量、细度等将各类石灰产品划分为“优等品”

“一等品”和“合格品”3个质量等级。石灰的技术指标见表2.1～表2.3。

表2.1　建筑生石灰技术指标（JC/T 479—1992）

项　目	钙质生石灰			镁质生石灰		
	优等品	一等品	合格品	优等品	一等品	合格品
CaO+MgO含量（%），不小于	90	85	80	85	80	75
未消化残渣含量（5 mm圆孔筛筛余，%）不大于	5	10	15	5	10	15
CO_2含量（%），不大于	5	7	9	6	8	10
产浆量（L/kg），不小于	2.8	2.3	2.0	2.8	2.3	2.0

表2.2　建筑生石灰粉技术指标（JC/T 480—1992）

项　目		钙质生石灰			镁质生石灰		
		优等品	一等品	合格品	优等品	一等品	合格品
CaO+MgO含量（%），不小于		85	80	75	80	75	70
CO_2含量（%），不大于		7	9	11	8	10	12
细度	0.9 mm筛的筛余（%），不大于	0.2	0.5	1.5	0.2	0.5	1.2
	0.125 mm筛的筛余（%），不大于	7.0	12.0	18.0	7.0	12.0	18.0

表2.3　建筑消石灰粉技术指标（JC/T 481—1992）

项　目		钙质生石灰			镁质生石灰		
		优等品	一等品	合格品	优等品	一等品	合格品
CaO+MgO含量（%），不小于		70	65	60	65	60	55
游离水（%）		0.4～2	0.4～2	0.4～2	0.4～2	0.4～2	0.4～2
体积安定性		合格	合格		合格	合格	
细度	0.9 mm筛的筛余（%），不大于	0	0	0.5	0	0	0.5
	0.12 mm筛的筛余（%），不大于	3	10	15	3	10	15

四、石灰的特性与应用

1. 石灰的特性

1）保水性好

石灰熟化后的氢氧化钙颗粒极细，比表面很人，表面吸附了一层很厚的水膜，用其拌制水泥石灰砂浆，保水性强，可塑性好。

2）硬化速度缓慢，强度低

石灰的凝结硬化过程十分缓慢，特别是表层碳酸钙薄层的形成，阻碍了浆体内部的水分蒸发及碳化向其内部的深入。硬化后的石灰强度较低，1∶3的石灰砂浆28 d抗压强度只有 0.2 ~ 0.5 MPa，受潮后强度更低。

3）硬化时体积收缩大

石灰浆体需水量大，硬化时要脱去大量游离水使体积产生显著收缩。为抑制体积收缩，避免建筑物开裂，常在石灰中入砂、纸筋、麻刀等。

4）耐水性差

由于氢氧化钙易溶于水，故其耐水性差，所以石灰不能用于水工建筑物或潮湿环境中的建筑物。

2. 石灰的应用

1）制作混合砂浆

用石灰膏、水泥和砂配制成砌筑用的混合砂浆；用石灰膏和砂或麻刀或纸筋配制成的石灰砂浆、麻刀灰、纸筋灰，用作内墙、顶棚的抹面。

2）制作灰土和三合土

石灰和黏土按比例配合制成灰土，再加上砂，可配成三合土。灰土或三合土经分层夯实，具有一定的强度（抗压强度一般为 4 ~ 5 MPa）和耐水性，它的强度和耐水性远远高出石灰或黏土。石灰改善了黏土的颗粒级配，在强夯之下，密实度得以提高，使其强度和耐水性得到改善，因此三合土多用于建筑物的基础或路面垫层。

3）制作硅酸盐制品及碳化制品

以生石灰粉和硅质材料（如砂、粉煤灰、火山灰等）为基料，加少量石膏、外加剂，加水拌和成型，经湿热处理而得的制品，统称为硅酸盐制品，如蒸养粉煤灰砖及砌块等。

石灰碳化制品是将石灰粉、纤维料（或骨料）和水按一定比例配合、搅拌成型，然后经人工碳化 12 ~ 14 h 而制成，如碳化砖、瓦、管材及石灰碳化板等。

3. 石灰的保存和运输

生石灰在运输时应注意防雨，且不得与易燃、易爆及液体物品混运。石灰应存放在封闭严密、干燥的仓库中。石灰存放太久，会吸收空气中的水分自行熟化，与空气中的二氧化碳最易生成碳酸钙，失去胶结性。储存生石灰，不但要防止受潮，而且不宜储存过久。石灰最好的储存方法就是把运到的石灰即刻熟化为石灰浆，把储存期变为“陈伏”期。由于生石灰受潮熟化时放出大量的热，而且体积膨胀，所以，储存和运输生石灰时还要注意安全。

学习情景二　建筑石膏

石膏在建筑工程中的应用也有较长的历史。由于其具有轻质、隔热、吸声、耐火、色白且质地细腻等一系列优良性能，加之我国石膏资源极其丰富，储量大、分布广。因此，石膏及其制品，尤其是各种石膏板材，已经在建筑工程中得以广泛应用，并且发展迅速。

石膏是以硫酸钙（$CaSO_4$）为主要成分的传统气硬性胶凝材料。我国石膏的矿藏量丰富，分布较广，其制品具有质量轻、耐火、隔声、绝热等优良性能。因此，已经在建筑上得到广泛应用，主要用于制作各种石膏板材、石膏砌块及石膏装饰品。另外，石膏也是生产水泥、水泥制品及硅酸盐制品的掺加材料。

一、建筑石膏的生产

将纯净天然二水石膏破碎，在窑内加热至 107 ~ 170 °C 时（低温煅烧），脱去部分结晶水，得到 β 型半水石膏（$\beta C_aSO_4 \cdot 0.5H_2O$），即为建筑石膏：

$$CaSO_4 \cdot 2H_2O \xrightarrow{107\sim170\ ℃} \beta\text{-}CaSO_4 \cdot 0.5H_2O + 1.5H_2O$$

建筑石膏（β 型半水石膏）呈白色粉末状，密度为 2.60 ~ 2.75 g/cm^3，堆积密度为 800 ~ 1 000 kg/m^3。β 型半水石膏中杂质少、色白，可作为模型石膏，适用于建筑装饰及陶瓷的制作工艺。

二、建筑石膏的凝结硬化

建筑石膏使用时需加水调制，成为具有一定可塑性的浆体，石膏浆在较短时间内就会失去塑性，继而产生强度，又较快发展成具有一定强度的固体，这个过程称为石膏的凝结硬化。半水石膏在水中发生溶解，很快形成饱和溶液，并与水发生化学反应，重新生成二水石膏。其反应式为：

$$CaSO_4 \cdot \frac{1}{2}H_2O + 1.5H_2O \longrightarrow CaSO_4 \cdot 2H_2O$$

建筑石膏与适量的水混合成可塑的浆体，但很快就失去塑性产生强度，并发展成为坚硬的固体。石膏的凝结硬化是一个连续的溶解、水化、胶化、结晶的过程。由于二水石膏的溶解度（2.05 g/L）比半水石膏的溶解度（8.16 g/L）小得多，所以溶液中的二水石膏很快达到饱和状态，以胶凝微粒的形式析出。此时溶液中的半水石膏又成了非饱和状态继续溶解水化，直到半水石膏完全转化为二水石膏为止。在此过程中，石膏浆体中的自由水分逐渐减少，二水石膏的胶体微粒则不断增加，浆体逐渐变稠失去塑性，此为“凝结过程”。然后，随着水分进一步被吸收和蒸发，胶体进一步变稠，微粒紧密而凝聚，逐渐转变为晶体，晶体逐渐增大，互相交错共生在一起，提高了彼此间的摩擦力及黏结力，产生了强度并不断增长，直至完全干燥，强度才停止发展，这就是石膏的硬化过程。

石膏的凝结和硬化是一个连续的、复杂的物理化学变化过程。从加水开始拌和到浆体开始失去可塑性的过程称为浆体的初凝，对应的这段时间称为初凝时间；从加水开始拌和到浆体完全失去可塑性，并开始产生强度的过程称为浆体的终凝，对应的这段时间称为终凝时间。建筑石膏凝结硬化较快，一般初凝不早于 3 min，终凝不迟于 30 min。

三、建筑石膏的技术性质

1. 建筑石膏的等级

根据国家现行标准《建筑石膏》(GB/T 9776—2008)，建筑石膏按 2 h 强度（抗折）分为 3.0、2.0、1.6 三个等级。分为三级，即优等品、一等品、合格品。建筑石膏的各项技术指标应符合表 2.4。

表 2.4　建筑石膏的各项技术指标

项目		等级		
		优等品	一等品	合格品
抗折强度/MPa，不小于		2.5	2.1	1.8
抗压强度/MPa，不小于		4.9	3.9	2.9
细度 0.2 mm 方孔筛筛余/%，不大于		5	10	15
凝结时间/min	初凝时间，不小于	6		
	终凝时间，不大于	30		

2. 建筑石膏的特性

建筑石膏与其他材料相比，具有以下特性。

1）凝结硬化快

建筑石膏浆体凝结极快，初凝一般只需几分钟，终凝也不超过 30 min。在自然干燥的条件下，建筑石膏达到完全硬化的时间约需一星期。

在施工过程中，如需降低凝结速度，可适量加入缓凝剂，如加入 0.1% ~ 0.2%的动物胶或 1%的亚硫酸酒精废液。

2）微膨胀性

建筑石膏在硬化初期能产生 1%的体积膨胀，这可使硬化体表面光滑饱满，干燥时不开裂，且能使制品造型棱角很清晰，有利于制造复杂图案花型的石膏装饰件。石膏可以不加填充料而单独使用。

3）孔隙率大

建筑石膏水化反应理论需水量约为 18.6%，为获得良好可塑性的石膏浆体，通常加水量达石膏质量的 60% ~ 80%。石膏硬化后多余的水分蒸发掉，使石膏制品的孔隙率高达 40%~60%。因此，石膏制品具有表观密度小、隔热保温及吸声性能好的特点。

4）耐水性差

建筑石膏制品空隙率大，使得石膏制品的强度较低，耐水性、抗渗性及抗冻性变差。

5）可塑性好

石膏配制的灰浆具有很强的可塑性，可以人为地浇注成任意形状，施工方便。

6）抗火性好

建筑石膏硬化后的主要成分是带有两个结晶水的二水石膏，当其遇到火时，二水石膏脱去结晶水，结晶水吸收热量蒸发时，蒸发水分能在火与石膏制品之间形成气雾，降低了石膏表面的温度，有效地阻止火的蔓延。制品厚度越大，防火性能越好。

3. 建筑石膏的应用和储运

石膏是一种用途很广的工业和建筑材料，可用于水泥缓凝剂、石膏建筑制品、模型制作等。建筑石膏在建筑工程中可用作室内抹灰、粉刷、油漆打底等材料，还可以制造建筑装饰制品和石膏板。

1）室内抹灰及粉刷

建筑石膏常被用于室内抹灰和粉刷。建筑石膏加砂、缓凝剂和水拌和成石膏砂浆，用于室内抹灰，其表面光滑、细腻、洁白、美观。石膏砂浆也可作为腻子用于油漆等的打底层。建筑石膏加缓凝剂和水拌和成石膏浆体，可作为室内粉刷的涂料。

2）建筑装饰制品

建筑石膏具有凝结快、体积稳定、装饰性强、不老化、无污染等特点，常用于制造建筑雕塑、建筑装饰制品。

3）制作石膏板

石膏板具有质量轻、保温、防火、吸声、能调节室内温度、湿度及制作方便等性能，应用较为广泛。常见的有普通纸面石膏板、装饰石膏板、石膏空心条板、吸声用穿孔石膏板、耐水纸面石膏板、耐火纸面石膏板、石膏蔗渣板等。另外，各种新型的石膏板材仍在不断出现。

建筑石膏一般采用袋装，可用具有防潮及不易破损的纸袋或其他复合袋包装。包装袋上应清楚标明产品标记、制造厂名、生产批号和出厂日期、质量等级、商标、防潮标志。运输、储存时不得受潮和混入杂物，不同等级的石膏应分别储运，不得混杂。石膏的储存期为 3 个月（自生产日起算），超过 3 个月的石膏应重新进行质量检验，以确定等级。

学习情景三　水玻璃

水玻璃俗称泡花碱，是由碱金属氧化物和二氧化硅组成的能溶于水的一种金属硅酸盐物质。根据碱金属氧化物种类的不同，水玻璃有硅酸钠水玻璃（$Na_2O \cdot nSiO_2$）和硅酸钾水玻璃（$K_2O \cdot nSiO_2$）等，工程中以硅酸钠水玻璃最为常用。

一、水玻璃的生产

水玻璃的生产有干法和湿法两种。

1. 干　法

干法的主要原料是石英砂（SiO_2）、纯碱（Na_2CO_3）。将原料磨细，按比例配合，在玻璃熔炉内熔融而生成硅酸钠，冷却后得固态水玻璃，然后在水中加热溶解而成为液体水玻璃。其反应式为：

$$Na_2CO_3 + nSiO_2 \xrightarrow{1\,300\sim1\,400\ ℃} Na_2O \cdot nSiO_2 + CO_2$$

2. 湿　法

湿法是将石英砂与氢氧化钠溶液放入蒸压锅中通入 0.2 ~ 0.3 MPa（2 ~ 3 个大气压）的高压蒸汽。在拌中直接生成液态水玻璃。其反应式为：

$$nSiO_2 + 2NaOH \xrightarrow{0.2\sim0.3\ MPa} Na_2O \cdot nSiO_2 + H_2O$$

式中 n 为水玻璃模数，即二氧化硅与氧化钠的摩尔数比。其值的大小决定水玻璃的性质。n 值越大，水玻璃的黏度越大，黏结能力越强，但对水的溶解度降低。建筑工程中常用水玻璃的 n 值一般为 2.5 ~ 3.0，n 值过大或者水玻璃过稠均不便于施工。当水玻璃过稀或过稠时，可采用加热浓缩或加水稀释的方法来调整，使之黏度适宜。如果加入一些尿素，可不改变稠度，而提高黏结力。

二、水玻璃的硬化

水玻璃在空气中吸收二氧化碳形成无定形的硅酸凝胶，并逐渐干燥而硬化。其反应式为：

$$Na_2O \cdot nSiO_2 + CO_2 + mH_2O \longrightarrow Na_2CO_3 + nSiO_2 \cdot mH_2O$$

硅胶（$nSiO_2 \cdot mH_2O$）脱水析出固态的 SiO_2。

空气中的二氧化碳浓度很低，上述过程进行得非常缓慢，为了提高硬化速度，常常加入氟硅酸钠（Na_2SiFa）作为促硬剂，掺加量为水玻璃质量的 12% ~ 15%。加入氟硅酸钠后水玻璃的初凝时间可缩短至 30 ~ 60 min，终凝时间可缩短至 240 ~ 360 min，7 d 可达到最高强度。

三、水玻璃的技术性质

1. 黏结力强

水玻璃有良好的黏结能力，硬化时析出的硅酸凝胶呈空间网络结构，具有较高的胶凝能力，因而黏结强度高。另外，酸凝胶还有堵塞毛细孔隙而防止水渗透的作用。

2. 耐热性好

水玻璃不燃烧，在高温下硅酸凝胶干燥得更加强烈，强度并不降低，甚至有所增加。故水玻璃常用于配置耐热混凝土、耐热砂浆、耐热胶泥等。

3. 耐酸性强

水玻璃能经受除氢氟酸、过热（300 °C 以上）磷酸、高级脂肪酸或油酸以外的几乎所有的无机酸和有机酸的作用，常用于配制水玻璃耐酸混凝土、耐酸砂浆、耐酸胶泥等。

4. 耐碱性、耐水性差

水玻璃在加入氟硅酸钠后仍不能完全硬化，仍有一定量的水玻璃。由于水玻璃可溶于碱，且溶于水，硬化后的产物 Na_2CO_3 及 NaF 均可溶于水，所以水玻璃硬化后不耐碱、不耐水。为提高耐水性，可采用中等浓度的酸对已硬化的水玻璃进行酸洗处理。

四、水玻璃的应用

1. 耐酸材料

以水玻璃为胶凝材料的耐酸胶泥、耐热混凝土、耐热砂浆及耐热混凝土广泛用于防腐工程中。

2. 涂刷或浸渍材料

用浸渍法处理多孔材料时，可使其密实度和强度提高。对黏土砖、硅酸盐制品混凝土等均有良好的效果，但不能用以涂刷或浸渍石膏制品，因为硅酸钠与硫酸钙会发生化学反应生成硫酸钠，在制品孔隙中结晶，体积显著膨胀，从而导致制品的破坏。用液体水玻璃涂刷或浸渍含有石灰的材料，如水泥混凝土和硅酸盐制品等时，水玻璃与石灰之间起反应生成的硅酸钙胶体填实制品孔隙，使制品的密实度有所提高。

3. 加固土壤

将液态水玻璃与氯化钙溶液交替注入土壤中，两者反应析出的硅酸胶体起到胶结和填充孔隙的作用，能阻止水分渗透，提高土壤的密实度和强度。

4. 耐热材料

在水玻璃中加入促凝剂和耐热的填料、集料，可配制成耐热砂浆和耐热混凝土，用于高炉基础、热工设备基础及围护结构等耐热工程。

5. 制作水玻璃混凝土

以水玻璃为胶结材料，以氟硅酸钠为固化剂，掺入铸石粉等粉状填料和砂、石集料，经混合搅拌、振捣成型、干燥养护及酸化处理等加工而成的复合材料叫作水玻璃混凝土。若采用的填料和集料为耐酸材料，则称为水玻璃耐酸混凝土；若选用耐热的砂、石集料则称为水玻璃耐热混凝土。水玻璃混凝土具有机械强度高、耐酸和耐热性能好、整体性强、材料来源广泛、施工方便、成本低及使用效果好等特点，适用于耐酸地坪、墙裙、踢脚板、设备基础和支架、烟囱内衬以及耐酸池、槽、罐等设备外壳或内衬，还可以配筋后制成预制件。

思考与练习

2-1 石膏为什么不宜用于室外？

2-2 试述欠火石灰与过火石灰对石灰品质的影响与危害？

2-3 过火石灰有什么特点？并解释“陈伏”的概念和目的。

2-4 欠火石灰有什么特点？磨细生石灰为什么不经“陈伏”可直接使用？

模块二课件与微课

模块三　水　泥

【知识目标】

掌握硅酸盐水泥的熟料矿物组成、特性、主要的技术性质及标准要求、检验方法、应用；掌握掺混合材料的硅酸盐水泥的特性（与硅酸盐水泥相比较）、工程中的应用，并掌握水泥在储存和保管时的注意事项，了解其他品种水泥的特性及应用。

【技能目标】

通过本模块的学习，能根据通用硅酸盐水泥的特性，在工程实际应用中选择合适的水泥品种。

水泥呈粉末状，当它加水混合后成为可塑性浆体，经一系列物理化学作用凝结硬化变坚硬石状体，并能将散粒状材料胶结成为整体。水泥既能在空气中硬化，又能更好地在水中硬化，保持并发展强度，是典型的无机水硬性胶凝材料。

水泥是最主要的建筑材料之一，广泛应用于工业与民用建筑、交通、水利电力、海港和国防工程。水泥可以与骨料及增强材料制成混凝土、钢筋混凝土、预应力混凝土构件，也可制砌筑砂浆，装饰、抹面、防水砂浆用于建筑物砌筑、抹面和装饰等。

水泥的发展历史可以追溯到 18 世纪，当时人们开始利用天然的水泥岩（黏土含量为 20%~25%的石灰石）煅烧、磨细生产天然水泥，后来利用石灰石和一定量的黏土磨细、煅烧生产水硬性的石灰。直到 1824 年，英国建筑工人阿斯普丁（Aspdin）申请了生产波特兰水泥（Portland Cement，我国称为硅酸盐水泥）的专利，并于 1825—1843 年大规模地用于修建泰晤士河的隧道工程中，水泥才得到日益普遍的应用和发展。我国从 1876 年开始生产水泥，1985 年水泥产量达到 1.5 亿吨，跃居世界第一，至今仍一直保持总产量第一的地位。

为满足各种土木工程的需要，水泥的品种发展很快。如今水泥品种繁多，按其性能和用途不同，水泥可分为通用硅酸盐水泥（如硅酸盐水泥、普通硅酸盐水泥、矿渣硅酸盐水泥、火山灰硅酸盐水泥、粉煤灰硅酸盐水泥、复合硅酸盐水泥等）、专用水泥（如道路硅酸盐水泥、砌筑水泥、油井水泥等）、特性水泥（如快硬硅酸盐水泥、低热水泥、抗硫酸盐水泥、膨胀水泥等）。按其主要矿物组成，可分为硅酸盐水泥、铝酸盐水泥、硫铝酸盐水泥、铁铝酸盐水泥、氟铝酸盐水泥等。

水泥的品种虽然很多，但是在常用的水泥中，硅酸盐水泥是最基本的。因此，本模块以硅酸盐水泥为主要内容，在其基础上对其他几种常用水泥做简要介绍。

学习情景一 硅酸盐水泥

一、硅酸盐水泥的生产及矿物质组成

1. 硅酸盐水泥的生产

硅酸盐水泥的生产过程可简称为“两磨一烧”，即：

1）生料制备阶段（生料磨细）

石灰质原料、黏土质原料和少量的校正原料，按一定的比例配料、磨细，并调整为成分合适、质量均匀的生料。

2）熟料煅烧阶段（生料煅烧成熟料）

生料在水泥窑内煅烧至部分熔融，可得到以硅酸钙为主要成分的硅酸盐水泥熟料。

3）水泥粉磨阶段（熟料磨细）

熟料、适量的石膏、混合材料混合后共同磨细成品，其中石膏的掺加是为了调整硅酸盐水泥的凝结时间（延缓水泥的凝结时间）。其具体的生产工艺流程如图 3-1 所示。

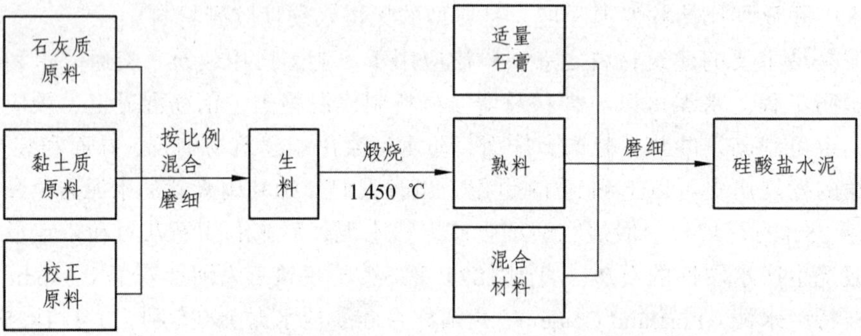

图 3-1 硅酸盐水泥的生产工艺过程

2. 硅酸盐水泥的矿物质组成

硅酸盐水泥的矿物质组成及其含量见表 3.1。

硅酸盐水泥的熟料简称为熟料，是经高温煅烧而成的，主要含有 CaO、SiO_2、Al_2O_3、Fe_2O_3 的原材料，按适当比例磨成细粉烧至部分熔融所得到以硅酸钙为主要矿物成分的水硬性胶凝物质，其中硅酸钙矿物含量（质量含量）不小于 66%，氧化钙和氧化硅质量比不小于 2.0%，是决定水泥质量的主要因素。所以，水泥生产的主要环节是控制熟料中的化学成分。

表 3.1 硅酸盐水泥熟料的主要矿物质组成及其含量

序号	矿物名称	化学分子式	简写式	含量/%	
1	硅酸三钙	$3CaO \cdot SiO_2$	C_3S	37～60	75 以上
2	硅酸二钙	$2CaO \cdot SiO_2$	C_2S	15～37	
3	铝酸三钙	$3CaO \cdot Al_2O_3$	C_3A	7～15	25 以下
4	铁铝酸四钙	$4CaO \cdot Al_2O_3 \cdot Fe_2O_3$	C_4AF	10～18	

硅酸盐水泥熟料主要由硅酸二钙（$2CaO \cdot SiO_2$，简写 C_2S）、硅酸三钙（$3CaO \cdot SiO_2$ 简写 C_3S）、铝酸三钙（$3CaO \cdot Al_2O_3$，简写 C_3A）、铁铝酸四钙（$4CaO \cdot Al_2O_3 \cdot Fe_2O_3$，简写 C_4AF）四种矿物组成。其中，硅酸盐水泥熟料除上述主要组成外，还含有少量的游离氧化钙（含量过高，将造成水泥体积安定性不良）、游离氧化镁（含量过高，将造成水泥体积安定性不良）以及含碱矿物和玻璃体（当含量高，且遇到活性集料时，易发生碱-集料膨胀反应）等。

水泥具有较好的建筑技术特性，主要是水泥熟料中几种主要矿物成分水化作用的结果。水泥熟料中各种矿物成分单独与水发生水化反应时的特性见表 3.2。

表 3.2 硅酸盐水泥熟料矿物特性

矿物名称	水化硬化速度	强度	水化热	干缩	耐腐蚀性
硅酸三钙	快	高	多	中	中
硅酸二钙	慢	早期低，后期高	少	小	好
铝酸三钙	最快	低	最多	大	差
铁铝酸四钙	较快	较低	中	较小	较好

由表 3.2 可知，水泥中各矿物熟料的含量对水泥的性能有决定作用，当改变各种熟料矿物成分的含量，水泥的性质会发生相应的变化。如提高熟料中的 C_3S 和 C_3A 的含量，可制得快凝快硬水泥。如制成水利工程上所用低水化热的大坝水泥，则要尽可能降低熟料中的 C_3S 和 C_3A 的含量，提高 C_2S 的含量。

3. 硅酸盐水泥的水化与凝结硬化

1）硅酸盐水泥的水化

水泥加水后，熟料矿物开始与水发生水化反应，生成各种水化物，并放出一定的热量。水泥具有许多优良的性能，主要是水泥熟料中矿物水化作用的结果。其反应式为：

$$\underset{\text{硅酸三钙}}{2(3CaO \cdot SiO_2)}+6H_2O = \underset{\text{水化硅酸钙}}{3CaO \cdot 2SiO_2 \cdot 3H_2O}+\underset{\text{氢氧化钙}}{3Ca(OH)_2}$$

$$\underset{\text{硅酸二钙}}{2(2CaO \cdot SiO_2)}+4H_2O = \underset{\text{水化硅酸钙}}{3CaO \cdot 2SiO_2 \cdot 3H_2O}+Ca(OH)_2$$

$$3CaO \cdot Al_2O_3+6H_2O = 3CaO \cdot Al_2O_3 \cdot 6H_2O$$

铝酸三钙　　　　　　　水化铝酸三钙

$$4CaO \cdot Al_2O_3 \cdot Fe_2O_3+7H_2O = 3CaO \cdot Al_2O_3 \cdot 6H_2O+CaO \cdot Fe_2O_3 \cdot H_2O$$

铁铝酸四钙　　　　　　　水化铝酸三钙　　　　水化铁酸一钙

上述四种主要矿物的水化反应中，硅酸三钙水化反应速度快、水化放热量大，所生成的水化硅酸钙几乎不溶于水，呈胶体微粒析出，逐渐成为凝胶，具有较高的强度。生成的氢氧化钙初始阶段溶于水，很快达到饱和，结晶析出，之后的水化反应是在氢氧化钙溶液中进行的。硅酸二钙与水的反应与硅酸三钙相似，只是反应速率较低、水化放热量小，生成物中氢氧化钙较少。铝酸三钙与水反应速度极快，水化放热量很大，所生成水化铝酸三钙溶于水，其中一部分会与石膏发生反应，生成不溶于水的水化硫铝酸钙晶体，其余部分会吸收溶液中的氢氧化钙，最终成为水化铝酸四钙晶体，强度很低。铁铝酸四钙与水反应，水化速度较高，水化热和强度较低，除生成水化铝酸钙外，还生成水化铁酸一钙，它也将在溶液中吸收氢氧化钙而提高碱度。以上是水泥水化的主要反应。在水化产物中水化硅酸钙所占比例最大，约为 70%；氢氧化钙次之，占 20%左右。其中水化硅酸钙、水化铁酸钙为凝胶体，具有强度贡献；而氢氧化钙、水化铝酸钙、钙矾石都为晶体，它将使水泥石在外界条件下变得疏松，使水泥石强度下降，是影响硅酸盐水泥耐久性的主要因素。

2）硅酸盐水泥的凝结硬化

水泥加水拌和后，生成各种水化产物，从而形成可塑性的浆体，随着时间的延长（水化反应的进行），水泥浆逐渐失去可塑性，并发展成具有一定强度的坚硬体，称为水泥的凝结硬化。硅酸盐水泥的凝结硬化过程是很复杂的物理化学过程。在水泥浆体内，各种物理化学变化不能按时间来划分，但在不同的凝结硬化阶段由不同的变化起主要作用。人为地将硅酸盐水泥的凝结硬化主要分为以下几个过程。

第一个过程：当水泥加水拌和后，未水化的水泥颗粒分散在水中，并与水化物形成水泥浆体。

第二个过程：水泥颗粒表面与水接触后，表面的水泥颗粒与水反应，形成不同的水化产物，由于水化产物的溶解度很小，且随着新生水化产物的增多，自由水分减少，各种水化产物先后析出，并包裹在水泥颗粒表面，形成包有水化物膜层的水泥颗粒。

第三个过程：随着水化的不断进行，生成更多的水化产物。各种水化凝胶体和氢氧化钙、水化硅酸钙晶体相互连接形成网状结构，从而使浆体流动性和可塑性逐渐降低，水泥逐渐凝结。

第四个过程：随着水化的深入进行，各种晶体和凝胶体水化物越来越多，它们相互连生，形成较紧密的网状结晶结构，并在网状结构内部不断充实水化物，从而使水泥浆具有初步的强度。随着凝结硬化时间的延长，水泥颗粒内部未水化的部分继续水化，生成的水化物进一步发展，填充水泥颗粒内部和颗粒之间的毛细孔，使水泥浆体逐渐产生强度而进入硬化阶段，最后成为坚硬的水泥石。

水泥凝结硬化的影响因素是多方面的，如熟料矿物成分含量、细度、石膏的含量、水胶比、养护的温度和湿度以及养护龄期等。其中：矿物组成各成分的比例是影响水泥凝结硬化的主要因素，熟料中各矿物成分与水作用时的特性是不同的，其强度发展规律也会不同；水泥颗粒越细，与水泥的接触面越大，水化反应速度越快，凝结硬化也越快；石膏的掺加是为了延缓水泥的凝结硬化，但是石膏掺入过多，会引起水泥体积安定性不良，致使水泥产生膨胀性破坏；水胶比的大小直接影响新拌水泥浆体内毛细孔的数量。

水泥浆稠，水泥石整体结构内毛细孔减少，水泥的凝结硬化速度快，强度提高也快；养护环境内足够的温度和湿度会有利于水泥的水化和凝结硬化，从而有利于其早期强度的发展；水泥的水化和凝结硬化是连续的过程，水泥石的强度随着养护龄期的增长而增大。实践证明，水泥一般在 28 d 内强度发展较快，28 d 后强度增长缓慢。

二、硅酸盐水泥的技术性质

根据现行国家标准《通用硅酸盐水泥》（GB 175—2007）规定，硅酸盐水泥的技术要求包括化学性质和物理性质。

1. 硅酸盐水泥的细度

水泥细度是指水泥颗粒粗细的程度，细度是影响水泥性能的重要指标。水泥细度通常采用筛析法或比表面积法进行测定。

水泥与水的反应是从水泥颗粒表面开始，逐渐深入到颗粒内部的。水泥颗粒越细，其比表面积越大，与水的接触面越多，水化反应进行得越快、越充分。一般认为，粒径小于 40 μm 的水泥颗粒才具有较高的活性；大于 90 μm 的，则几乎接近惰性。因此，水泥的细度对水泥的性质有很大影响。通常水泥越细，凝结硬化越快，强度（特别是早期强度）越高，收缩也增大。但水泥越细，越易吸收空气中的水分而受潮形成絮凝团，反而会使水泥活性降低。另外，提高水泥的细度要增加粉磨时的能耗，降低粉磨设备的生产率，增加成本。

硅酸盐水泥的细度用比表面积表示，其比表面积不小于 300 m^2/kg。同时，水泥细度只是硅酸盐水泥技术要求中的选择性指标，不作为判定水泥合格与否的标准。

2. 凝结时间

水泥从加水开始到失去流动性，即从可塑性状态发展到固体状态所需要的时间称为凝结时间。凝结时间又分为初凝时间和终凝时间。初凝时间是指从水泥加水拌和起到水泥浆开始失去塑性所需的时间；终凝时间是指从水泥加水拌和时起到水泥浆完全失去可塑性，并开始具有强度的时间。初凝时间不能过短，是为了保证施工过程能从容地在水泥浆初凝前完成。因此，初凝不符合标准要求应做废品处理。终凝时间不宜过长，因为水泥终凝后才开始产生强度，而水泥制品遮盖浇水养护以及下面工序的进行，需待其具有一定强度后方可进行。

水泥凝结时间的测定是以标准稠度的水泥净浆，在规定的温度、湿度条件下，用凝结时间测定仪来测定的。硅酸盐水泥的初凝时间不小于 45 min，终凝时间不大于 390 min。凝结时间的测定必须具备两个规定条件：一是在规定的恒温、恒湿环境中；二是受测水泥浆必须是标准稠度的水泥浆。各批水泥的矿物成分、粉磨细度不尽相同，拌成标准稠度的水泥浆时用水量也各不相同。标准稠度用水量是指水泥净浆达到规定稠度（标准稠度）时所需的拌和水量，以占水泥质量的百分率表示。水泥标准稠度用水量一般为 24%～33%。

3. 体积安定性

水泥的体积安定性是指水泥在凝结硬化过程中体积变化的均匀性，当水泥浆体硬化过程发生不均匀变化时，会导致膨胀开裂、翘曲，称为安定性不良。安定性不合格的水泥应做废品处理，不得用于建筑工程。

水泥安定性不良的主要原因是熟料中含有过量的游离氧化钙（f-CaO）、游离氧化镁（f-MgO）、三氧化硫（SO_3），或掺入的石膏过多。水泥中 MgO 的含量不得超过 5.0%，水泥中 SO_3 的含量不得超过 3.5%。对过量 f-CaO 引起的安定性不良，可以用沸煮法检验。沸煮法检验又分为两种：一种是试饼法，将标准稠度的水泥净浆制成规定尺寸形状的试饼，凝结后经沸水煮 3 h，不开裂、不翘曲为合格；另一种方法为雷氏法，将标准稠度的水泥净浆装入雷氏夹，凝结并沸煮后，雷氏夹张开幅度不超过规定为合格。雷氏法为标准方法，当两种方法测定结果发生争议时，以雷氏法为准。

4. 标准稠度用水量

水泥的许多性质都与新拌制的水泥浆的稀稠程度有关，如凝结时间、体积安定性测定等。所谓标准稠度是按规定的方法拌制的水泥净浆，用维卡仪测定试杆沉入净浆并距底板 6 mm±1 mm 时的水泥净浆的稠度（标准法），或在水泥标准稠度测定仪上，试锥下沉 28 mm±2 mm 时的水泥净浆的稠度（代用法）。

水泥标准稠度用水量是指水泥净浆达到标准稠度时所需要的水，通常用水与水泥质量的比（百分数）来表示。硅酸盐水泥的标准稠度用水量一般为 21%～28%。水泥的标准稠度用水量，主要与水泥的细度及其矿物成分有关。

5. 强度和强度等级

水泥作为胶凝材料，强度是最重要的性质之一，也是划分强度等级的依据。

水泥强度是指水泥胶砂强度，是评定水泥强度等级的依据。硅酸盐水泥的强度不仅与熟料的矿物质成分，混合材料的品种、数量及水泥的细度等有关，还与水泥的水胶比、试件的制作方法、养护条件等有关。根据《水泥胶砂强度检验方法（ISO 法）》（GB/T 17671—1999）规定，以水泥和标准砂按 1∶3，水胶比为 0.5，用标准制作方法制成 40 mm×40 mm×160 mm 的标准试件，在标准养护条件下，测其 3 d 和 28 d 的抗压强度和抗折强度，将硅酸盐水泥分为 42.5、42.5R、52.5、52.5R、62.5、62.5R 六个强度等级。根据早期强度，有普通型和早强型（R）两种类型，各龄期的强度值不得低于表 3.3 中规定的数值，水泥强度不满足要求的为不合格品。

表 3.3 通用硅酸盐水泥各龄期的强度要求

品 种	强度等级	抗压强度/MPa		抗折强度/MPa	
		3 d	28 d	3 d	28 d
硅酸盐水泥	42.5	17.0	42.5	3.5	6.5
	42.5R	22.0		4.0	
	52.5	23.0	52.5	4.0	7.0
	52.5R	27.0		5.0	
	62.5	28.0	62.5	5.0	8.0
	62.5	32.0		5.5	
普通硅酸盐水泥	42.5	17.0	42.5	3.5	6.5
	42.5R	22.0		4.0	
	52.5	23.0	52.5	4.0	7.0
	52.5R	27.0		5.0	
矿渣硅酸盐水泥 火山灰质硅酸盐水泥 粉煤灰硅酸盐水泥 复合硅酸盐水泥	32.5	10.0	32.5	2.5	5.5
	32.5R	15.0		3.5	
	42.5	15.0	42.5	3.5	6.5
	42.5R	19.0		4.0	
	52.5	21.0	52.5	4.0	7.0
	52.5R	23.0		4.5	

6. 水化热

水泥与水的水化反应是放热反应，所释放的热称为水化热。水化热的多少和释放速率，取决于水泥熟料的矿物质组成、混合材料的品种和数量、水泥细度和养护条件等。大部分水化热在水泥水化初期放出。

硅酸盐水泥是六种通用水泥中水化热量最大、放热速率最快的一种，普通硅酸盐水泥水化热数量和放热速率其次，大量混合材料的水泥则水化热较少。

水泥的水化热多，有利于冬期施工，可在一定程度上防止冻害，但不利于大体积工程。大量水化热聚集于内部，造成内部与表面有较大温差，内部受热膨胀，表面冷却收缩，使大体积混凝土在温度应力下严重受损。

尽管国家标准没有规定通用水泥的水化热限值，但选用水泥时应充分考虑水化热对工程的影响。

7. 碱的含量

硅酸盐水泥的碱含量（选择性指标）按 $Na_2O\%+0.658K_2O\%$计算值表示。如果使用活性集料，用户要求提供低碱水泥时，水泥中的含碱量应不大于 0.60%或由买卖双方协商确定。

8. 不溶物

不溶物是指水泥经过酸（盐酸）和碱（氢氧化钠溶液）处理后，不能被溶解的残余物。它是水泥中非活性组分的反映，主要由生料、混合材料和石膏中的杂质产生。

《通用硅酸盐水泥》（GB 175—2007）中规定，Ⅰ型硅酸盐水泥不溶物不得超过 0.75%，Ⅱ型硅酸盐水泥不溶物不得超过 1.50%。

9. 烧失量

烧失量是指水泥经过高温灼烧处理后的质量损失率，主要由水泥中未煅烧组分产生，如未烧透的生料、石膏带入的杂质掺和料等。

《通用硅酸盐水泥》（GB 175—2007）中规定，Ⅰ型硅酸盐水泥烧失量不得超过 3.0%，Ⅱ型硅酸盐水泥烧失量不得超过 3.5%。

三、硅酸盐水泥石的腐蚀和防止措施

在通常使用条件下，硅酸盐水泥石有较好的耐久性。当硅酸盐水泥石长时间处于侵蚀性介质（如流动的淡水、酸和酸性水、硫酸盐和镁盐溶液、强碱等）中，会逐渐受到侵蚀，变得疏松，强度下降甚至破坏。

环境对硅酸盐水泥石结构的腐蚀可分为物理腐蚀与化学腐蚀。物理腐蚀是指各类盐溶液透到水泥石结构内部，并不与水泥石成分发生化学反应，而是产生结晶使体积膨胀对水泥石产生破坏作用。在干湿交替的部位，这类腐蚀尤为严重。化学腐蚀是指外界各类腐蚀介质与水泥石内部的某些成分发生化学反应，并生成易溶于水的矿物和体积显著膨胀的矿物或无胶结能力的物质，从而导致水泥石结构的解体。

1. 硅酸盐水泥的腐蚀类型

硅酸盐水泥构件在正常的使用环境中有较好的耐久性。将硅酸盐水泥制品长期放在侵蚀性介质中，如流动的软水，酸性水，强碱性、含硫酸盐、镁盐的溶液等，将会导致水泥石表面疏松、强度降低，从而降低建筑的使用寿命，这种现象称为硅酸盐水泥的腐蚀。硅酸盐水泥的腐蚀类型主要有以下几种。

（1）软水侵蚀（溶出性侵蚀）。软水是指只含少量可溶性钙盐和镁盐的天然水，或是经过软化处理的硬水。江水、河水、湖（淡水湖）水等均属于软水。硅酸盐水泥的水化产物主要是 $Ca(OH)_2$，且其溶解度是最大的。当水量不多时，$Ca(OH)_2$ 溶解于水且浓度很快达到饱和而停止。若在流动的压力水中，水泥中的 $Ca(OH)_2$ 就会不断地溶解于水，并被水流带走。水泥中由于 $Ca(OH)_2$ 浓度的降低，会导致其他水泥产物发生分解。水泥制品中毛细孔的存在将导致腐蚀现象不断深入，从而使水泥内部孔隙增大，强度降低，最终致使水泥结构破坏。

（2）酸类侵蚀。水泥的主要水化产物中含有大量的 $Ca(OH)_2$，当遇到酸（弱酸和强酸）时，将会和酸发生反应，从而生成能溶于水的各种盐。如 CO_2 含量较多的工业污水或地下水。这种碳酸水和水泥石中的 $Ca(OH)_2$ 发生反应生成溶于水的 $Ca(HCO_3)_2$，从而腐蚀水泥。具体的反应式为：

$$Ca(OH)_2+CO_2+H_2O \longrightarrow CaCO_3+2H_2O$$

$$CaCO_3+CO_2+H_2O \longrightarrow Ca(HCO_3)_2$$

反应生成的 $Ca(HCO_3)_2$ 易溶于水，溶解流失。

如工业废水或地下水中含有较多的无机酸、有机酸，则这种酸水将会和水泥石中的 $Ca(OH)_2$ 发生化学反应，生成溶于水或体积膨胀的产物，从而导致水泥石破坏。无机酸中的盐酸、硫酸、氢氟酸，有机酸中的醋酸、蚁酸、乳酸，对水泥石的腐蚀较严重。其中盐酸和硫酸与水泥石中的 $Ca(OH)_2$ 发生化学反应，其反应式为：

$$2HCl+Ca(OH)_2 \longrightarrow CaCl_2\text{（易溶）}+2H_2O$$

$$H_2SO_4+Ca(OH)_2 \longrightarrow CaSO_4 \cdot 2H_2O$$

反应生成的 $CaCl_2$ 易溶于水、$CaSO_4 \cdot 2H_2O$ 体积膨胀。

（3）盐类侵蚀。盐对硅酸盐水泥的侵蚀主要有硫酸盐侵蚀和镁盐侵蚀。硫酸盐侵蚀是海水、湖水、沼泽水或地下水的 SO_4^{2-} 与水泥石中的 $Ca(OH)_2$ 发生化学反应生成 $CaSO_4$，而 $CaSO_4$ 又会和水泥石中的水化铝酸钙反应生成含有结晶水的硫铝酸钙，体积增大 1.5 倍以上，从而破坏水泥石。具体反应式：

$$3(CaSO_4 \cdot 2H_2O)+3CaO \cdot Al_2O_3 \cdot 6H_2O+19H_2O \longrightarrow 3CaO \cdot Al_2O_3 \cdot 3CaSO_4 \cdot 31H_2O$$

（钙矾石 Aft）（结晶膨胀）

镁盐侵蚀是海水或地下水中含有硫酸镁和氯化镁，它们会和水泥石中的 $Ca(OH)_2$ 发生反应。具体反应式为：

$$MgSO_4+Ca(OH)_2+2H_2O \longrightarrow CaSO_4 \cdot 2H_2O+Mg(OH)_2$$

（絮凝状、无胶结力）

$$MgCl_2+Ca(OH)_2 \longrightarrow CaCl_2\text{（易溶）}+Mg(OH)_2$$

（絮凝状、无胶结力）

生成的 $Mg(OH)_2$ 没有胶结能力，二水石膏引起硫酸盐的破坏作用，$CaCl_2$ 易溶于水从而导致水泥石破坏。水泥石本身具有相当高的碱度，因此弱碱溶液一般不会侵蚀水泥石，但是当铝酸盐含量较高的水泥石遇到强碱（如氢氧化钠）作用后会被腐蚀破坏。氢氧化钠与水泥熟料中未水化的铝酸三钙作用，生成易溶的铝酸钠，其反应式如下：

$$3CaO \cdot Al_2O_3+6NaOH = 3Na_2O \cdot Al_2O_3+3Ca(OH)_2$$

当水泥石被氢氧化钠浸润后又在空气中干燥，与空气中的二氧化碳作用生成碳酸钠，它在水泥石毛细孔中结晶沉积，会使水泥石胀裂。

2. 水泥石腐蚀的预防措施

水泥石的腐蚀实际上是一个极其复杂的物理化学作用过程，常常是几种作用同时存在相互影响。引起水泥石腐蚀的外在因素是侵蚀性介质，内在因素主要有两个：一是水泥石中存在易引起腐蚀的成分，如氢氧化钙、水化铝酸钙等；二是水泥石本身不密实，使侵蚀性介质易于进入内部引起破坏。预防水泥石侵蚀可采取以下措施：

（1）合理选择水泥品种。根据水泥制品的使用环境及侵蚀类型，合理选择水泥品种。如在有压力的流动水环境中，选择水化产物中 $Ca(OH)_2$ 含量较少的水泥，可提高其抗软水侵蚀能力；在含有硫酸盐的环境中，采用抗硫酸盐水泥，可有效抵抗硫酸盐的侵蚀；掺入活性混合材料，可提高硅酸盐水泥抵抗多种介质侵蚀的能力。

（2）提高水泥石的密实度。水泥石（或混凝土）的孔隙率越小，抗渗能力越强，侵蚀介质也越难进入，侵蚀作用越轻。在实际工程中，可采用多种措施提高混凝土与砂浆的密实度，如合理设计混凝土配合比、降低水胶比、掺外加剂、改善施工方法等。

（3）在水泥石表面设置保护层。当侵蚀作用较强或上述措施不能满足要求时，可在水泥制品（混凝土、砂浆等）表面设置耐腐蚀性高且不透水的隔离层或保护层表面，以防止侵蚀性介质与水泥石直接接触，达到抗侵蚀的目的。

四、硅酸盐水泥的特性和应用

（1）快凝、快硬、高强。硅酸盐水泥与其他品种硅酸盐系水泥相比，凝结硬化速度快，早期强度和后期强度都较高，适用于早期强度有较高要求的工程，如现浇混凝土梁、板、柱和预制构件，也适用于重要结构的高强混凝土水泥和预应力混凝土工程等。

（2）抗冻性好。硅酸盐水泥未掺或掺很少量的混合材料，硅酸盐水泥硬化后的水泥结构密实，抗冻性好，适用于严寒地区遭受反复冻融的工程和抗冻性要求高的工程。

（3）干缩小和耐磨性好。硅酸盐水泥硬化时干缩小，不易产生干缩裂缝，可用于干燥环境工程，由于干缩小，表面不易起粉尘，因此耐磨性好，可用于道路工程。

（4）水化热大。硅酸盐水泥含有大量的硅酸三钙、铝酸三钙，在水泥水化时，放热迅速且放热量大，适用于冬季施工，不宜用于大体积混凝土工程。

（5）耐腐蚀性差。硅酸盐水泥石中有较多的氢氧化钙和水化铝酸钙，耐软水和耐化学腐蚀性差。故硅酸盐水泥不宜用于经常与流动的淡水接触和压力水作用的工程，也不适用于受海水、矿物水等作用的工程。

（6）耐热性差。硅酸盐水泥石在受热温度超过 250 °C 时水化产物开始脱水，体积产生收缩，强度开始下降。当受热温度超过 700 °C，水泥石由于体积膨胀而造成破坏。因此，硅酸盐水泥不宜用于耐热要求高的工程，如工业窑炉、高炉基础等，也不宜用来配置耐热混凝土。

（7）抗碳化性好。水泥石中的氢氧化钙与空气中的二氧化碳和水作用生成碳酸钙的过程称为碳化。碳化会引起水泥石内部的碱度降低，产生微裂缝，使钢筋混凝土中的钢筋产生锈蚀。硅酸盐水泥在水化后，水泥石中含有较多的氢氧化钙，碳化时水泥的碱度下降少，对钢筋的保护作用强，可用于空气中二氧化碳浓度较高的环境中，如铸造车间等。

硅酸盐水泥、普通硅酸盐水泥、矿渣硅酸盐水泥、火山灰质硅酸盐水泥、粉煤灰硅酸盐水泥和复合硅酸盐水泥是我国目前使用广泛的六种水泥，现将这六种水泥的成分、特性汇总列于表 3.4。

表 3.4　六种水泥的特性及强度等级

种类	硅酸盐水泥	普通硅酸盐水泥	矿渣硅酸盐水泥	火山灰质硅酸盐水泥	粉煤灰硅酸盐水泥	复合硅酸盐水泥
特性	①强度高；②快硬早强；③抗冻、耐磨性好；④水化热大；⑤耐腐蚀性较差；⑥耐热性较差	①早期强度较高；②抗冻性较好；③水化热较大；④耐腐蚀性较差；⑤耐热性较差	①早期强度低但后期增长快；②强度发展对温度、湿度敏感；③水化热低；④耐软水、海水、硫酸盐腐蚀性好；⑤耐热性较好；⑥抗冻抗渗性较差	①抗渗性较好，耐热不及矿渣水泥，干缩大，耐磨性差；②其他同矿渣水泥	①干缩性较小；②抗裂性较好；③其他同矿渣水泥	①早期强度较高；②其他性能与掺主要材料的水泥接近
适用范围	①高强度混凝土；②预应力混凝土；③快硬早强结构；④抗冻混凝土	①一般的混凝土；②预应力混凝土；③地下与水中结构；④抗冻混凝土	①一般耐热要求的混凝土；②大体积混凝土；③蒸汽养护构件；④一般混凝土；⑤一般耐软水、海水、硫酸盐腐蚀要求的混凝土	①水中、地下、大体积混凝土，抗渗混凝土；②其他同矿渣水泥	①水中、地下大体积混凝土；②其他同矿渣水泥	①早期强度较高的工程；②其他与掺主要混合材料的水泥类似
不适用范围	①大体积混凝土；②易受腐蚀的混凝土；③耐热，高温养护的混凝土	无	①早期强度要求较高的混凝土；②严寒地区及处在水位上升范围内的混凝土；③抗渗要求较高的混凝土	①干燥环境及处在水位变化范围内的混凝土；②有耐磨要求的混凝土；③其他同矿渣水泥	①有抗碳化要求的混凝土；②有抗渗要求的混凝土；③其他同火山灰质水泥	与掺主要混合材料的水泥类似

学习情景二　掺混合材料的硅酸盐水泥

硅酸盐水泥因为熟料含量高，具有水化热高、强度高、成本高等特点。为了扩大硅酸盐水泥的应用范围，降低成本，可在硅酸盐水泥熟料中加一定量的混合材料，从而改善水泥的性能，提高产量，调节水泥的强度等级，称为混合材料的硅酸盐水泥。掺混合材料的硅酸盐水泥有：普通硅酸盐水泥、矿渣硅酸盐水泥、火山灰质硅酸盐水泥、粉煤灰硅酸盐水泥和复合硅酸盐水泥。上述五种水泥和硅酸盐水泥统称为通用硅酸盐水泥。

一、混合材料的作用与种类

掺加在硅酸盐水泥内的混合材料可分为活性混合材料和非活性混合材料。

1. 活性混合材料

具有一定的化学活性，能和水泥的水化物产生化学反应，生成新的水硬性胶凝材料，凝结硬化产生强度，从而改变水泥的某些特性的混合材料称为活性混合材料。常见的活性混合材料有粒化高炉矿渣、火山灰质混合材料和粉煤灰。其中：粒化高炉矿渣是高炉炼铁的副产品经水淬急冷处理后得到的颗粒状材料；火山灰质混合材料是天然的和人工的以氧化硅、氧化铝为主要成分的矿物质材料，本身磨细加水拌和并不硬化，但与水硬性水泥混合后，再加水拌和，不仅能在空气中硬化，而且能在水中继续硬化的矿物质材料；粉煤灰是燃煤电厂排出的烟气中收集下来的细颗粒废渣。上述三种混合材料中均有活性 SiO_2 和活性 Al_2O_3，磨细后在水泥中与水泥水化后的产物 $Ca(OH)_2$ 发生二次反应，生成具有水硬性的水化硅酸钙和水化铝酸钙。

当有石膏存在时，水化铝酸钙将和石膏进一步发生反应生成水化硫铝酸钙。

掺加活性混合材料的硅酸盐水泥的反应分次进行。首先是硅酸盐水泥熟料中的各矿物成分水化生成 $Ca(OH)_2$ 等水化产物；然后是混合材料中的活性 SiO_2 和活性 Al_2O_3 与 $Ca(OH)_2$，在掺入石膏的激发下发生二次反应。活性混合材料的掺加主要起改善水泥的某些性能，扩大水泥强度的等级范围、降低水化热、增加产量和降低成本等作用。

2. 非活性混合材料

非活性混合材料不具有化学活性或化学活性很小。在水泥中主要起填充作用，可以调节水泥强度，降低水化热，降低水泥生产成本，增加水泥产量。常见的非活性混合材料有磨细的石英砂、石灰石、黏土、慢冷矿渣等。

二、掺混合材料的硅酸盐水泥的技术要求、特性及应用

（一）普通硅酸盐水泥

凡由硅酸盐水泥熟料、＞5%且≤20%的混合材料和适量石膏磨细制成的水硬性胶凝材料，称为普通硅酸盐水泥，简称普通水泥，代号为P·O。

1. 技术要求

（1）细度（选择性指标）。普通水泥比表面积不小于300 m^2/kg，用比表面积法测定。

（2）凝结时间。普通水泥初凝时间不小于 45 min，终凝时间不大于 600 min。

（3）体积安定性。沸煮法检验必须合格。标准规定普通水泥中 MgO 的含量和 SO_3 的含量须符合规定要求。

（4）强度等级。普通水泥根据 3 d 和 28 d 的抗折与抗压强度分 42.5、42.5R、52.5、52.5R 四个强度等级。各龄期强度不得低于规定的数值。

2. 特性及应用

由于普通水泥混合材料的掺量较少，所以其性质与硅酸盐水泥相近。与硅酸盐水泥相比，普通水泥水化热略有减低，早期强度硬化稍慢，强度低，抗冻性、耐磨性和抗碳化能力稍差，耐腐蚀能力稍好。普通水泥被广泛应用于各种强度等级的钢筋混凝土工程中。

（二）矿渣硅酸盐水泥

凡由硅酸盐水泥熟料和粒化高炉矿渣、适量石膏磨细制成的水硬性胶凝材料称为矿渣硅酸盐水泥，简称矿渣水泥。其可分为 A 型矿渣水泥（P·S·A）和 B 型矿渣水泥（P·S·B）。其中，A 型水泥矿渣含量＞20%且≤50%，B 型水泥矿渣含量＞50%且≤70%。

1. 技术要求

（1）细度（选择性指标）。以筛余表示，其 80 μm 方孔筛筛余不大于 10%或 45 μm 方孔筛筛余不大于 30%。

（2）凝结时间。矿渣水泥初凝时间不小于 45 min，终凝时间不大于 600 min。

（3）体积安定性。沸煮法检验必须合格。

（4）强度等级。矿渣水泥根据 3 d 和 28 d 的抗折与抗压强度分 32.5、32.5R、42.5、42.5R、52.5、52.5R 六个强度等级。

2. 特性及应用

由于矿渣水泥中熟料矿物较少而活性混合材料较多，且掺入的矿渣对水的吸附力较差，所以具有保水性差、泌水性大、水化热低、凝结硬化慢、早期强度较低等特点。由于矿渣水泥水化析出的 $Ca(OH)_2$ 较少，因此这种水泥抵抗软水、海水和硫酸盐腐蚀的能力较强，宜用于水中工程和海港工程。矿渣水泥还具有耐热性，所以可用于耐热混凝土，但这种水泥硬化后碱度较低，故抗碳化能力较差。矿渣水泥的抗冻性、耐磨性、抗渗性和抵抗干湿交替循环的性能均不及普通水泥。

（三）火山灰质硅酸盐水泥

凡由硅酸盐水泥熟料＞20%且≤40%火山灰质混合材料、适量石膏磨细制成的水硬性胶凝材料称为火山灰质硅酸盐水泥，简称火山质灰水泥，代号为 P·P。

1. 技术要求

（1）火山灰质水泥的化学指标见规范要求。

（2）细度（选择性指标）。以筛余表示，其 80 μm 方孔筛筛余不大于 10%或 45 μm 方孔筛筛余不大于 30%。

（3）凝结时间。火山灰质水泥初凝时间不小于 45 min，终凝时间不大于 600 min。

（4）体积安定性。沸煮法检验必须合格。

（5）强度等级。火山灰质水泥根据 3 d 和 28 d 的抗折与抗压强度分 32.5、32.5R、42.5、42.5R、52.5、52.5R 六个强度等级。

2. 特性及应用

火山灰质水泥和矿渣水泥一样具有水化热低、凝结硬化慢、早期强度增长慢、后期强度增长较快、耐腐蚀能力强、抗碳化能力差等特点。但火山灰质水泥颗粒较细，泌水性小，故具有较高的抗渗性，适用于有抗渗要求的混凝土工程。火山灰质水泥需水量大，在干热环境中易产生干缩裂缝，所以在干燥环境中的混凝土工程，使用时必须加强养护，使其在较长时间内保持润湿状态。

（四）粉煤灰硅酸盐水泥

凡由硅酸盐水泥熟料＞20%且≤40%粉煤灰、适量石膏磨细制成的水硬性胶凝材料称为粉煤灰硅酸盐水泥，简称粉煤灰水泥，代号为 P·F。

1. 技术要求

（1）细度（选择性指标）。以筛余表示，其 80 μm 方孔筛筛余不大于 10%或 45 μm 方孔筛筛余不大于 30%。

（2）凝结时间。粉煤灰水泥初凝时间不小于 45 min，终凝时间不大于 600 min。

（3）体积安定性。沸煮法检验必须合格。

（4）强度等级。粉煤灰水泥根据 3 d 和 28 d 的抗折与抗压强度分 32.5、32.5R、42.5、42.5R、52.5、52.5R 六个强度等级。

2. 特性及应用

粉煤灰水泥和火山灰质水泥、矿渣水泥一样具有水化热低、凝结硬化慢、早期强度较低、后期强度增长较快、耐腐蚀能力强、抗碳化能力差等特点。但粉煤灰水泥还具有干缩性小的特点，故抗裂性较好，所以可用于大体积混凝土工程、水下混凝土及海港工程。粉煤灰水泥的吸水率小，故需水量小，配制的混凝土和易性较好。

（五）复合硅酸盐水泥

凡由硅酸盐水泥熟料＞20%且≤50%规定的混合材料，适量石膏磨细制成的水硬性胶凝材料称为复合硅酸盐水泥，简称复合水泥，代号为 P·C。其中：复合水泥中混合材料总量按质量分数应大于 20%且不超过 50%、水泥中允许用不超过 8%的窑灰代替部分混合材料；掺矿渣时混合材料排量不得与矿渣硅酸盐水泥重复。

1. 技术要求

（1）细度（选择性指标）。以筛余表示，其 80 μm 方孔筛筛余不大于 10%或 45 μm 方孔筛筛余不大于 30%。

（2）凝结时间。复合水泥初凝时间不小于 45 min，终凝时间不大于 600 min。

（3）体积安定性。用沸煮法检验必须合格。

（4）强度等级。复合水泥根据 3 d 和 28 d 的抗折与抗压强度分 32.5、32.5R、42.5、42.5R、52.5、52.5R 六个强度等级。

2. 特性及应用

复合水泥的性能一般受掺加混合材料的种类、掺量和比例等因素的影响，早期强度接近于普通水泥，高于矿渣水泥、火山灰质水泥和粉煤灰水泥，其他性能优于矿渣水泥、火山灰质水泥、粉煤灰水泥，因而适用范围广泛。

三、通用硅酸盐水泥的工程选用

通用硅酸盐水泥的工程选用见表 3.5。

表 3.5　通用硅酸盐水泥的工程选用

混凝土工程特点及所处环境条件			优先选用	可以选用	不宜选用
普通混凝土	1	在一般气候环境中的混凝土	普通水泥	矿渣水泥、火山灰质水泥、粉煤灰水泥、复合水泥	
	2	在干燥环境中的混凝土	普通水泥	矿渣水泥	火山灰质水泥、粉煤灰水泥
	3	在高温环境中或长期处于水中的混凝土	矿渣水泥、火山灰质水泥、粉煤灰水泥、复合水泥	普通水泥	
	4	厚大体积的混凝土	矿渣水泥、火山灰质水泥、粉煤灰水泥、复合水泥	—	硅酸盐水泥
有特殊要求的混凝土	1	要求快硬、高强（＞C40）的混凝土	硅酸盐水泥	普通水泥	矿渣水泥、火山灰质水泥、粉煤灰水泥、复合水泥
	2	严寒地区的露天混凝土，寒冷地区处于水位升降范围内的混凝土	普通水泥	矿渣水泥（强度等级＞32.5）	火山灰质水泥、粉煤灰水泥

续表

混凝土工程特点及所处环境条件			优先选用	可以选用	不宜选用
有特殊要求的混凝土	3	严寒地区处于水位升降范围的混凝土	普通水泥（强度等级＞42.5）	—	矿渣水泥、火山灰质水泥、粉煤灰水泥、复合水泥
	4	有抗渗要求的混凝土	普通水泥、火山灰质水泥	—	矿渣水泥
	5	有耐磨要求的混凝土	硅酸盐水泥、普通水泥	矿渣水泥（强度等级＞32.5）	火山灰质水泥、粉煤灰水泥
	6	受侵蚀性介质作用的混凝土	矿渣水泥、火山灰质水泥、粉煤灰水泥、复合水泥	—	硅酸盐水泥

学习情景三　通用硅酸盐水泥的验收、储存与运输

一、通用硅酸盐水泥的验收

由于水泥有效期短，质量极容易变化，因此，对进入施工现场的水泥必须进行验收，以检测水泥是否合格，确定水泥是否能够用于工程中。水泥的验收包括包装标志验收、数量验收和质量验收三个方面。

1. 包装标志验收

根据供货单位的发货明细表或入库通知单及质量合格证，分别核对水泥包装上所注明的水泥品种、代号、净含量、强度等级，生产许可证标志（QS），生产者名称和地址，出厂编号，执行标准号，包装年、月、日等。掺火山灰质混合材料的普通水泥还应标上“火山灰”字样，包装袋两侧应印有水泥名称和强度等级，硅酸盐水泥和普通硅酸盐水泥的印刷采用红色，矿渣水泥的印刷采用绿色，火山灰质水泥、粉煤灰水泥和复合水泥的印刷采用黑色或蓝色。

散装水泥在供应时必须提交与袋装水泥标志相同内容的卡片。

2. 数量验收

水泥可以袋装或散装，袋装水泥每袋净含量 50 kg，且不得少于标志质量的 99%。随机抽取 20 袋，总质量（含包装袋）不得少于 1 000 kg，其他包装形式由供需双方协商确定，但有关袋装质量要求，应符合上述规定。散装水泥平均堆积密度为 1 450 kg/m^3，袋装压实的水泥为 1 600 kg/m^3。

3. 质量验收

（1）检查出厂合格证和出厂检验报告。水泥出厂应有水泥生产厂家的出厂合格证，

内容包括厂别、品种、出厂日期、出厂编号和检验报告。检验报告内容应包括出厂检验项目、细度、混合材料品种和掺加量、石膏和助磨剂的品种及掺加量、属旋窑或立窑生产及合同约定的其他技术要求。当用户需要时，生产者应在水泥发出之日起 7 d 内寄发除 28 d 强度以外的各项试验结果。28 d 强度数值，应在水泥发出日起 32 d 内补报。

（2）交货与验收。交货时水泥的质量验收可抽取实物试样以其检验结果为依据，也可以生产者同编号水泥的检验报告为依据。采用何种方法验收应由双方商定，并在合同或协议中注明。

以抽取实物试样的检验结果为验收依据时，买卖双方应在发货前或交货地共同取样和签封。取样方法按《水取样方法》（GB/T 12573—2008）进行，取样数量为 20 kg，缩分为二等份。一份由卖方保存 40 d，一份由买方按《通用硅酸盐水泥》（GB 175—2007）规定的项目和方法进行检验。在 40 d 以内，买方检验认为产品质量不符合相应标准要求，而卖方又有异议时，双方应将卖方保存的另一份试样送有关监督检验机构进行仲裁检验。

以水泥厂同编号水泥的试验报告为验收依据时，在发货前或交货时，买方在同编号水泥中取样，双方共同签封后由卖方保存 90 d；或认可卖方自行取样、签封并保存 90 d 的同编号水泥的封存样。在 90 d 内，买方对水泥质量有疑问时，买卖双方应将共同认可的试样送省级或省级以上国家认可的水泥质量监督检验机构进行仲裁检验。

（3）复验。按照《混凝土结构工程施工质量验收规范》（GB 50204—2015）以及工程质量管理的有关规定，用于承重结构的水泥，用于使用部位有强度等级要求的混凝土用水泥，出厂超过 3 个月（快硬硅酸盐水泥为超过 1 个月）的水泥和进口水泥，在使用前必须进行复验，并提供试验报告。水泥的抽样复验应符合见证取样送检的有关规定。

水泥复验的项目，通常只检测水泥的安定性、强度和其他必要的性能指标。

经确认水泥各项技术指标及包装质量符合要求时方可出厂，出厂水泥应保证出厂强度等级，其余技术要求应符合国家规定。

二、通用硅酸盐水泥的储存与运输

水泥的储存与运输方式主要有袋装和散装两种。袋装水泥在存放时，应用木料垫高出地面 30 cm，四周离墙 30 cm，堆置高度一般不超过 10 袋。存放散装水泥时，应分库进行标志存放，并应将水泥储存于专用的水泥罐中，防水防潮。

水泥在存放过程中很容易吸收空气中的水分产生水化作用，凝结成块，降低水泥强度，影响水泥的正常使用。所以，水泥应在干燥环境条件下存放，以免潮气侵入，导致水泥变质。

对于受潮水泥，可以进行处理后再使用，受潮水泥的识别、处理和使用见表 3.6。

表 3.6 受潮水泥的识别、处理和使用

受潮程度	处理办法	使用要求
轻微结块，可用手捏成粉末	将粉块压碎	经试验后根据实际强度使用
部分结成硬块	将硬块筛除，粉块压碎	经试验后根据实际强度使用，用于受力小的部位，强度要求不高的工程或配制砂浆
大部分结成硬块	将硬块粉碎磨细	不能作为水泥使用，可作为混合材料掺入新水泥使用（掺量应小于 25%）

不同品种、强度等级、生产厂家、出厂日期的水泥，应分别储存，并加以标志，不得混杂。

水泥储存期不宜过长，以免受潮变质或降低强度等级，储存期按出厂日期起，通用水泥一般为 3 个月。水泥储存时间太长，即使条件良好的仓库，也会因吸湿结块失效。水泥如果保管得好，3 个月内可按原强度等级使用。6 个月后强度降低 15% ~ 30%，不能按原强度等级使用，需以重新检测的实际强度为准。所以，为保证质量，水泥的使用不超过 3 个月，超过 3 个月的水泥应重新检验，重新确定强度等级，否则不得在工程中使用。

学习情景四　特性水泥与专用水泥

一、特性水泥

与通用硅酸盐水泥相比较，有突出特性的水泥通称为特性水泥。特性水泥品种繁多，包括铝酸盐水泥、快硬硅酸盐水泥、膨胀水泥、白色硅酸盐水泥。

1. 铝酸盐水泥

铝酸盐水泥是以铝矾土和石灰石为原料，经高温煅烧制得，以铝酸钙为主、氧化铝含量大于 50%的熟料，经磨细制成的水硬性胶凝材料，代号为 CA。它是一种快硬、早强、耐腐蚀、耐热的水泥。

1）铝酸盐水泥的水化反应

当温度低于 20 °C 时：

$$CaO \cdot Al_2O_3 + 10H_2O = CaO \cdot Al_2O_3 \cdot 10H_2O$$

当温度处于 20 ~ −30 °C 时：

$$2(CaO \cdot Al_2O_3) + 11H_2O = 2CaO \cdot Al_2O_3 \cdot 8H_2O + Al_2O_3 \cdot 3H_2O$$

当温度高于 30 °C 时：

$$3(CaO \cdot Al_2O_3)+12H_2O = 3CaO \cdot Al_2O_3 \cdot 6H_2O+2(Al_2O_3 \cdot 3H_2O)$$

在较低温度下，水化物主要是 CAH_{10} 和 C_2AH_8，呈细长针状和板状结晶连生体，形成骨架。析出的氢氧化铝凝胶填充于骨架空隙中，形成密实的水泥石。所以高铝水泥水化后密实度大、强度高。需要指出的是，CAH_{10} 和 C_2AH_8 都是不稳定的，随温度升高会逐步转化为 C_3AH_6。晶体转变的结果，使水泥石析出游离水，孔隙率增大，强度由高变低。

2）铝酸盐水泥的特性

铝酸盐水泥的特性有：快硬、早强，后期强度下降，在结构工程中应慎重使用；水化热高、放热快，不适用于大体积混凝土工程；耐硫酸盐腐蚀能力强，密实不透水，但对碱的侵蚀无抵抗能力；耐热性好，是因为在高温下各组分发生固相反应成烧结状态，代替了水泥的水化结合。应用时必须注意，铝酸盐水泥硬化后由于晶体转化，长期强度下降幅度大（比早期最高强度下降约 40%），不宜用于长期承重的结构。铝酸盐水泥不得与硅酸盐水泥、石灰等能析出 $Ca(OH)_2$ 的材料混合使用，如遇到 $Ca(OH)_2$ 将出现“闪凝”，无法施工，而且硬化后强度很低。

铝酸盐水泥的特点可归纳为：硬化快、早强、放热大、耐水耐酸不耐碱、致密抗渗耐高温，不宜高温季节使用，不能与石灰质混用。

2. 快硬硅酸盐水泥

快硬硅酸盐水泥是指由硅酸盐水泥熟料加入适量石膏，磨细制成的早期强度高的以 3d 抗压强度表示强度等级的水泥，简称快硬水泥。

快硬水泥可分为 32.5、37.5 和 42.5 三个强度等级。细度要求：0.080 mm 方孔筛筛余不得超过 10%。初凝时间不早于 45 min，终凝时间不迟于 600 min。

快硬水泥具有早期强度增进率高的特点，其 3 d 抗压强度可达到强度等级，后期强度仍有一定增长，主要用于紧急抢修工程、军事工程、冬期施工工程，也用于制造预应力混凝土或混凝土预制构件。

3. 膨胀水泥

膨胀水泥是指在凝结硬化过程中体积产生膨胀的水泥，通常由胶凝材料和膨胀剂混合而成。膨胀剂在水化过程中形成具有膨胀性的钙矾石晶体导致体积稍有胀大。

膨胀水泥按胶结材料不同，可分为硅酸盐型、铝酸盐型和硫铝酸盐型膨胀水泥；按膨胀值不同，可分为收缩补偿水泥和自应力水泥两类。

4. 白色硅酸盐水泥

白色硅酸盐水泥是指由氧化铁含量少的硅酸盐水泥熟料加入适量石膏，磨细制成的水硬性胶凝材料，简称白水泥。白水泥可分为 32.5、42.5、52.5、62.5 四个强度等级，根据白度和强度等级分为优等品、一等品、合格品三个等级。初凝时间不早于 45 min，终凝时间不迟于 720 min，体积安定性，用沸煮法检验必须合格。

白水泥粉磨时加入耐碱矿物颜料即可制得彩色硅酸盐水泥。彩色水泥分为 27.5、32.5、42.5 三个强度等级，基本颜色有红色、黄色、蓝色、绿色、棕色和黑色，初凝时间不早于 60 min，终凝时间不迟于 600 min，白色水泥和彩色水泥主要用于建筑装饰工程和装饰制品的生产。

二、专用水泥

为满足工程要求而生产的专门用于某种工程的水泥属于专用水泥。专用水泥以适用的工程命名，如砌筑水泥、道路硅酸盐水泥、大坝水泥等。

1. 砌筑水泥

砌筑水泥是指由活性混合材料，加入适量硅酸盐水泥熟料和石膏，磨细制成主要用于配制砌筑砂浆的低强度等级水泥，代号为 M。砌筑水泥可分为 12.5 和 22.5 两个强度等级，初凝时间不早于 60 min，终凝时间不迟于 720 min。砌筑水泥的强度较低，不能用于钢筋混凝土或结构混凝土，主要用于工业与民用建筑的砌筑和抹灰砂浆、垫层混凝土等。

2. 道路硅酸盐水泥

以适当成分的生料烧至部分熔融，所得以硅酸钙为主要成分和较多量铁铝酸盐的硅酸盐水泥熟料称为道路硅酸盐水泥熟料。道路水泥是指由道路硅酸盐水泥熟料，0 ~ 10%活性混合材料和适量石膏磨细制成的水硬性胶凝材料，代号为 P · R，道路水泥分为 32.5、42.5 和 52.5 三个强度等级，比表面积为 300 ~ 450 m^2/kg，初凝时间不早于 90 min，终凝时间不迟于 600 min。

道路水泥具有色泽美观、需水量少、抗折强度高，耐磨性、保水性及和易性好，抗冻性、外加剂适应性强等优点，主要用于高速公路、机场跑道、大跨度建设等。

3. 大坝水泥

大坝水泥是指水化过程中释放水化热量较低的适用于浇筑坝体等大体积结构的硅酸盐类水泥。其比表面积不小于 250 m^2/kg，初凝时间不早于 60 min，终凝时间不迟于 720 min。

常用的大坝水泥有中热水泥、低热水泥和低热矿渣水泥等。大坝水泥具有水化热低、抗硫酸盐性能强、干缩小、耐磨性好等优点，主要用于大坝、大体积建筑物和厚大的基础等工程，可以克服因水化热引起温度应力而导致的混凝土破坏。

思考与练习

3-1 引起硅酸盐水泥体积安定性不良的原因是______、游离 MgO 及______含量多，它们相应地可以分别采用______法、______法及长期观测进行检验。

3-2　硅酸盐水泥熟料中水化热低的矿物是______，耐腐蚀性差的矿物是______。

3-3　高铝水泥的特性是______、______、______，因此高铝水泥不能用于______工程和______混凝土。

3-4　欲制得低热水泥，应限制硅酸盐水泥熟料中______和 C_3S 的含量，也可采用______措施来达到降低水化热的目的。

3-5　硅酸盐水泥熟料矿物组成中，______是决定水泥早期强度的组分，______是保证水化后期强度的组分，______矿物凝结硬化速度最快。

3-6　硅酸盐水泥产生硫酸盐腐蚀的原因是由于其水化产物中的______与环境介质中的______发生了化学反应，生成了______。

3-7　水泥细度越细，水化放热量越大，凝结硬化后______越大。

3-8　活性混合材料中的主要化学成分是______。

3-9　作为水泥活性混合材料的激发剂，主要有______激发剂和______激发剂。

3-10　掺活性混合材料的硅酸盐水泥，它们抗炭化能力均______，其原因是______。

3-11　生产硅酸盐水泥时，必须掺入适量石膏，其目的是______。当石膏掺量过多时，会造成______。

3-12　活性混合材料能与水泥水化产物中的______发生反应。

3-13　水泥强度与水泥强度等级是同一概念吗？为什么？

模块三课件与微课

模块四 混凝土

【知识目标】

了解普通混凝土的分类、组成及特点、质量控制和评定方法；熟悉普通混凝土组成材料的种类、技术要求及选用；掌握普通混凝土拌合物的性质及其测定和调整方法，硬化混凝土的强度及影响混凝土强度的主要因素，混凝土的变形性能、耐久性能、影响因素及其配合比设计的方法；了解特种混凝土和新型混凝土的特性及应用。

【技能目标】

通过本模块的学习，能进行砂样筛分析试验，混凝土拌合物的检验，混凝土标准试件制作，混凝土强度检验，能正确填写材料试验报告，能对普通混凝土进行强度评定，能进行普通混凝土的配合比设计，能在实际工程中正确选择混凝土组成材料。

学习情景一 混凝土概述

由胶凝材料、粗细骨料（或称集料）和水按适当比例拌和制成的混合物，经一定时间硬化而成的人造石材，统称为混凝土，简称为砼。水泥混凝土是目前最常用的一种混凝土，它是以水泥为胶凝材料，以石为粗骨料、砂为细骨料，加水并掺入适量外加剂或掺合料拌制而成的，简称混凝土或普通混凝土。混凝土是一种重要的建筑材料，在土木工程中应用广泛。

一、混凝土分类

1. 按所用胶凝材料分类

混凝土按所用胶凝材料可分为水泥混凝土、石膏混凝土、水玻璃混凝土、沥青混凝土、聚合物混凝土等。

2. 按表观密度分类

（1）重混凝土。表观密度大于 2 800 kg/m³，是采用密度很大的重晶石、铁矿石、钢屑等重骨料和钡水泥、锶水泥等重水泥配制而成。重混凝土具有防射线的性能，又称防辐射混凝土，主要用作核能工程的屏蔽结构材料。

（2）普通混凝土。表观密度为 2 000 ~ 2 800 kg/m³，是用普通的天然砂、石为骨料配制而成，为土木工程中常用的混凝土。主要用作各种建筑的结构材料。

（3）轻混凝土。表观密度小于 2 000 kg/m³，是采用陶粒等轻质多孔的骨料，或者不采用骨料而掺入加气剂或泡沫剂，形成多孔结构的混凝土。主要用作轻质结构材料和绝热材料。

3. 按用途分类

混凝土按用途可分为结构混凝土、水工混凝土、防水混凝土、道路混凝土、防辐射混凝土、耐热混凝土、耐酸混凝土、装饰混凝土、大体积混凝土及膨胀混凝土等。

4. 按生产和施工方法分类

混凝土按生产和施工方法可分为泵送混凝土（图 4-1）、喷射混凝土、碾压混凝土、挤压混凝土、离心混凝土、压力灌浆混凝土、预拌混凝土（商品混凝土）等。

图 4-1　泵送混凝土

5. 按其抗压强度分类

混凝土按其抗压强度可分为低强度混凝土（f_{cu}<30 MPa）、中强度混凝土（f_{cu}≥30 MPa、<60 MPa）、高强度混凝土（f_{cu}≥60 MPa）、超高强度混凝土（f_{cu}≥100 MPa）等。

6. 按其掺合料不同分类

混凝土按其掺合料不同可分为普通混凝土、轻混凝土、加气混凝土、纤维混凝土、聚合物混凝土、耐酸混凝土、防水混凝土等。

二、混凝土特性

普通混凝土在土木工程中能得到广泛应用，是因为它与其他材料相比有以下优点：

（1）混凝土拌合物具有可塑性，可以按工程结构要求浇筑成不同形状和尺寸的整体结构与预制构件。

（2）与钢筋等有牢固的黏结力，能在混凝土中配筋或埋设钢件制作钢筋混凝土构件或整体结构。钢筋混凝土强度高，耐久性好。

（3）其组成材料中砂、石等当地材料占80%以上，来源广、造价低。

（4）改变各材料品种和用量，可以得到不同物理力学性能的混凝土，以满足不同工程的要求，应用范围广泛。

混凝土也存在以下缺点：

（1）混凝土抗拉强度很低，受拉时抵抗变形能力小，容易开裂。

（2）自重大。

（3）生产工艺复杂，质量难以控制，管理困难。

（4）凝结硬化需要一定时间。

学习情景二　普通混凝土的组成材料

混凝土的性能在很大程度上取决于组成材料的性能，因此，必须根据工程性质、设计要求和施工条件合理选择原材料的品种、质量和用量。混凝土由水泥、水、砂和石子组成，另外，还常掺入适量的外加剂和掺合料。砂和石子在混凝土中起骨架作用，故称为集料。砂称为细集料，石子称为粗集料。

水泥和水形成水泥浆包裹在集料的表面并填完集料之间的空隙，在混凝土硬化之前起润滑作用，赋予混凝土拌合物流动性；硬化之后起胶结作用，将砂石集料胶结成一个整体，使混凝土产生强度，成为坚硬的人造石材，外加剂起改性作用，掺合料起降低成本和改性作用。混凝土的宏观结构如图4-2所示。

普通混凝土的性能在很大程度上取决于原材料的性能及相对含量，同时与施工工艺有关。因此，只有了解原材料的性能及质量要求，合理选择材料，才能保证混凝土的质量。

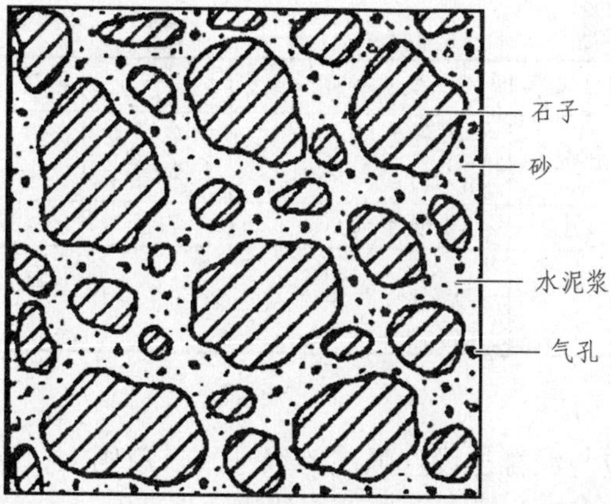

图 4-2　混凝土的宏观结构

一、水　泥

水泥是决定混凝土成本的主要材料，同时又起到粘结、填充等重要作用，因此水泥的选用格外重要。配制混凝土用的水泥应符合现行国家标准的有关规定。在配制时，应合理选择水泥的品种和强度等级。

1. 水泥品种的选择

水泥品种应根据工程特点、所处环境，结合各种水泥的不同特性及设计、施工的要求进行选择。常用水泥品种可按表 4.1 选择。

表 4.1　常用水泥品种选用

混凝土工程特点及所处环境条件		优先使用	可以使用	不宜使用
普通混凝土	在普通气候环境中的混凝土	普通水泥	矿渣水泥 火山灰质水泥 粉煤灰水泥	
	在干环境中的混凝土	普通水泥	矿渣水泥	火山灰质水泥
	在高湿环境中或长期处于水下的混凝土	矿渣水泥 火山灰质水泥 粉煤灰水泥	普通水泥	
	厚大体积的混凝土	矿渣水泥 火山灰质水泥 粉煤灰水泥	普通水泥	硅酸盐水泥
有特殊要求的混凝土	要求快硬高强（C≥30）的混凝土	硅酸盐水泥 快硬硅酸盐水泥		
	严寒地区的露天混凝土及处于水位升降范围内的混凝土	普通水泥 硅酸盐水泥 抗硫酸盐硅酸盐水泥	矿渣水泥（≥32.5 级）	火山灰质水泥

续表

混凝土工程特点及所处环境条件		优先使用	可以使用	不宜使用
有特殊要求的混凝土	有抗渗要求的混凝土	普通水泥 火山灰质水泥	硅酸盐水泥 粉煤灰水泥	矿渣水泥
	有耐磨要求的混凝土	普通水泥	矿渣水泥(≥32.5 级)	火山灰质水泥
	受侵蚀性环境水或气体作用的混凝土	根据介质的种类、浓度等具体情况，按专门规定选用		

2. 水泥强度等级的选择

水泥的强度等级应与混凝土设计强度等级一致。原则上，配置高强度等级的混凝土，应选用高强度等级水泥。通常中低强度等级的混凝土（C60 以下），水泥强度等级为混凝土强度等级的 1.5 ~ 2.0 倍；高强度等级的混凝土（≥C60），水泥强度等级为混凝土强度等级的 0.9 ~ 1.5 倍。如果水泥强度等级过低，为了达到工程要求，必然增加水泥的用量，减小水胶比，影响混凝土拌合物的流动性，并显著增加混凝土的水化热和混凝土的干缩、徐变；如果水泥强度等级过高，水泥的用量较少就可以达到混凝土强度等级的要求，但不能达到混凝土拌合物和易性与耐久性的要求。

二、细集料

公称粒径为 0.16 ~ 5 mm 的集料称为细集料。通常在混凝土中，粗、细集料的总体积要占混凝土体积的 70% ~ 80%，因此集料质量的优劣对混凝土各项性质的影响很大。

1. 砂的种类及其特性

混凝土的细集料主要采用天然砂，有时也可采用人工砂。

（1）天然砂是由天然岩石经长期风化等自然条件作用而形成的，按其产源不同可分为河砂、湖砂、海砂及山砂等。河砂、湖砂和海砂是在河、湖、海等天然水域中形成和堆积的岩石碎屑，由于长期受水流的冲刷作用，颗粒表面比较圆滑而清洁，且这些砂产源广，但海砂中常含有碎贝壳及盐类等有害杂质。山砂是岩体风化后在山间适当地形中堆积下来的岩石碎屑，其颗粒多具棱角，表面粗糙，砂中含泥量及有机杂质较多。相对来说，河砂较为适用，故建筑工程中普遍采用河砂作为细集料。

（2）人工砂是将天然岩石轧碎而成，其颗粒富有棱角，比较洁净，但砂中片状颗粒及细粉含量较多且成本较高。一般只有在当地缺乏天然砂源时，才采用人工砂作为细集料。

2. 混凝土用砂质量要求

《普通混凝土用砂、石质量及检验方法标准》（JGJ 52—2006）中对砂的技术质量要求，主要有以下几个方面：

1）砂中含泥量等的质量标准

砂应质地坚硬、清洁，有害杂质含量不超过限量。砂有害杂质主要有黏土、淤泥、云母、硫化物、硫酸盐、有机物以及贝壳、煤屑等轻物质，黏土、淤泥、云母会影响水泥与集料的胶结，含量多时会使混凝土强度降低。尤其是成团的黏土，对混凝土强度的影响更为严重。硫化物、硫酸盐、有机物对水泥有侵蚀作用。轻物质本身强度较低，会影响混凝土的强度及耐久性，所以要严格控制砂中的泥、泥块等含量。具体限值要求见表 4.2。

表 4.2　天然砂的含泥量和泥块含量

混凝土的强度等级	≥C60	C55～C30	≤C25
含泥量（按质量计，%）	≤2.0	≤3.0	≤5.0
泥块含量（按质量计，%）	≤5.0	≤1.0	≤2.0

2）有害杂质含量

为了保证混凝土的质量，要求配制混凝土的砂清洁不含杂质。但实际上砂中常含有云母、硫化物、硫酸盐、氯盐、轻物质和有机物等有害杂质。云母为表面光滑的小薄片，与水泥浆粘结差，会影响混凝土的强度及耐久性。砂中含有的硫化物、硫酸盐和有机物对水泥石有侵蚀作用：氯盐对钢筋混凝土中的钢筋有锈蚀作用；砂中相对密度小于 2 000 kg/m^3 的物质，定义为轻物质，它也是降低混凝土性能的有害物质。天然砂中有害杂质含量应符合表 4.3 的规定。

表 4.3　天然砂中有害杂质含量

项　目	质量指标
云母含量（按质量计，%）	≤2.0
硫化物与硫酸盐含量（折算成 SO_3 按质量计，%）	≤1.0
轻物质含量（按质量计，%）	≤1.0
有机物含量用比色法试验	黑色不应深于标准色；当颜色深于标准色时，应按水泥胶砂强度试验方法进行试验，抗压强度比不应低于 0.95

3. 砂的粗细程度与颗粒级配

1）砂的粗细程度

砂的粗细程度即不同粒径的砂粒混合在一起后的总体粗细程度。

砂的粗细程度关系到混凝土的性能，相同用量的砂，细砂的总表面积较大，而粗砂的总表面积较小。在混凝土中，砂子的表面需要由水泥浆包裹，砂子的总表面积越大，需要包裹砂粒表面的水泥浆就越多。一般来说，用粗砂拌制的混凝土比用细砂拌制的混凝土所需的水泥浆少，但用粗砂拌制的混凝土和易性较差。因此，在拌制混凝土时，不能只考虑砂的粗细程度，还应考虑砂的颗粒级配。

2）砂的颗粒级配

砂的颗粒级配是指砂中大小颗粒的搭配情况。在混凝土中，砂粒之间的空隙是由水泥浆来填充的，为了节约水泥和提高混凝土的强度，应尽量减小砂粒之间的空隙，同样粗细的砂堆在一起，空隙最大[图 4-3（a）]；若用两种粒径的砂搭配起来，空隙就减小了[图 4-3（b）]；若用三种粒径的砂搭配，空隙就更小了[图 4-3（c）]。由此可见，要减小砂粒之间的空隙，不宜使用单一粒径的砂，而应使用颗粒大小不同的砂子相互搭配，即选用颗粒级配良好的砂。

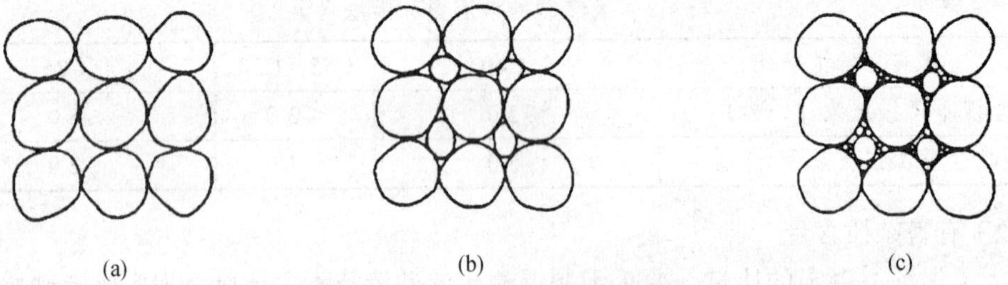

图 4-3　细集料颗粒级配

因此，在拌制混凝土时，砂的粗细程度与颗粒级配应同时考虑，即砂中心含有较多的粗颗粒并以适当的中颗粒及少量的细颗粒填充其空隙，便可使总表面积和空隙率均较小，这种搭配状况叫作砂的级配。级配好的砂，不仅水泥浆用量较少，而且可提高混凝土的强度和耐久性。

3）砂的粗细程度与颗粒级配的确定

工程上通常用筛分析法测定砂子的粗细程度和颗粒级配，用细度模数 M_x 表示砂的粗细程度，用级配区表示砂的颗粒级配。筛分析法是将 500 g 干砂试样倒入孔径为 4.75 mm、2.36 mm、1.18 mm、0.60 mm、0.30 mm、0.15 mm 的标准方孔筛上，按由粗到细的顺序过筛，然后称得余留在各个筛上的砂的质量，叫作“分计筛余量”，然后求得分计筛余百分率和累计筛余百分率（图 4-4）。累计筛余百分率和分计筛余百分率的关系见表 4.4。

图 4-4　筛分析法及标准筛

表 4.4　累计筛余百分率和分计筛余百分率的关系

筛孔尺寸/mm	分计筛余量/g	分计筛余百分率/%	累计筛余百分率/%
4.75	m_1	$a_1=(m_1/m)\times100\%$	$A_1=a_1$
2.36	m_2	$a_2=(m_2/m)\times100\%$	$A_2=a_1+a_2$
1.18	m_3	$a_3=(m_3/m)\times100\%$	$A_3=a_1+a_2+a_3$
0.60	m_4	$a_4=(m_4/m)\times100\%$	$A_4=a_1+a_2+a_3+a_4$
0.30	m_5	$a_5=(m_5/m)\times100\%$	$A_5=a_1+a_2+a_3+a_4+a_5$
0.15	m_6	$a_6=(m_6/m)\times100\%$	$A_6=a_1+a_2+a_3+a_4+a_5+a_6$
注：m 为试样质量，即 500 g			

根据下列公式计算砂的细度模数（M_x）：

$$M_x=\frac{(A_2+A_3+A_4+A_5+A_6)-5A_1}{100-A_1} \tag{4-1}$$

细度模数 M_x 越大，砂越粗。普通混凝土用砂的粗细程度按细度模数可分为粗砂、中砂、细砂三级。其中，M_x 为 3.1 ~ 3.7 的是粗砂，M_x 为 2.3 ~ 3.0 的是中砂，M_x 为 1.6 ~ 2.2 的是细砂，混凝土用砂以中砂为宜。

砂的颗粒级配区判别：对于混凝土用砂，根据 600 pm 筛孔的累计筛余百分率（A_4），可将砂子划分为 3 个级配区，分别是Ⅰ区（A_4 = 71% ~ 85%）、Ⅱ区（A_4 = 41% ~ 70%）、Ⅲ区 A_4 = 16% ~ 40%），各区的标准见表 4.5。混凝土用砂的颗粒级配必须处于 3 个级配区中的任一配区。级配良好的砂，各筛上的累计筛余百分率应处在同一级配区之内（除孔径 4.75 mm 和 600 pm 筛号外允许稍有超出范围，但其超出量不应大于 5%）。

表 4.5　筛的颗粒级配规定

分　区	Ⅰ区	Ⅱ区	Ⅲ区
5.00 mm	10 ~ 0	10 ~ 0	10 ~ 0
2.50 mm	35 ~ 5	25 ~ 0	15 ~ 0
1.25 mm	65 ~ 35	50 ~ 10	25 ~ 0
630 pm	85 ~ 71	70 ~ 41	40 ~ 16
315 pm	95 ~ 80	92 ~ 70	85 ~ 55
100 pm	100 ~ 90	100 ~ 90	100 ~ 90

【例 4-1】某干砂 500 g，筛分结果见表 4.6，试分析该砂的粗细程度和颗粒级配。

表 4.6　砂样筛分结果

筛孔尺寸/mm	筛余量/g	分计筛余百分率/%	累计筛余百分率/%
4.75	8	1.6	1.6
2.36	82	16.4	18

续表

筛孔尺寸/mm	筛余量/g	分计筛余百分率/%	累计筛余百分率/%
1.18	70	14	32
0.6	98	19.6	51.6
0.3	124	24.8	76.4
0.15	106	21.2	97.6

【解】砂的细度模数

$$M_x = \frac{(A_2 + A_3 + A_4 + A_5 + A_6) - 5A_1}{100 - A_1}$$

$$= \frac{(18 + 32 + 51.6 + 76.4 + 97.6) - 5 \times 1.6}{100 - 1.6} = 2.72$$

此砂属于中砂，将表 4.6 计算出的筛余百分率与表 4.5 做对照，得出此砂级配属于Ⅱ区砂，级配良好。

这里应当注意，砂的细度模数并不能反映其级配的优劣，细度模数相同的砂，级配可以相差很大。所以，配制混凝土时，必须同时考虑砂的颗粒级配和细度模数。

4. 砂的物理性质

1）砂的表观密度、堆积密度及空隙率

混凝土用砂的表观密度应不小于 2 500 kg/m^3。砂的堆积密度与空隙率有关，一般干砂松散状态的堆积密度不小于 1 400 kg/m^3。砂的空隙率不大于 44%。

2）砂的含水状态

施工中使用的砂受环境温度和湿度的影响，有 4 种含水状态，即完全干燥状态、气干状态、饱和面干状态和湿润状态，如图 4-5 所示。

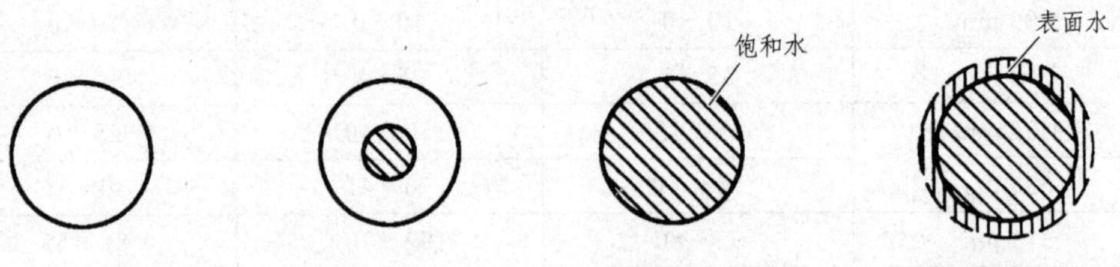

（a）完全干燥状态　（b）气干状态　（c）饱和面干状态　（d）湿润状态

图 4-5　砂的含水状态

完全干燥状态是砂在烘箱中烘干至恒重，达到内部、外部均不含水；气干状态即在砂的内部含有一定水分，而表层和表面是干燥、无水的；饱和面干状态即其内部孔隙含水达到饱和，但表面干燥；湿润状态下的砂不仅内部孔隙含水达到饱和，而且表面还附着自由水。饱和面干砂既不从混凝土拌合物中吸取水分，也不往拌合物中带入水分。水工混凝土多按饱和面干砂、石设计配合比，工业与民用建筑则常以干燥状态的砂、石来设计配合比。

5. 砂的坚固性

砂的坚固性是指砂在气候、环境变化和其他外界物理化学因素作用下抵抗破裂的能力。混凝土用砂应满足一定的坚固性要求，以保证混凝土的耐久性。

砂的坚固性应采用硫酸钠溶液法进行检验，试样经 5 次浸渍与烘干的循环后，其质量损失应符合表 4.7 的规定。

表 4.7　砂的坚固性

混凝土所处的环境条件及其性能要求	5 次循环后的质量损失/%
在严寒及寒冷地区室外使用并经常处于潮湿或干燥交替状态下的混凝土，对于有抗疲劳、耐磨、抗冲击要求的混凝土，有腐蚀介质作用或经常处于水位变化区的地下结构混凝土	≤8
其他条件下使用的混凝土	≤10

三、粗集料

集料粒径大于 4.75 mm 的岩石颗粒称为粗集料，常用的有碎石和卵石（图 4-6）。碎石大多由天然岩石经破碎、筛分而成，也可将大卵石轧碎、筛分而得。碎石表面粗糙，多棱角，且较为洁净，与水泥浆粘结比较牢固。碎石是建筑工程中用量最大的粗集料。卵石又称砾石，是由天然岩石经自然条件长期作用而形成的粒径大于 5 mm 的颗粒。按其产源可分为河卵石、海卵石及山卵石等，其中以河卵石应用较多。卵石中有机杂质含量较多，但与碎石比较，卵石表面光滑，拌制混凝土时需用水泥浆较少，拌合物和易性较好。但卵石与水泥石的胶结力较差，在相同条件下，卵石混凝土的强度较碎石混凝土低。因此，在水胶比相同的条件下，用碎石拌制的混凝土流动性较小，但强度较高；而卵石正好相反，流动性较大，但强度较低。因此，在配制高强混凝土时宜采用碎石。

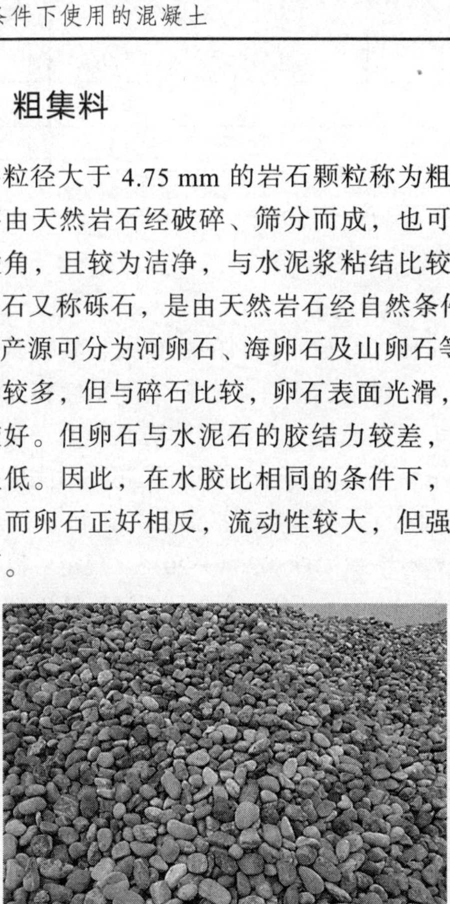

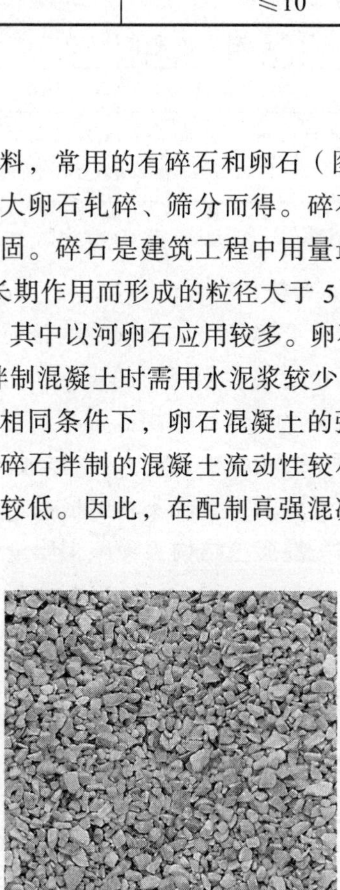

图 4-6　粗集料

配制混凝土选用碎石还是卵石，要根据工程性质、当地材料的供应情况、成本等各方面综合考虑。

根据《建设用卵石、碎石》（GB/T 14685—2011）的规定，按技术要求将卵石、碎石分为三类。I 类适用于强度等级大于 C60 的混凝土；Ⅱ类适用于强度等级 C30 ~ C60 及有抗冻、抗渗或其他要求的混凝土；Ⅲ类适用于强度等级小于 C30 的混凝土及建筑砂浆。

1. 有害杂质含量

粗集料中的有害杂质主要有黏土、淤泥、有机物、硫化物、硫酸盐及含有活性氧化硅的岩石颗粒，它们的危害作用与在细集料中相似。粗集料中含泥量、泥块含量及有害杂质的含量应符合表 4.8 的规定。

表 4.8　粗集料中含泥量、泥块含量及有害杂质的含量

类　别	指　标		
	I 类	Ⅱ类	Ⅲ类
含泥量（按质量计，%）	≤0.5	≤1.0	≤1.5
泥块含量（按质量计，%）	0	≤0.2	≤0.5
硫化物与硫酸盐含量（按 SO_3 质量计，%）	≤0.5	≤1.0	≤1.0
有机物含量	合格		

2. 最大粒径及颗粒级配

1）最大粒径

粗集料公称粒级的上限称为该粒级的最大粒径。集料的粒径大，其表面积相应减小，因而包裹其表面所需的水泥浆量减少，可节约水泥。在一定和易性和水泥用量条件下，能减少用水量而提高强度。但对于用普通配合比配制结构混凝土，尤其是高强混凝土时，当粗集料的最大粒径超过 40 mm 后，由于减少用水量获得的强度提高被较少的粘结面积及大粒径集料造成的不均匀性的不利影响所抵消，并无好处。

根据《混凝土结构工程施工质量验收规范》（GB 50204—2015）规定：混凝土用粗集料的最大粒径不得大于结构截面最小尺寸的 1/4，同时不得大于钢筋最小净距的 3/4；对于混凝土实心板，可允许采用最大粒径达 1/2 板厚的集料，但最大粒径不得超过 50 mm；对泵送混凝土，当泵送高度＜50 m 时，碎石最大粒径与输送管内径之比宜小于或等于 1∶3，卵石宜小于或等于 1∶2.5。

2）颗粒级配

粗集料与细集料一样，也要求有良好的颗粒级配，以减少空隙率，增强密实性，以节约水泥，保证混凝土的和易性和强度。

粗集料的颗粒级配也是通过筛分试验来确定的，其方孔标准筛孔径分别为 2.36 mm、4.75 mm、9.5 mm、16.0 mm、19.0 mm、26.5 mm、31.5 mm、37.5 mm、53.0 mm、

63.0 mm、75.0 mm 及 90.0 mm。分计筛余百分率及累计筛余百分率的计算与砂相同。按各筛上的累计筛余百分率划分级配。各级配的累计筛余百分率必须满足表 4.9 的规定。

表 4.9　碎石或卵石的颗粒级配

公称粒级/mm		累计筛余率/% 筛孔尺寸/mm 2.36	4.75	9.5	16.0	19.0	26.5	31.5	37.5	53.0	63.0	75.0	90.0
连续级配				30～60		0							
				40～80	0～10	0～10							
			85～100										
				—	—	—							
			90～100				0	0					
		95～100		70～90	30～70	15～45			0				
	5～16		90～100				0～5	0～5					
		95～100		70～90	—	30～65							
	5～20		90～100				—	—					
		95～100		0～15	—								
	5～25		95～100				—						
		95～100		80～100	0								
	5～31.5		80～100										
		—		85～100	0～15	0～15							
	5～40		95～100										
		95～100		95～100		25～40							
							0						
					55～70				0				
			95～100				0～10	0～10					
				95～100	85～100	80～100			0～10				
						95～100			70～100				

粗集料的颗粒级配有连续级配和单粒级配两种。连续级配是按颗粒尺寸由小到大连续分级，每级集料都占有一定比例。连续级配颗粒级差小，配制的混凝土拌合物和易性好，不易发生分层、离析现象，目前应用较广泛。单粒级配是人为剔除某些中间粒级颗粒，使粗集料的级配不连续，又称间断级配。单粒级配中，较大颗粒之间的空隙直接由比它小得多的颗粒去填充，空隙率的降低比连续级配快得多，可最大限度地发挥集料的骨架作用，减小水泥用量。但由于颗粒粒径相差较大，混凝土拌合物易产生离析现象，增加施工难度，工程上应用比较少。单粒级集料一般不单独使用，宜用于组合成具有所要求级配的连续粒级，也可与连续粒级配合使用，以改善集料级配或配成较大粒度的连续粒级。这种专门组配的集料级配易于保证混凝土质量，便于大型搅拌站使用。

3. 物理力学性质

为保证混凝土的强度，必须保证粗集料具有足够的强度。碎石的强度指标有两个：岩石抗压强度与压碎值指标。卵石的抗压强度可用压碎值指标来表示。

1）岩石抗压强度

岩石抗压强度是将轧制碎石的母岩制成边长为 5 cm 的立方体试件或直径与高均为 5 cm 的圆柱体试件，在水中浸泡 48 h 以后，取出擦干表面水分，测定其在饱和水状态下的抗压强度值。《普通混凝土用砂、石质量及检验方法标准》（JGJ 52—2006）规定，岩石的抗压强度应比所配制的混凝土强度至少高 20%。当混凝土强度等级大于或等于 C60 时，应进行岩石抗压强度检验。

2）压碎值指标

压碎值指标是将 3 000 g 气干状态下粒径 9.5 ~ 19.0 mm 的石子装入压碎值测定仪内，放置于压力机上，开动压力机，在 160 ~ 300 s 内均匀加荷至 200 kN 并稳荷 5 s。卸荷后，用孔径 2.36 m 的筛筛除被压碎的细粒，称出留在筛上的试样质量。按下式计算压碎值指标：

$$Q_e = \frac{m_0 - m_1}{m_0} \times 100\% \tag{4-2}$$

式中 Q_e——压碎值指标（%）；

m_0——试样的质量（g）；

m_1——压碎试验后筛余的试样质量（g）。

压碎值指标是测定碎石或卵石抵抗压碎的能力，压碎指标值越小，表示粗集料抵抗受压破坏的能力越强，也可间接地推测其强度的高低。

对经常性的生产质量控制常用压碎值指标来检验石子的强度。当在选采石场或对粗集料强度有严格要求，以及对其质量有争议时，宜采用岩石抗压强度进行检验。

石子的坚固性是指石子在自然风化和其他外界物理化学因素作用下抵抗碎裂的能力。对粗集料坚固性要求及检验方法与细集料基本相同，采用硫酸钠溶液浸泡法进行试验，碎石和卵石经五次干湿循环后，其质量损失应满足表 4.10 的规定。

表 4.10 混凝土用石子坚固性指标

混凝土所处的环境条件及其性能要求	五次循环后的质量损失/%
在严寒及寒冷地区室外使用并经常处于潮湿或干湿交替状态下的混凝土；有腐蚀介质作用或经常处于水位变化区的地下结构或有抗疲劳、耐磨、抗冲击等要求的混凝土	≤8
在其他条件下使用的混凝土	≤12

4. 碱含量要求

对于长期处于潮湿环境的重要结构混凝土，其所使用的碎石或卵石应进行集料的碱活性检验。经检验判断存在潜在危害时，应控制混凝土中碱含量不超过 3 kg/m^3，或采用能抑制碱-集料反应的有效措施。

四、混凝土拌和用水及养护用水

拌制混凝土应采用达到国家标准的生活饮用水。

凡是工业污水、沼泽水、pH值小于4的酸性水、含硫酸盐（按SO_3计）超过水重1%的水，均不能用来拌制混凝土。海水中含有硫酸盐、镁盐和氯化物，对水泥有侵蚀作用，对钢筋有锈蚀作用，因此不得用海水拌制钢筋混凝土及预应力混凝土，但允许用海水拌制素混凝土。

五、混凝土掺合料

为了节约水泥，改善混凝土性能，调节混凝土强度等级，在拌制混凝土时可掺入一些矿物粉末，称为掺合料。常用的掺合料有粉煤灰、硅粉、超细矿渣及各种天然的火山灰质材料等，在这些掺合料中以粉煤灰应用最为普遍。

1. 粉煤灰

粉煤灰是从燃烧煤粉的锅炉烟气中收集到的细粉末。其颗粒呈球形，表面光滑。化学成分主要有SiO_2、Al_2O_3及FeO等，其中SiO_2及Al_2O_3之和常在60%以上，是决定粉煤灰活性的主要成分。另外，还含有CaO、MgO及SO_3等。

粉煤灰在混凝土中具有火山灰活性作用，它吸收氢氧化钙后生成硅酸钙凝胶，成为胶凝材料的一部分。粉煤灰还可增大混凝土的流动性，减少泌水，改善混凝土的和易性。另外，粉煤灰的水化反应很慢，它在混凝土中相当长时间内以固体微粒形态存在，具有填充集料空隙的作用，可提高混凝土的密实性。

混凝土中掺入粉煤灰的效果与粉煤灰的掺入方法有关。常用的掺入方法有等量取代法、超量取代法及外加法。

（1）等量取代法。等量取代法是指以等质量粉煤灰取代混凝土中的水泥的方法。此种方法可节约水泥并减少混凝土发热量，改善混凝土的和易性，提高混凝土的抗渗性，适用于大体积混凝土。

（2）超量取代法。超量取代法即粉煤灰的掺入量大于所取代的水泥量。多出的粉煤可取代同体积砂，混凝土内石子用量及用水量基本不变，此法可保持混凝土28 d强度及和易性。

（3）外加法。外加法是指在保持混凝土中水泥用量不变的情况下，外掺一定数量的粉煤灰，其目的是改善混凝土拌合物的和易性。

2. 硅　粉

硅粉也称硅灰，是从冶炼硅铁和其他硅金属工厂的废烟气中回收的副产品，其主要成分是SiO_2，掺量 般为水泥用量的5%~10%。硅粉呈灰白色，颗粒极细，是水泥粒径的1/100~1/50，比表面积为18.5~20 m^2/g，密度为2.1~2.2 g/cm^3。硅粉活性很高，在混凝土中掺入硅粉后，可取得如下效果。

（1）提高混凝土强度，配制高强、超高强混凝土。普通硅酸盐水泥水化后生成的氢氧化钙约占体积的29%，硅粉能与氢氧化钙反应生成水化硅酸钙，均匀分布于水泥颗粒之间，形成密实的结构。掺入水泥质量 5%～10%的硅粉就可配制出抗压强度达 100 MPa 的超高强混凝土。

（2）改善孔隙结构，提高耐久性。掺入硅粉的混凝土，虽然总孔隙与不掺时基本相同但其大孔减少，超微细孔隙增加，改善了混凝土的孔隙结构。因此，掺入硅粉的混凝土耐久性显著提高。

（3）抑制碱集料反应及防止钢筋锈蚀。硅粉混凝土抗侵蚀性较好，能抑制碱集料反应及防止钢筋锈蚀，适用于要求抗溶出性侵蚀及抗硫酸盐侵蚀的工程。

3. 超细矿渣

在高炉冶炼生铁时，将浮在铁水表面的熔融物，经急冷处理而成的粒径为 0.5～5 mm 的疏松颗粒材料，称为粒化高炉矿渣。超细粉磨的粒化高炉矿渣具有很高的活性，可用来配制高强、超高强混凝土。超细矿渣的比表面积一般大于 450 m^2/kg，可等量取代 15%～50%的水泥。其用作混凝土掺合料主要有以下几个方面的效果：

（1）提高混凝土强度，可配制出高强混凝土及 C100 以上的超高强混凝土。

（2）显著改善混凝土的耐久性，所配制的混凝土收缩性大大减小，抗冻性、抗渗性提高。

（3）改善混凝土拌合物的和易性，可配制出大流动性且不离析的泵送混凝土。

4. 其他掺合料

除上述几种掺合料外，可以用作混凝土掺合料的还有沸石粉、火山灰、凝灰岩、钢渣矿渣等，掺合料应由生产单位专门加工，进行产品检验并出具产品合格证书。使用单位若对其质量有怀疑，应对其质量进行复查。

学习情景三　混凝土主要技术性质

一、混凝土拌合物的和易性

1. 和易性概念

和易性是指混凝土拌合物在一定的施工条件和环境下，是否易于各种施工工序的操作，以获得均匀、密实混凝土的性能。和易性在搅拌时体现为各种组成材料易于均匀混合，均匀卸出；在运输过程中体现为拌合物不离析，稀稠程度不变化；在浇筑过程中体现为易于浇筑、振实、流满模板，在硬化过程中体现为能保证水泥水化以及水泥石和集料的良好粘结。可见混凝土的和易性是一项综合性质。目前普遍认为，它应包括以下 3 个方面的技术要求：

（1）流动性。流动性是指混凝土拌合物在本身自重或机械振捣作用下能产生流动并均匀、密实地流满模板的性能。流动性的大小反映了拌合物的稀稠，故又称为稠度。

稠度大小直接影响施工时浇筑捣实的难易以及混凝土的浇筑质量。

（2）黏聚性。黏聚性是指混凝土拌合物的各种组成材料在施工过程中具有一定的黏聚力，能保持成分的均匀性，在运输、浇筑、振捣、养护过程中不发生离析、分层现象。它反映了混凝土拌合物的均匀能力。

（3）保水性。保水性是指拌合物保持水分，不致产生泌水的性能。拌合物发生泌水现象会使混凝土内部形成贯通的孔隙，不但影响混凝土的密实性、降低强度，而且还会影响混凝土的抗渗、抗冻等耐久性能。它反映了混凝土拌合物的稳定性。

混凝土的和易性是一项由流动性、黏聚性、保水性构成的综合指标体系，各性能间有联系也有矛盾。在实际操作中，要根据具体工程的特点、材料情况、施工要求及环境条件，既有所侧重又要全面考虑。

2. 和易性的测定

由于和易性是一项综合技术性质，因此很难找到一种能全面反映拌合物工作性的测定方法。通常是以测定流动性（即稠度）为主，而对黏聚性和保水性主要通过观察进行评定。根据《普通混凝土拌合物性能试验方法标准》（GB/T 50080—2002）的规定，混凝土拌合物的稠度可采用坍落度试验法和维勃稠度法测定。

1）坍落度试验法

坍落度试验法是将按规定配合比配制的混凝土拌合物按规定方法分层装填至坍落筒内，并分层用捣棒插捣密实，然后提起坍落度筒，测量筒高与坍落后混凝土试体最高点之间的高度差，即为坍落度值（以 mm 计），用 S 表示，如图 4-7 所示。

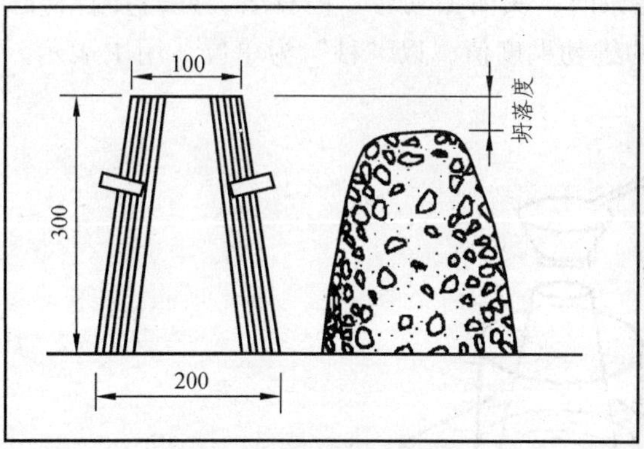

图 4-7 坍落度测定方法示意图

坍落度是流动性（亦称稠度）的指标，坍落度值越大，流动性越大。在测定坍落度的同时，观察确定黏聚性。用捣棒按图 4-7 侧击混凝土拌合物的侧面，如其逐渐下沉，表示黏聚性良好；若混凝土拌合物发生坍塌、部分崩裂或出现离析，则表示黏聚性不好。保水性以在混凝土拌合物中稀浆析出的程度来评定。坍落度筒提起后，如有较多稀浆自底部析出，部分混凝土因失浆而集料外露，则表示保水性不好；若坍落度筒提起后，无稀浆或仅有少量稀浆自底部析出，则表示保水性好。

采用坍落度试验法测定混凝土拌合物的工作性，操作简便，应用广泛。但该方法的结果受操作技术的影响较大，因为黏聚性和保水性主要靠试验者的主观观测而定，人为因素较大。该法一般仅适用于集料最大粒径不大于 40 mm、坍落度值不小于 10 mm 的混凝土拌合物流动性的测定。

根据《混凝土质量控制标准》（GB 50164—2011）的规定，坍落度检验适用于坍落度不小于 10 mm 的混凝土拌合物，坍落度的等级划分见表 4.11。

表 4.11　混凝土拌合物的坍落度等级划分

等级	坍落度/mm
S1	10 ~ 40
S2	50 ~ 90
S3	100 ~ 150
S4	160 ~ 210
S5	≥220

2）维勃稠度法

维勃稠度法适用于集料最大粒径不大于 40 mm，维勃稠度为 5 ~ 30 s 的混凝土拌合物稠度的测定。这种方法是先按规定方法在圆柱形容器内做坍落度试验，提起坍落度筒后在拌合物试体顶面上放一透明圆盘，开启振动台；同时，启动秒表并观察拌合物下落情况。当透明圆盘下面全部布满水泥浆时，关闭振动台、停秒表，此时拌合物已被振实。秒表的读数“s”即为该拌合物的维勃稠度值，以“秒”为单位，用 *V* 表示。维勃稠度仪如图 4-8 所示。

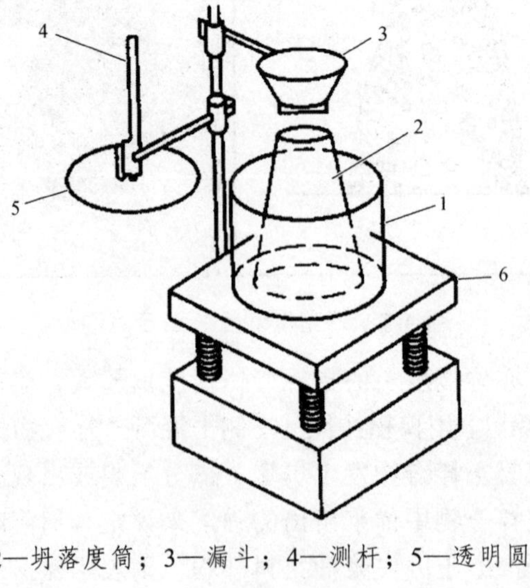

1—圆柱形容器；2—坍落度筒；3—漏斗；4—测杆；5—透明圆盘；6—振动台。

图 4-8　维勃稠度仪

根据《混凝土质量控制标准》（GB 50164—2011）的规定，混凝土拌合物按维勃稠度的分级见表 4.12。

表 4.12 混凝土拌合物按维勃稠度的分级

等级	维勃稠度/s
V0	≥31
V1	30 ~ 21
V2	20 ~ 11
V3	10 ~ 6
V4	5 ~ 3

3. 流动性（坍落度）的选择

混凝土拌合物的性能应满足设计和施工要求。混凝土拌合物应具有良好的和易性，并不得离析或泌水。

混凝土拌合物应在满足施工要求的前提下，尽可能采用较小的坍落度；泵送混凝土拌合物坍落度设计值不宜大于 180 mm。

泵送高强混凝土的扩展度不宜小于 500 mm；自密实混凝土的扩展度不宜小于 60 mm。混凝土拌合物的坍落度经时损失不应影响混凝土的正常施工。泵送混凝土拌合物的坍落度经时损失不宜大于 30 mm/h。

选择混凝土流动性时，应考虑的因素有：

（1）结构构件类型及截面尺寸大小。构件截面尺寸较大时，选用较小的坍落度。

（2）结构构件的配筋疏密。钢筋较疏时，选用较小的坍落度。

（3）输送方式及施工捣实方法。机械振捣时选用较小的坍落度；人工振捣时，选用较大的坍落度。

4. 影响新拌混凝土和易性的因素

（1）水泥浆数量的影响。水泥浆除填充集料空隙外，还包裹集料形成润滑层，增加混凝土拌合物的流动性。混凝土拌合物保持水胶比（水胶比是指混凝土中用水量与胶凝材料用的质量比）不变的情况下，水泥浆用量越多，流动性越大；反之越小。但水泥浆用量过多黏聚性及保水性变差，对强度及耐久性产生不利影响。水泥浆用量过小，黏聚性差。因此水泥浆不能用量太少，但也不能太多，应以满足拌合物流动性、黏聚性、保水性的要求为宜。

（2）水泥浆的稠度。当水泥浆用量一定时，水泥浆的稠度决定于水胶比的大小。水胶比过小时，水泥浆干稠，拌合物流动性过低，给施工造成困难。水胶比过大时，水泥浆较稀将使拌合物的黏聚性和保水性变差，产生流浆及离析现象，并严重影响混凝土的强度。故水胶比大小应根据混凝土强度和耐久性要求合理选用。

（3）砂率的影响。砂率是指混凝土中砂的质量占砂、石总质量的百分率。试验证明，砂率对拌合物和易性有很大影响。当砂率过大时，集料的总表面积和空隙率均增大，在混凝土中水泥浆量一定的情况下，集料颗粒表面的浆层将相对减薄，拌合物就显得干稠，流动性就小，如要保持流动性不变，则需增加水泥浆，多耗用水泥；若砂率过小，则拌合物中显得石子过多而砂子过少，形成的砂浆数量不足以包裹石子表面，并不能填满石子间的空隙。在石子间没有足够的砂浆润滑层，这不但会降低混凝土拌合物的流动性，而且会严重影响其黏聚性和保水性，使混凝土产生粗集料离析、水泥浆流失，甚至出现溃散等现象。由上可知，在配制混凝土时，砂率不能过大，也不能太小，应选用合理砂率。所谓合理砂率，是指在用水量及水泥用量一定的情况下，能使混凝土拌合物获得最大的流动性且能保持黏聚性、保水性良好时的砂率值，如图 4-9 所示。或者，当采用合理砂率时，能在混凝土拌合物获得所要求的流动性及良好的黏聚性及保水性条件下，使水泥（胶凝材料）用量最少，如图 4-10 所示。

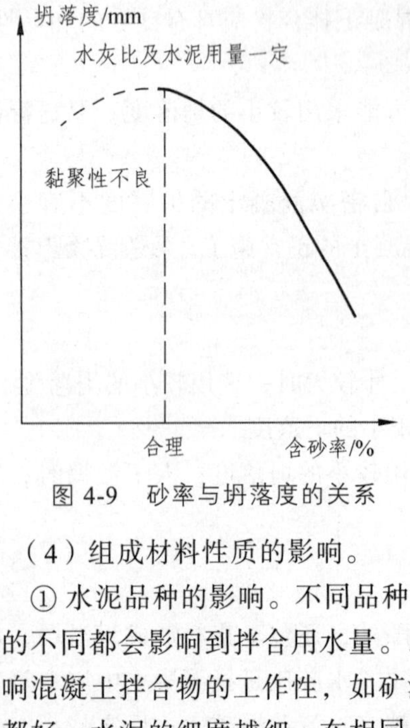

图 4-9　砂率与坍落度的关系

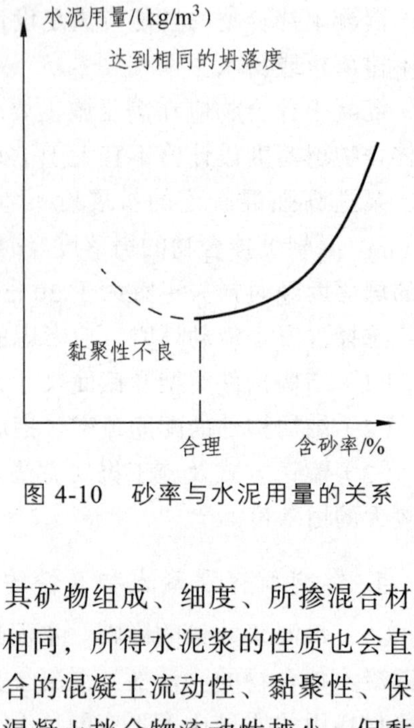

图 4-10　砂率与水泥用量的关系

（4）组成材料性质的影响。

① 水泥品种的影响。不同品种和质量的水泥，其矿物组成、细度、所掺混合材种类的不同都会影响到拌合用水量。即使拌合用水量相同，所得水泥浆的性质也会直接影响混凝土拌合物的工作性，如矿渣硅酸盐水泥拌合的混凝土流动性、黏聚性、保水性都好。水泥的细度越细，在相同用水量情况下其混凝土拌合物流动性越小，但黏聚性和保水性较好。

② 集料性质的影响。集料性质是指混凝土所用集料的品种、级配、颗粒粗细及表面性状等。在用水量和水胶比不变的情况下，加大集料粒径可提高流动性，采用细度模数较小的砂，黏聚性和保水性可明显改善。级配良好，颗粒表面光滑、圆整的集料（如卵石）所配制的混凝土流动性大。

（5）外加剂的影响。外加剂（如减水剂、引气剂等）对混凝土的和易性有很大的影响。少量的外加剂能使混凝土拌合物在不增加水泥（胶凝材料）用量的条件下，获得良好的和易性，而且还能有效地改善拌合物的黏聚性和保水性。

（6）拌合物存放时间及环境温度的影响。混凝土拌合物的工作性在不同的施工环境条件下往往会发生变化。尤其是当前，推广使用集中搅拌的商品混凝土与现场搅拌的混凝土最大的不同就是要经过长距离的运输，才能到达施工地。在这个过程中，若空气湿度较小，气温较高，风速较大，混凝土的工作性就会因失水而发生较大的变化。混凝土拌合物的流动性随温度的升高而降低。这是由于温度升高可加速水泥的水化，增加水分的蒸发。所以，夏季施工时，为了保持一定的流动性应当提高拌合物的用水量。

混凝土拌合物随时间的延长而变干稠；流动性降低，这是由于拌合物中一些水分被集料吸收，一些水分蒸发，一些水分与水泥进行水化反应，变成水化产物结合水。

5. 改善新拌混凝土和易性的措施

（1）通过试验，采用合理砂率，以提高混凝土的质量及节约水泥（胶凝材料）。

（2）改善砂、石的级配。

（3）在可能的条件下，尽量采用较粗的砂、石。

（4）当拌合物坍落度太小时，保持水胶比不变，增加适量的胶凝材料；当拌合物坍落度太大时，保持砂率不变，增加适量的砂、石。

（5）掺加外加剂（如减水剂、引气剂等）。

二、硬化后混凝土的强度

硬化后混凝土的强度包括立方体抗压强度、棱柱体抗压强度、劈裂抗拉强度、抗弯强度、抗剪强度等。其中，抗压强度最大，故混凝土主要用来承受压力作用。混凝土的抗压强度与各强度及其他性能之间有一定的相关性，因此，混凝土的抗压强度是结构设计的主要参数，也是混凝土质量评定的指标。在结构设计中，也经常用到混凝土的抗拉强度。

1. 混凝土的抗压强度与强度等级

（1）立方体抗压强度。按照标准的制作方法制成边长为 150 mm 的立方体试件，在温度为（20±5）°C 的环境中静置一昼夜至两昼夜，然后编号、拆模。拆模后应立即放入温度为（20±2）°C、相对湿度为 95%以上的标准养护室中养护，或在温度为（20±2）°C 的不流动的 $Ca(OH)_2$ 饱和溶液中养护至 28 d 龄期（从搅拌加水开始计时），按照标准的测定方法测定其抗压强度值，称为“混凝土立方体试件抗压强度”（f_{cu}），以 N/mm^3 计。混凝土立方体试件抗压强度按下式计算：

$$f_{cu}=\frac{F}{A} \tag{4-3}$$

式中 f_{cu}——混凝土立方体抗压强度（MPa），精确至 0.1 MPa；

F——试件破坏荷载（N）；

A——试件承压面积（mm^2）。

（2）立方体抗压强度标准值（$f_{cu,k}$）。按照标准方法制作和养护的边长为 150 mm 的立方体试件，在 28 d 龄期，用标准试验方法测定的抗压强度总体分布中的一个值，强度低于该值的百分率不超过 5%（具有 95%保证率的抗压强度），以 N/mm^2 计。

（3）强度等级。混凝土强度等级是根据立方体抗压强度标准值来确定的。它的表示方法是用“C”和“立方体抗压强度标准值”两项内容表示；强度标准值以 5 N/mm^2 分段划分，并以其下限值作为示值。《混凝土质量控制标准》（GB 50164—2011）中规定，混凝土强度等级应按立方体抗压强度标准值（MPa）划分为 C10、C15、C20、C25、C30、C35、C40、C45、C50、C55、C60、C65、C70、C75、C80、C85、C90、C95 和 C100。

（4）混凝土强度等级的实用意义。《混凝土结构设计规范》（GB 50010—2010）中对混凝土强度等级的应用作了如下规定：

素混凝土结构的混凝土强度等级不应低于 C15；钢筋混凝土结构的混凝土强度等级不应低于 C20；当采用 400 MPa 级钢筋时混凝土强度等级不应低于 C25；采用 500 MPa 级钢筋时混凝土强度等级不应低于 C30。承受重复荷载的钢筋混凝土构件，混凝土强度等级不应低于 C25。预应力混凝土结构的混凝土强度等级不宜低于 C40，且不应低于 C30。当采用山砂混凝土及高炉矿渣混凝土时，尚应符合专门标准的规定。

（5）混凝土的轴心抗压强度（f_{cp}）。轴心抗压强度采用 150 mm×150 mm×300 mm 的棱柱体作为标准试件的范围。在钢筋混凝土结构计算中，计算轴心受压构件（如柱、桁架的腹杆）时，都采用混凝土的轴心抗压强度 f_{cp} 作为设计依据。混凝土的轴心抗压强度（f_{cp}）比同截面的立方体抗压强度（f_{cu}）小，且 h/a 越大，混凝土的轴心抗压强度（f_{cp}）越小。在立方体抗压强度为 10 ~ 50 MPa 范围内时，$f \approx (0.70 \sim 0.80) f_{cu}$。混凝土的轴心抗压强度按下式计算：

$$f_{cp} = \frac{F}{A} \tag{4-4}$$

式中 f_{cp}——混凝土轴心抗压强度（MPa），精确至 0.1 MPa；

F——试件破坏荷载（N）；

A——试件承压面积（mm^2）。

2. 混凝土的抗拉强度（f_{ts}）

混凝土的抗拉强度只有抗压强度的 1/20 ~ 1/10，故在钢筋混凝土结构设计中，不考虑混凝土承受拉力，而是在混凝土中配以钢筋，由钢筋来承担结构中的拉力。但混凝土抗拉强度对混凝土抗裂性具有重要作用，它是结构设计中确定混凝土抗裂度的主要指标，有时也用它来间接衡量混凝土抗冲击强度、混凝土与钢筋的黏结强度等。

用轴向拉伸试件测定混凝土的抗拉强度，荷载不易对准轴线，夹具处常发生局部破坏致使测值很不准，故国内外目前都采用劈裂法来测定混凝土的抗拉强度，简称劈拉强度。混凝土劈拉强度计算公式为：

$$f_{ts}=\frac{2F}{\pi A} \quad (4\text{-}5)$$

式中　f_{ts}——混凝土劈裂抗拉强度（MPa），精确至 0.01 MPa；

F——试件破坏荷载（N）；

A——试件劈裂面积（mm^2）。

混凝土的劈裂抗拉强度与混凝土标准立方体抗压强度之间的关系，可用经验公式表达如下：

$$f_{ts}=0.35f_{cu}^{3/4} \quad (4\text{-}6)$$

3. 影响混凝土强度的因素

（1）水泥实际强度和水胶比。水泥 28 d 胶砂抗压强度和水胶比是影响混凝土抗压强度的最主要因素，也可以说是决定性因素。因为混凝土的强度主要取决于水泥与集料间的黏结力，而水泥石的强度及其与集料间的黏结力，又取决于水泥强度等级和水胶比的大小。由于拌制混凝土拌合物时，为了获得必要的流动，常需要加入较多的水，多余的水所占空间在混凝土硬化后成为毛细孔，使混凝土密实度降低，强度下降。

随着现代混凝土技术的发展，在配制混凝土时常掺入矿物掺合料以改善混凝土的性能。《普通混凝土配合比设计规程》（JGJ 55—2011）中将掺入混凝土中的活性矿物掺合料和水泥总称为混凝土中的胶凝材料。此时，混凝土强度经验公式如下：

$$f_{cu}=\alpha_a\times f_b\times\left(\frac{B}{W}-\alpha_b\right) \quad (4\text{-}7)$$

式中　f_{cu}——混凝土 28 d 的立方体抗压强度（MPa）；

f_b——胶凝材料 28 d 胶砂抗压强度（MPa）；

B/W——胶水比；

α_a，α_b——与粗集料有关的回归系数。

（2）集料的影响。当集料级配良好、砂率适当时，由于组成了坚强密实的骨架，有利于混凝土强度的提高。如果混凝土集料中有害杂质较多，品质低，级配不好，会降低混凝土的强度。

（3）养护温度及湿度。养护温度高，水泥水化速度快，混凝土强度的发展也快；反之在低温下混凝土强度发展迟缓。当温度降到冰点以下时，水泥将停止水化，强度停止发展，而且易使硬化的混凝土结构遭到破坏。因此，冬期施工时，混凝土应特别注意保温养护，防止早期受冻破坏。养护温度对混凝土强度的影响如图 4-11 所示。

水是水泥水化的必要条件。如果湿度不够，水泥水化反应不能正常进行，甚至停止水化，会严重降低混凝土强度。因此在混凝土浇筑完毕后，应在 12 h 内进行覆盖；在夏季施工的混凝土，要特别注意浇水保湿。湿度对混凝土强度发展的影响如图 4-12 所示。

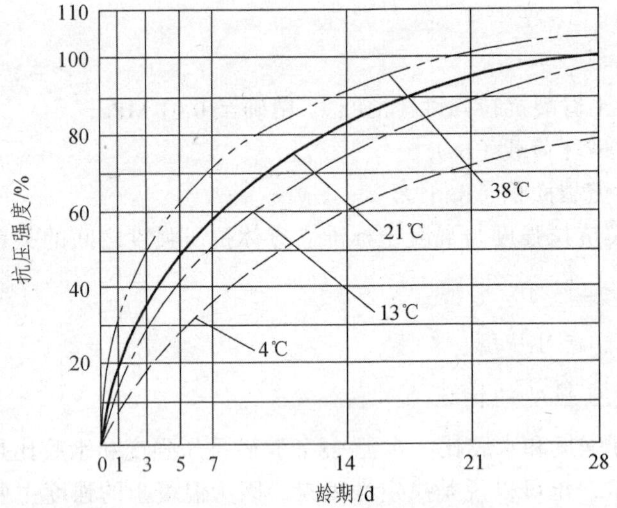

图 4-11 混凝土强度与保温养护时间的关系

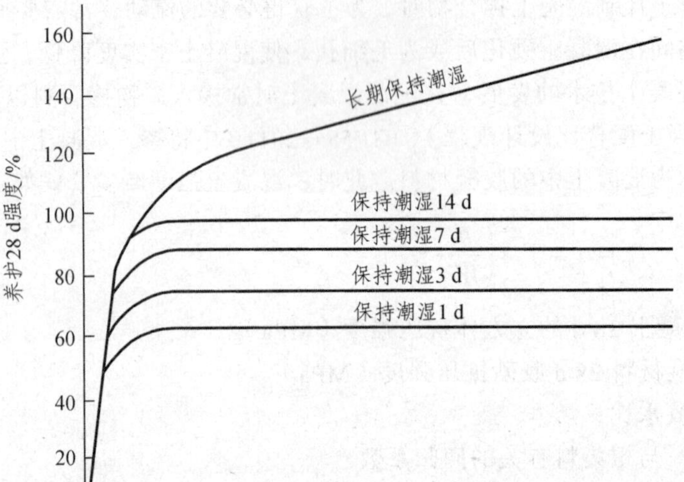

图 4-12 混凝土强度与保湿养护时间的关系

（4）龄期。龄期是指混凝土在正常养护条件下所经历的时间。混凝土的强度随龄期的增长而提高，一般早期 7 ~ 14 d 增长较快，以后逐渐变缓，28 d 后增长更加缓慢，但可延续几年，甚至几十年之久，如图 4-13（a）所示。

混凝土强度与龄期的关系，对于用早期强度推算长期强度和缩短混凝土强度判定的时间具有重要的实践意义。图 4-13（b）是阿布拉姆斯提出的在潮湿养护条件下，混凝土的强度与龄期（以对数表示）间的直线关系。其经验公式如下：

$$\frac{f_n}{f_{28}} = \frac{\lg n}{\lg 28} \qquad (4\text{-}8)$$

式中 f_n——混凝土 n d 龄期的抗压强度（MPa）；

f_{28}——混凝土 28 d 龄期的抗压强度（MPa）；

n——养护龄期（d），$n \geq 3$。

该式适用于在标准条件下养护的不同水泥拌制的中等强度等级的混凝土。根据此式，可由所测混凝土早期强度，估算其 28 d 龄期的强度，或者可由混凝土的 28 d 强度推算 28 d 前混凝土达到某一强度需要养护的天数，如确定混凝土拆模、构件起吊、放松预应力钢筋制品养护、出厂等日期。但由于影响强度的因素很多，故按此式计算的结果作为参考。

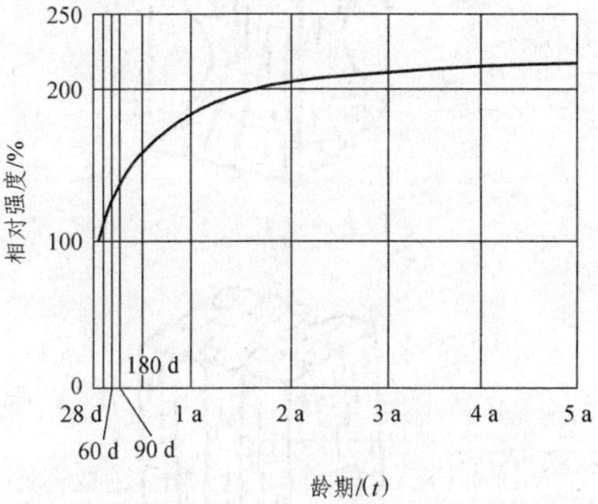

（a）

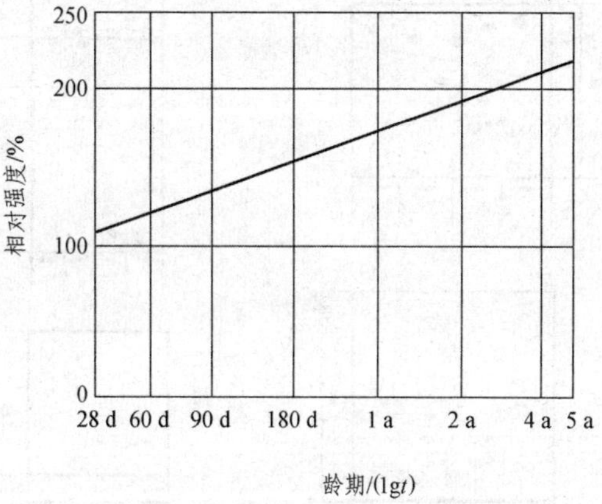

（b）

图 4-13 普通混凝土强度与龄期的变化关系

（5）试验条件。试验条件是指试件的尺寸、形状、表面状态及加荷速度等。试验条件不同，会影响混凝土强度的试验值。

① 试件的尺寸。在测定混凝土立方体抗压强度时，当混凝土强度等级＜C60 时，可根据粗集料最大粒径选用非标准试块，但应将其抗压强度值按表 4.13 所给出的系数换算成标谁试块对应的抗压强度值；当混凝土强度等级≥C60 时，宜采用标准试件；使用非标准试件时，其强度的尺寸换算系数应由试验确定。

表 4.13 混凝土立方体试件尺寸选用及换算系数

粗集料最大粒径/mm	试件尺寸/（mm×mm×mm）	换算系数
11.5	100×100×100	0.95
40	150×150×150	1
63	200×200×200	1.05

相同配合比的混凝土，试件的尺寸越大，测得的强度越小。试件尺寸影响强度的主要原因是试件尺寸大，内部孔隙、缺陷等出现的概率也大，导致有效受力面积的减小及应力集中，从而引起强度的降低；反之，试件尺寸小，测得的强度就高。

② 试件的形状。当试件受压面积（$a \times a$）相同，而高度（b）不同时，高宽比越大，抗压强度越小。这是由于试件承压时，试件受压面与试件承压板之间的摩擦力对试件相对于承压的横向膨胀起着约束作用，该约束有利于强度的提高，越接近试件的端面，这种约束作用越大，在距端面大约$\frac{\sqrt{3}}{2}a$的范围以外，约束作用才消失。试件破坏以后，其上下各呈现一个较完整的棱锥体，通常称这种约束作用为环箍效应，如图 4-14 所示。

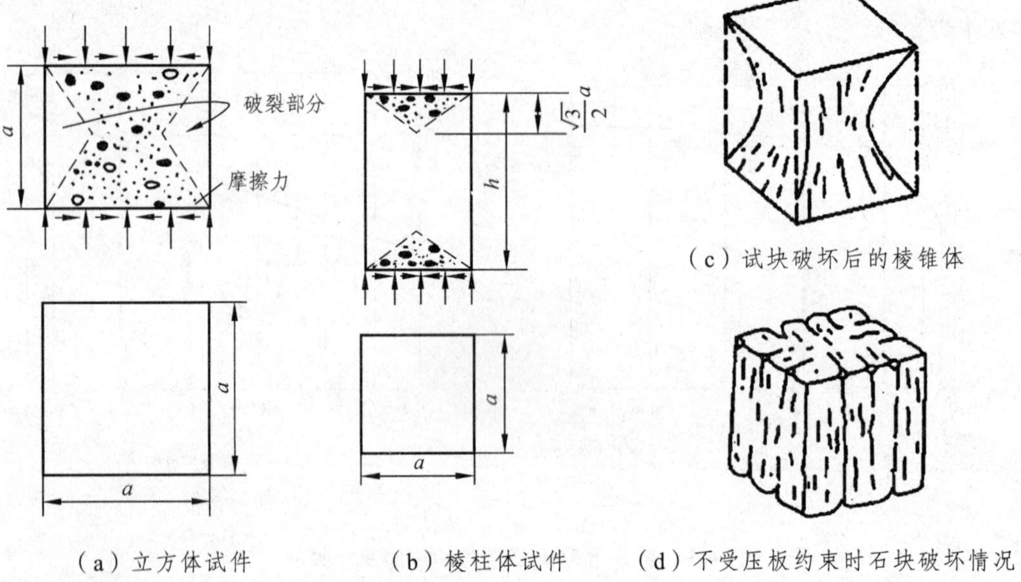

图 4-14　混凝土试件的破坏状态

③ 表面状态。混凝土试件承压面的状态也是影响混凝土强度的重要因素。当试件受面上有油脂类润滑剂时，试件受压时的环箍效应大大减小，试件将出现垂直裂纹破坏，测出的强度值也较低。

④ 加荷速度。试验时加荷速度对强度值影响很大。试件破坏是当变形达到一定程度才发生的，当加荷速度较快时，材料变形的增长落后于荷载的增加，故破坏时测得的混凝土强度值偏高。当加荷速度超过 1.0 MPa/s 时，这种趋势更加明显。因此，混凝土抗压强度的加荷速度为 0.3 ~ 0.8 MPa/s，且应连续、均匀地加载。

4. 提高混凝土强度的主要措施

（1）采用高强度等级水泥或早强型水泥。在混凝土配合比相同的情况下，水泥的强度等级越高，混凝土的强度越高。但单纯靠提高水泥强度来提高混凝土强度，往往不经济。采用早强型水泥可提高混凝土的早期强度，有利于加速施工进度。

（2）采用低水胶比的干硬性混凝土。低水胶比的干硬性混凝土拌合物游离水分少，硬化后留下的孔隙少，混凝土密实度高，强度可显著提高。因此，降低水胶比是提高混凝土强度最有效的途径。但水胶比过小，将影响拌合物的流动性，造成施工困难。一般应采取同时掺加减水剂的方法，使混凝土在低水胶比情况下，仍具有良好的和易性。

（3）采用湿热养护。湿热养护可分为蒸汽养护和蒸压养护两类。

① 蒸汽养护是将混凝土放在温度低于 100 °C 的常压蒸汽中进行养护。一般混凝土经过 20 h 的蒸汽养护，其强度可达正常条件下养护 28 d 强度的 70% ~ 80%。蒸汽养护最适合于掺活性混合材料的矿渣水泥、火山灰质水泥及粉煤灰水泥混凝土。不仅可提高早期强度，而且后期强度也有所提高，其 28 d 强度可提高 100% ~ 200%。而对普通硅酸盐水泥和硅酸盐水泥混凝土进行蒸汽养护，其早期强度也能得到提高，但因在水泥颗粒表面过早形成水化产物凝胶膜层，阻碍水分继续深入水泥颗粒内部，使后期强度增长速度反而减缓，其 28 d 强度比标准养护 28 d 的强度低 10% ~ 15%。

② 蒸压养护是将混凝土试件置于 175 °C、0.8 MPa 的蒸压釜中进行养护，这种养护方式能加速水泥的水化和硬化，有效提高混凝土的强度，特别适用于掺有活性混合材料的硅酸盐水泥。

（4）采用机械搅拌和振捣。混凝土采用机械搅拌比人工搅捽能使拌合物更均匀，特别是在拌和低流动性混凝土拌合物时效果更显著。采用机械振捣，可使混凝土拌合物的颗粒产生振动，暂时破坏水泥的凝聚结构，从而降低水泥浆的黏度和集料间的摩擦阻力，提高混凝土拌合物的流动性，使混凝土拌合物能很好地充满模型，内部孔隙大大减小，从而使混凝土的密实度和强度大大提高。

（5）掺入混凝土外加剂。在混凝土中掺入早强剂可提高混凝土早期强度；掺入减水剂可减少用水量，降低水胶比，提高混凝土强度。另外，在混凝土中掺入高效减水剂的同时，掺入磨细的矿物掺合料（如硅灰、优质粉煤灰和超细矿粉等），可显著提高混凝土的强度，配制出超高强度混凝土。

三、混凝土的变形

混凝土在硬化期间和使用过程中，会受到各种因素作用而产生变形。混凝土的变形直接影响到混凝土的强度和耐久性，特别是对裂缝的产生有直接的影响。混凝土的变形包括非荷载作用下的变形和荷载作用下的变形。非荷载作用下的变形包括混凝土的化学收缩、干缩湿胀及温度变形；荷载作用下的变形可分为短期荷载作用下的变形及长期荷载作用下的变形——徐变。

1. 非荷载作用下的变形

（1）化学收缩。混凝土在硬化过程中，水泥水化产物的体积比水化反应前物质的总体积小，从而引起混凝土的收缩，即为化学收缩。化学收缩是不可恢复的，其收缩量随混凝土硬化龄期的延长而增加，一般在混凝土成型后 40 d 内增长较快，以后逐渐趋于稳定。化学收缩值很小，一般对混凝土结构没有破坏作用，但在混凝土内部可能产生微细裂缝。

（2）干缩湿胀。混凝土的干缩湿胀是指由于外界湿度变化，其中水分变化而引起的体积变化。当混凝土在水中硬化时，凝胶体中胶体粒子的吸附水膜增厚，胶体粒子间的距离增大，使混凝土产生轻微膨胀；当混凝土在干燥空气中硬化时，混凝土中水分逐渐蒸发，水泥凝胶体或水泥石毛细管失水，使混凝土收缩。混凝土的这种收缩在重新吸水以后一部分可以恢复，但仍有一部分（占 30%～50%）不可恢复。

混凝土的湿胀变形量很小，对结构一般无破坏作用。但干缩变形对混凝土危害较大，干缩能使混凝土表面出现拉应力而导致开裂，严重影响混凝土的耐久性。为了防止发生干缩，可从以下几个方面采取措施：

① 水泥用量、细度及品种。水泥用量越多，干燥收缩越大。水泥颗粒越细，需水量越多，则其干燥收缩越大。使用火山灰质水泥干缩较大，而使用粉煤灰水泥干缩较小。

② 水胶比。水胶比越大，硬化后水泥的孔隙越多，其干缩越大；混凝土单位用水量越大，干缩率越大。

③ 集料种类。弹性模量大的集料，干缩率小，吸水率大；含泥量大的集料干缩率大。集料级配良好，空隙率小，水泥浆量少，则干缩变形小。

④ 养护条件。潮湿养护时间长可推迟混凝土干缩的产生与发展，但对混凝土干缩率并无影响，采用湿热养护可降低混凝土的干缩率。

⑤ 加强振捣。混凝土振捣得越密实，内部空隙量越少，收缩量就越小。

（3）温度变形。混凝土的热胀冷缩变形称为温度变形。混凝土的温度线膨胀系数为（1～1.5）$\times 10^{-5}$ m/（m·°C），即温度每升降 1 °C，每米胀缩 0.01～0.015 mm。温度变形对大体积混凝土或大面积混凝土以及纵向很长的混凝土工程极为不利，易使这些混凝土产生裂缝。散热很慢，因此造成混凝土内外温差很大，有时可达 50～70 °C，这将使混凝产生内胀外缩，在混凝土外表面产生很大的拉应力，严重时使混凝土产生裂缝。在实际工程中，大体积混凝土施工时常采用低热水泥，减少水泥用量，掺加缓凝剂及采用人工降温等措施。一般纵向较长的钢筋混凝土结构物，应采取每隔一定长度设置伸缩缝等措施。

2. 荷载作用下的变形

（1）短期荷载作用下的变形。

① 混凝土的弹塑性变形。混凝土是由水泥石、砂石等组成的不均匀的复合材料，是一种弹塑性体。混凝土受力后既产生可以恢复的弹性变形，又产生不可以恢复的塑性变形，其应力与应变的关系如图 4-15 所示。

在应力-应变曲线上任一点的应力 a 与其应变 e 的比值，称作混凝土在该应力状态下的变形模量。它反映混凝土所受应力与所产生应变之间的关系。在计算钢筋混凝土结构的变形、裂缝开展及大体积混凝土的温度应力时，均需知道该混凝土的变形模量。

② 混凝土的弹性模量。根据《普通混凝土力学性能试验方法标准》（GB/T 50081—2002）中规定，采用图 4-15 混凝土在应力作用下 150 mm×150 mm×300 mm 的棱柱体

作为标准试件，使混凝土的应力在 0.5 MPa 和 $1/3f_{cp}$ 之间经过至少两次反复预压，在最后一次预压完成后，应力与应变关系基本上呈直线关系，此时测得的变形模量值即为该混凝土弹性模量。

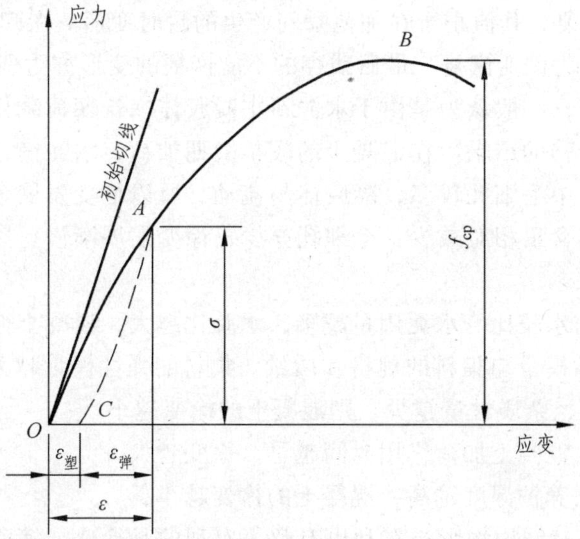

图 4-15　混凝土在应力作用下的应力-应变曲线

影响混凝土弹性模量的因素主要有混凝土的强度、集料的含量以及养护条件等。混凝土的强度越高，弹性模量越大，当混凝土的强度等级由 C10 增加到 C60 时，其弹性模量相应由 1.75×10^4 MPa 增加到 3.60×10^4 MPa；集料的含量越多，弹性模量越大，混凝土的弹性模量越高；混凝土的水胶比较小，养护条件较好及龄期较长时，混凝土的弹性模量就较大。

（2）长期荷载作用下的变形——徐变。混凝土在长期不变的荷载作用下，除产生瞬间的弹性变形和塑性变形外，还会产生随时间而增长的变形，称为徐变。如图 4-16 所示。

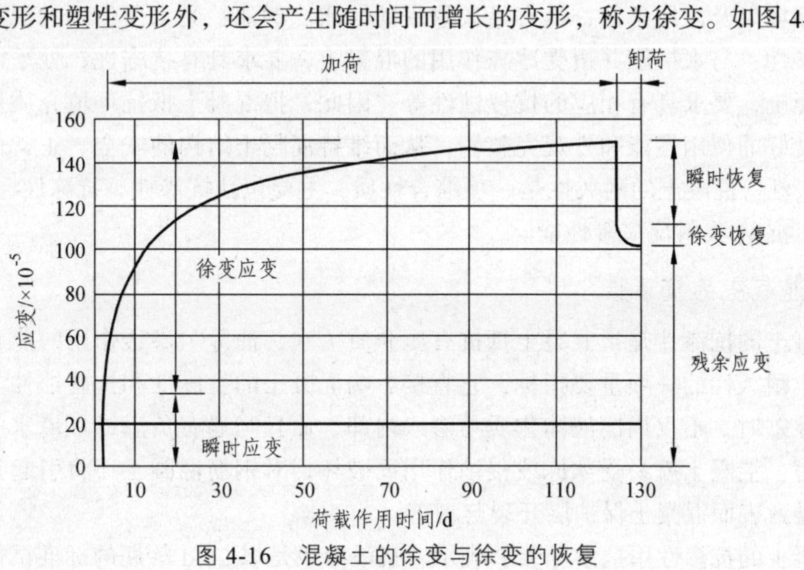

图 4-16　混凝土的徐变与徐变的恢复

在加荷的瞬间，混凝土产生瞬时变形，随着荷载持续时间的延长，逐渐产生徐变变形。混凝土徐变在加荷初期增长较快，以后逐渐减慢，一般要延续 2 ~ 3 年才稳定下来，最终徐变应变可达（3 ~ 15）$\times 10^{-4}$ mm/mm，即 0.3 ~ 1.5 mm/m。当变形稳定后卸载，一部分瞬时恢复，其值小于在加荷瞬间产生的瞬时变形。在卸荷后的一段时间内，变形还会恢复，称为徐变恢复。最后残存的不能恢复的变形称为残余变形。

混凝土的徐变，一般认为是由于水泥石中凝胶体在长期荷载作用下的黏性流动，孔水向毛细孔内迁移的结果。在混凝土的较早龄期加荷，水泥尚未充分水化，所含凝胶较多，且水泥石中毛细孔较多，凝胶体易流动，所以徐变发展较快；而在后期水泥继续硬化，凝胶体含量相对减少，毛细孔亦少，徐变发展渐慢。影响混凝土徐变的因素主要有：

① 水泥用量与水胶比。水泥用量越多，水胶比越大，混凝土徐变越大。

② 集料的弹性模量与集料的规格和质量。集料的弹性模量越大，混凝土的徐变越小；集料级配越好，杂质含量越少，则混凝土的徐变越小。

③ 养护龄期。混凝土加荷作用时间越早，徐变越大。

④ 养护湿度。养护湿度越高，混凝土的徐变越小。

混凝土的徐变对结构物影响有利也有弊。有利的是徐变能消除钢筋混凝土内的应力中，使应力较均匀地重新分布，从而使局部应力集中得到缓解；对大体积混凝土，则能除一部分由于温度变形所产生的破坏应力。但在预应力混凝土结构中，徐变会使钢筋的预应力受到损失，从而降低结构的承载能力。

四、混凝土的耐久性

混凝土除应有足够的强度，以保证建筑物能安全地承受荷载外，还应根据其周围的自然环境以及使用条件，具有经久耐用的性能。例如：受水压作用的混凝土，要求具有抗渗性；与水接触并遭受冰冻作用的混凝土，要求具有抗冻性；处于侵蚀性环境中的混凝土，要求具有相应的抗侵蚀性等。因此，把混凝土抵抗环境介质作用并长期保持其良好的使用性能和外观完整性，从而维持混凝土结构的安全、正常使用的能力称为耐久性。混凝土的耐久性是一项综合性质，主要包括抗渗性、抗冻性、抗侵蚀性、抗碳化、抗碱-集料反应等性能。

1. 混凝土的抗渗性

混凝土的抗渗性是指混凝土抵抗有压介质（水、油等）渗透作用的能力。抗渗性是混凝土耐久性的一项重要指标，它直接影响混凝土的抗冻性和抗腐蚀性。当混凝土的抗渗性差时，不仅周围液体物质易渗入内部，而且当遇有负温或环境水中含有侵蚀性介质时，混凝土就易受冰冻或侵蚀作用而破坏，对钢筋混凝土还将引起其内部钢筋锈蚀并导致表面混凝土保护层开裂与剥落。

混凝土的抗渗性用抗渗等级 P 表示。抗渗等级是以 28 d 龄期的标准试件，按标准试验方法，用每组 6 个试件中 4 个试件未出现渗水时的最大水压的 10 倍来表示。混凝土的抗渗等级有 P4、P6、P8、P10、P12 及以上等级，即相应表示混凝土能抵抗 0.4 MPa、0.6 MPa、0.8 MPa、1.0 MPa 及 1.2 MPa 的静水压强而不出现渗水现象。

混凝土渗水的主要原因是由于内部的孔隙形成连通的渗水通道。这些渗水通道主要来源于水泥浆中多余水分蒸发而留下的毛细孔、水泥浆泌水形成的泌水通道、各种收缩的微裂缝等。而这些渗水通道的多少，主要与水胶比的大小、集料品质等因素有关。为了提高混凝土的抗渗性采取可掺加引气剂、减小水胶比、选用良好的颗粒级配及合理砂率、加强振捣和养护等措施，尤其是掺加引气剂，在混凝土内部产生不连通的气泡，改变了混凝土的孔隙特征，截断了渗水通道，可以显著提高混凝土的抗渗性。

2. 混凝土的抗冻性

混凝土的抗冻性是指混凝土在吸水饱和状态下，能经受多次冻融循环作用而不破坏，同时也不严重降低强度的性能。

混凝土的抗冻性用抗冻等级 F 表示。抗冻等级是以龄期 28 d 的标准试件，在吸水饱和后，承受反复冻融循环，以抗压强度下降不超过 25%，而且质量损失不超过 5%时所能承受的最大环次数来确定。混凝土的抗冻等级分为 F50、F100、F150、F200、F250、F300、F350、F400 及其以上等级，例如，F50 表示混凝土能承受最大冻融循环次数为 50 次。

混凝土产生冻融破坏有两个必要条件：一是混凝土必须接触水或混凝土中有一定的游离水；二是建筑物所处的自然条件存在反复交替的正负温度。当混凝土处于冰点以下时，首先是靠近表面的孔隙中游离水开始冻结，产生 9%左右的体积膨胀，在混凝土内部产生冻胀应力，从而使未冻结的水分受压后向混凝土内部迁移。当迁移受约束时就产生了静水压力，使混凝土内部薄弱部分，特别是在受冻初期强度不高的部位产生微裂缝。当遭受反复冻融循环时，微裂缝会不断扩展，逐步造成混凝土剥蚀破坏。

混凝土的抗冻性主要取决于混凝土的构造特征和含水程度。具有较高密实度及含闭口孔多的混凝土具有较高的抗冻性，混凝土中饱和水程度越高，产生的冰冻破坏越严重。水胶比越小，混凝土的密实度越高，抗冻性也越好。提高混凝土抗冻性的有效途径是掺入引气剂，在混凝土内部产生互不连通的微细气泡，不仅截断了渗水通道，使水分不易渗入，而且气泡有一定的适应变形能力，对冰冻的破坏作用有一定的缓冲作用。

3. 混凝土的抗侵蚀性

混凝土的抗侵蚀性是指混凝土抵抗外界侵蚀性介质破坏作用的能力。通常有软水侵蚀、硫酸盐侵蚀、一般酸侵蚀与强碱侵蚀等。随着混凝土在地下工程、海洋工程等恶劣环境中的应用，对混凝土的抗侵蚀性提出了更高的要求。

混凝土的抗侵蚀性与所用水泥品种、混凝土的密实度和孔隙特征等有关。密实性好或具有封闭孔隙的混凝土，抗侵蚀性就好。提高混凝土抗侵蚀性的主要措施是合理选择水泥品种、降低水胶比、提高混凝土密实度和改善孔结构。

4. 混凝土的抗碳化

混凝土的碳化是指混凝土内水泥石中的 $Ca(OH)_2$ 与空气中的 CO_2 在湿度适宜时发生化学反应，生成碳酸钙和水，使混凝土碱度降低的过程。混凝土的碳化是 CO_2 由表及里逐渐向混凝土内部扩散的过程。碳化引起水泥石化学组成及组织结构的变化，对混凝土的碱度、强度和收缩产生影响。

影响碳化速度的主要因素有混凝土的密实度、环境中 CO_2 的浓度、水泥品种、水胶比和环境湿度等。空气中 CO_2 浓度高，碳化速度快；水胶比越小，混凝土越密实，CO_2 和水不易侵入，碳化速度就慢；掺混合材料的水泥碱度较低，碳化速度随混合材料掺量的增多而加快（在常用水泥中，火山灰质水泥碳化速率最快，普通硅酸盐水泥碳化速率最慢）；当环境中的相对湿度为 50% ~ 75%时，碳化速度最快，当相对湿度小于 25%或大于 100%时，碳化作用将停止。

碳化对混凝土的作用有利也有弊。混凝土中水泥水化生成大量的氢氧化钙，使钢筋在碱性环境中而在表面生成一层钝化膜，保护钢筋不易腐蚀。碳化使混凝土碱度降低，减弱了对钢筋的保护作用。当碳化深度穿透混凝土保护层而达钢筋表面时，钢筋钝化膜破坏而发生锈蚀，锈蚀的钢筋体积膨胀，致使混凝土保护层开裂，开裂后的混凝土更有利于 CO_2、水等有害介质的侵入，加剧了碳化的进行和钢筋的锈蚀，最后导致混凝土产生顺筋开裂而破坏。另外，碳化作用会增加混凝土的收缩，引起混凝土表面产生拉应力而出现微细裂缝，从而降低混凝土的抗拉、抗折强度及抗渗能力。

碳化对混凝土也有一些有利影响，碳化时放出的水分有助于水泥的水化，碳化作用产生的碳酸钙填充了水泥石的孔隙，提高了混凝土的密实度，对提高抗压强度有利。但总的来说，碳化对混凝土是弊多利少，因此，应设法提高混凝土的抗碳化能力。

在实际工程中，为减少碳化作用对钢筋混凝土结构的不利影响，应采取以下措施：

（1）根据工程所处环境及使用条件，合理选择水泥品种。

（2）使用减水剂，改善混凝土的和易性，提高混凝土的密实度。

（3）采用水胶比小、单位水泥用量较大的混凝土配合比。

（4）在钢筋混凝土结构中采用适当的保护层，使碳化深度在建筑物设计年限内达不到钢筋表面。

（5）加强施工质量控制，加强养护，保证振捣质量，减少或避免混凝土出现蜂窝等质量事故。

（6）在混凝土表面涂刷保护层，防止二氧化碳侵入。

5. 混凝土的抗碱-集料反应

混凝土的碱-集料反应是指水泥中的碱（Na_2O、K_2O）与集料中的活性二氧化硅发生化学反应，在集料表面生成复杂的碱硅酸凝胶，凝胶吸水后体积膨胀（体积可增加 3 倍以上），从而导致混凝土膨胀开裂而破坏。混凝土发生碱-集料反应必须具备以下 3 个条件：

（1）水泥中碱含量高。水泥中的总碱量（按 Na_2O_2+0.658K_2O 计）＞0.6%。

（2）砂、石集料中含有活性二氧化硅成分。含活性二氧化硅的矿物有蛋白石、玉髓和石英等。

（3）有水存在。在干燥状态下，混凝土不会发生碱-集料反应。

在实际工程中，为抑制碱-集料反应，可采取以下措施：控制水泥总含碱量不超过0.6%；选用非活性集料；降低混凝土的单位水泥用量，以降低单位混凝土的碱含量；混凝土中掺入火山灰质混合材料，以减少膨胀值，防止水分侵入，设法使混凝土处于干燥状态。

6. 提高混凝土耐久性的措施

混凝土所处的环境和使用条件不同，对其耐久性的要求也不相同，应根据其具体的条件采取相应措施，以提高混凝土的耐久性。混凝土的密实程度是影响耐久性的主要因素，其次是混凝土的组成材料的性质、施工质量等。提高混凝土耐久性的主要措施有：

（1）合理选择水泥品种，根据混凝土工程的特点和所处的环境条件选用水泥。

（2）控制水胶比及保证足够的胶凝材料用量是保证混凝土密实度并满足混凝土耐久性的关键。《普通混凝土配合比设计规程》（JGJ 5—2011）规定，除配制 C15 及其以下强度等级的混凝土外，混凝土的最小胶凝材料用量应符合表 4.14 的规定。

表 4.14　混凝土的最大水胶比和最小胶凝材料用量

设计抗冻等级	最大水胶比		最小胶凝材料用量/（kg/m^3）
	无引气剂时	掺引气剂时	
F50	0.55	0.60	300
F100	0.50	0.55	320
不低于 F150	—	0.50	350

（3）选用质量良好、级配良好的砂、石集料，并尽量采用合理砂率。

（4）掺入减水剂或引气剂，可减少水胶比，改善混凝土的孔结构，对提高混凝土的抗渗性和抗冻性有良好作用。

（5）在混凝土施工中，应搅拌均匀、振捣密实、加强养护，增加混凝土密实度，提高混凝土质量。

学习情景四　混凝土外加剂

混凝土外加剂是指在混凝土拌和过程中加入的用以改善混凝土性能的物质，其掺量一般不超过水泥质量的 5%。混凝土外加剂的使用是混凝土技术的重大突破。随着混凝土材料的广泛应用，对混凝土性能提出了许多新的要求：泵送混凝土要求高流动性；

冬期施工要求高的早期强度；高层大跨度建筑要求高强、高耐久性；夏季大体积混凝土要求缓凝等。这些性能的实现，只有使用高性能外加剂才使其成为可能。在混凝土中使用外加剂已被公认为是提高混凝土强度、改善混凝土性能、降低生产能耗、环保等方面最有效的措施。因此，外加剂已逐渐成为混凝土中必不可少的第五种组成材料。

一、混凝土外加剂的分类

混凝土外加剂种类繁多，分类方法也有多种。根据《混凝土外加剂定义、分类、命名与术语》（GB/T 8075—2005）规定，混凝土外加剂按其主要功能可分为以下几类：

（1）改善混凝土拌合物流变性能的外加剂，包括各种减水剂和泵送剂等。

（2）调节混凝土凝结时间、硬化性能的外加剂，包括缓凝剂、促凝剂和速凝剂等。

（3）改善混凝土其他性能的外加剂，包括膨胀剂、防冻剂和着色剂等。

二、常用的混凝土外加剂

目前，在工程中常用的外加剂主要有减水剂、早强剂、引气剂、缓凝剂、速凝剂、防冻剂、膨胀剂、泵送剂、防水剂等。

1. 减水剂

减水剂是指在混凝土坍落度基本相同的条件下，能显著减少混凝土拌和水量的外加剂。根据减水剂的作用效果及功能情况，可分为普通减水剂、高效减水剂、早强减水剂、缓凝减水剂和引气减水剂等。

1）减水剂的作用原理及使用效果

水泥加水拌和后，由于水泥颗粒及水化产物的吸附作用，会形成絮凝结构，流动性很低。当掺入减水剂后，减水剂的憎水基团定向吸附在水泥颗粒表面，而亲水基团指向水中。这样，吸附了减水剂分子的水泥颗粒表面均带上同性电荷，在颗粒间产生静电斥力，致使水泥颗粒相互分离，导致絮凝结构解体，将其中的游离水释放出来，从而大大增加了拌合物的流动性。其作用原理如图 4-17 所示。

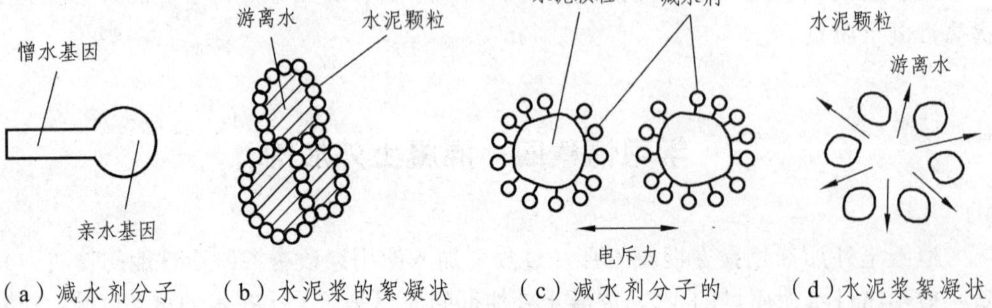

（a）减水剂分子模型　（b）水泥浆的絮凝状结构　（c）减水剂分子的作用　（d）水泥浆絮凝状结构的解体

图 4-17　外加剂的作用原理

2）减水剂的技术经济效果

在混凝土中掺入减水剂，一般可取得以下效果：

（1）增大流动性：在水泥量和用水量不变时，坍落度可增大，且不影响混凝土强度。因此，减水剂适用于大流动性混凝土。

（2）提高强度：在保持流动性和水泥用量不变时，可减少拌和水量，从而降低水胶比，使混凝土强度提高，早期强度提高更为显著。因此，减水剂适用于高强混凝土。

（3）改善耐久性：由于水泥颗粒被充分分散，与水的接触面增大，水化较完全，混凝土的密实性增强，从而可提高抗渗、抗冻性能。

（4）节约水泥：当保持流动性和强度不变时，可在减水的同时节约水泥。

3）常用减水剂种类

减水剂是使用最广泛和效果最显著的一种外加剂，减水剂多为亲水性表面活性剂。其种类众多，按减水能力及其兼有的功能可分为普通减水剂、高效减水刻、早强减水剂及引气减水剂等。其按化学成分分为木质素系、萘磺酸盐系（简称萘系）、树脂系、糖蜜系及腐殖酸系等。

4）减水剂的掺加方法

减水剂掺入混凝土拌合物中的方法有同掺法、后掺法及滞水法等。减水剂掺入混凝土拌合物中的方法不同，其效果也不同。同掺法是将减水剂溶解于拌和用水，并与拌和用水一起加入到混凝土拌合物中。其优点是易搅拌均匀，使用方便，搅拌机生产效率高。后掺法是将混凝土拌合物运到浇筑地点后，再掺入减水剂并再次搅拌后进行浇筑。其优点是可减少混凝土在长距离运输过程中的分层、离析和坍落度损失，充分发挥减水剂的作用，但增加了搅拌次数，延长了搅拌时间。滞水法是在混凝土拌合物已经加入搅拌 1 ~ 3 min 后，再加入减水剂，并继续搅拌到规定的拌和时间。其优点是能减少减水剂的掺量，但该法需要延长搅拌时间，生产效率低。减水剂比较适用于强度要求较高、水胶比较小的混凝土。

2. 早强剂

早强剂是指能提高混凝土的早期强度并对后期强度无明显影响的外加剂。

早强剂或对水泥中的 C_3S 和 C_2S 等矿物成分的水化有催化作用，或与水泥成分发生反应生成固相产物，可有效提高水泥的早期强度。常用的早强剂有以下几类：

（1）氯盐类早强剂。氯盐类早强剂主要有氯化钙、氯化钠、氯化钾及三氯化铁等，其中以氯化钙应用最广。氯化钙的早强作用主要是它能与 C_3A 和 $Ca(OH)_2$ 发生反应，生成不溶性复盐水化氯铝酸钙和氧氯酸钙，增加了水泥浆中固相的含量，形成坚固的骨架，促进混凝土强度增长；同时，由于上述反应降低了液相中 $Ca(OH)_2$ 的浓度，使 C_3S 的水化反应加快，也可提高混凝土的早期强度。氯化钙的适宜掺量为 1% ~ 2%。其早强效果显著，能使混凝土 3 d 强度提高 50% ~ 100%，7 d 强度提高 20% ~ 40%。由于氯离子能促使钢筋锈蚀，故掺用量必须严格控制。《混凝土外加剂定义、分类、命名与术语》（GB/T 8075—2005）中规定：在钢筋混凝土中氯化钙的掺量不得超过水泥质量的 1%，在无筋混凝土中氯化钙的掺量不得超过水泥质量的 3%。

（2）硫酸盐类早强剂。硫酸盐类早强剂主要有硫酸钠、硫酸钙及硫代硫酸钠等，应用最广的是硫酸钠。硫酸盐的早强作用主要是与水泥的水化产物 $Ca(OH)_2$ 反应，生成的二水石膏具有高度的分散性。其反应式为：

$$Na_2SO_4+Ca(OH)_2+2H_2O = C_aSO_4 \cdot 2H_2O+2NaOH$$

它与 C_3A 的化学反应比外掺石膏的作用快得多，能迅速生成水化硫铝酸钙，提高水泥浆中固相的比例，提高早期结构的密实度，同时也会加快水泥的水化速度，从而起到早强作用。硫酸钠的适宜掺量为 0.5%～2.0%，3 d 强度可提高 20%～40%。硫酸钠与氢氧化钙作用会生成 NaOH。为防止碱-集料反应，所用集料不得含有蛋白质等矿物。

（3）三乙醇胺早强剂。三乙醇胺是呈淡黄色的油状液体，属非离子型表面活性剂。它不改变水化产物，但能在水泥的水化过程中起催化作用，比其他早强剂复合效果更好。早强剂多用于冬期施工或紧急抢修工程以及要求加快混凝土强度发展的情况。

3. 引气剂

引气剂是在搅拌混凝土过程中能引入大量均匀分布、稳定而封闭的微小气泡的外加剂。

其按化学成分可分为松香树脂类、烷基苯磺酸类及脂肪醇磺酸类三大类。其中，以松香树脂类应用最广，主要有松香热聚物和松香皂两种。

引气剂的主要作用是使混凝土中产生大量直径为 0.05～1.25 mm 的微小气泡，在未硬化的混凝土中，大量微小气泡的存在可以起到“滚珠”的作用，使混凝土拌合物流动性大大提高。由于气泡能隔断混凝土毛细管通道，以及气泡能缓冲因水结冰而产生的膨胀压力，故能显著提高混凝土的抗渗性及抗冻性。因此，引气剂能改善混凝土拌合物的和易性，提高混凝土的耐久性。大量气泡的存在使混凝土孔隙率增大和有效受力面积减小，使强度及耐磨性有所降低，含气量越大，强度降低越大。因此，应严格控制引气剂的掺量，其适宜掺量为水泥质量的 0.005%～0.01%。

引气剂比较适用于强度要求不太高、水胶比较大的混凝土，如水厂大体积混凝土。

4. 缓凝剂

能延缓混凝土凝结时间，并对混凝土的后期强度发展无不利影响的外加剂，称为缓凝剂。缓凝剂常用的品种有多羟基碳水化合物、木质素磺酸盐类、羟基羧酸及盐类、无机盐四类。其中，我国常用的为木钙（木质素磺酸盐类）和糖蜜（多羟基碳水化合物类）。缓凝剂因其在水泥及其水化物表面的吸附或与水泥矿物反应生成不溶层而延缓水泥的水化达到缓凝的效果。糖蜜的掺量为 0.1%～0.3%，可缓凝 2～4 h。木钙既是减水剂又是缓凝剂，其掺量为 0.1%～0.3%；当掺量为 0.25%时，可缓凝 2～4 h。羟基羧酸及其盐类，如柠檬酸或酒石酸钾钠等，当掺量为 0.03%～0.1%时，凝结时间可达 8～

19 h。

缓凝剂有延缓混凝土凝结、保持工作性、延长放热时间、消除或减少裂缝等多种功能，对钢筋也无锈蚀作用，适于高温季节施工和泵送混凝土、滑模混凝土以及大体积混凝土的施工或远距离运输的商品混凝土。但缓凝剂不宜用于日最低气温在 5 °C 以下施工的混凝土，也不宜单独用于有早强要求的混凝土或蒸养混凝土。

5. 速凝剂

速凝剂是能使混凝土迅速凝结硬化的外加剂。速凝剂的主要种类有无机盐类和有机物类，我国常用的速凝剂是无机盐类。无机盐类速凝剂按其主要成分大致可分为三类：以铝酸钠为主要成分的速凝剂；以铝酸钙、氟铝酸钙等为主要成分的速凝剂；以硅酸盐（$NaSiO_2$）为主要成分的速凝剂。主要型号有红星 1 型、711 型、782 型、8604 型、WJ-1 型、J85 型等。

速凝剂掺入混凝土后，能使混凝土在 5 min 内初凝，10 min 内终凝，1 h 就可产生强度，1 d 强度提高 2 ~ 3 倍，但后期强度会下降，28 d 强度为不掺时的 80% ~ 90%。温度高，提高速凝效果。混凝土水胶比增大则降低速凝效果，故掺用速凝剂的混凝土水胶比一般为 0.4。掺加速凝剂后，混凝土的干缩率有增加趋势，弹性模量、抗剪强度、黏力等有所降低。

速凝剂主要用于矿山井巷、铁路隧道、引水涵洞、地下工程以及喷锚支护时的喷射混凝土或喷射砂浆工程中。

6. 防冻剂

防冻剂是指在规定温度下，能显著降低混凝土的冰点，使混凝土液相不冻结或仅部分冻结，以保证水泥的水化作用，并在一定的时间内获得预期强度的外加剂。常用的防冻剂有氯盐类（氯化钙、氯化钠）、氯盐阻锈类（以氯盐与亚硝酸钠阻锈剂复合而成）、无氯盐类（以硝酸盐、亚硝酸盐、碳酸盐、乙酸钠或尿素复合而成）。

防冻剂可用于采取负温养护法的冬期施工的各种混凝土。氯盐类防冻剂适用于无筋混凝土，氯盐阻锈类防冻剂可用于钢筋混凝土。硝酸盐、亚硝酸盐、碳酸盐易引起钢筋的应力腐蚀，故严禁用于预应力混凝土以及与镀锌钢材或与铝铁相接触部位的钢筋混凝土结构。另外，亚硝酸盐等有毒成分的防冻剂，严禁用于饮水工程及与食品接触的工程。含有硝铵、尿素等产生刺激性气味的防冻剂，严禁用于办公、居住等建筑工程。有机化合物与无机盐复合防冻剂及复合型防冻剂可用于素混凝土、钢筋混凝土及预应力混凝土工程。掺防冻剂混凝土所用原材料，宜优先选用硅酸盐水泥、普通硅酸盐水泥。使用防冻剂需要注意的是：水泥存放期超过 3 个月时，使用前必须进行强度检验，合格后方可使用；拌制混凝土所用集料应清洁，不得含有冰、雪、冻块及其他易冻裂物质；当防冻剂中含有较多的 Na^+、K^+时，不得使用活性集料；负温下混凝土表面不得浇水；混凝土浇筑后，应立即用塑料薄膜及保温材料覆盖，严寒地区应加强保温措施；在日最低气温为−5 °C 时，可不用防冻剂，采用早强剂或早强减水剂即可。

7. 膨胀剂

膨胀剂是能使混凝土（砂浆）在水化过程中产生一定的体积膨胀，并在有约束的条件下产生适宜自应力的外加剂。它可补偿混凝土的收缩，使抗裂性、抗渗性提高，掺量较大时可在钢筋混凝土中产生自应力。膨胀剂常用的品种有硫铝酸钙类（如明矾石膨胀剂）、氧化镁类（如氧化镁膨胀剂）、复合类（如氧化钙-硫铝酸钙膨胀剂）等。

膨胀剂主要应用于屋面刚性防水、地下防水、基础后浇缝、堵漏、底座灌浆、梁柱接头及自应力混凝土。

8. 泵送剂

随着商品混凝土的推广，泵送混凝土施工越来越普遍。泵送混凝土必须具有良好的可泵性。泵送剂即是改善混凝土拌合物泵送性能的外加剂。混凝土泵送剂应具备以下特点：

（1）减水率高。多采用高效减水剂，在降低水胶比的同时，增加混凝土的流动性，减少泵送压力。

（2）坍落度损失小。坍落度是反映混凝土拌合物流动性的物理量。坍落度值大，说明混凝土拌合物流动性好。混凝土拌合物从搅拌机出来到施工现场浇筑，这一时间段的坍落度的差值，叫作坍落度损失。混凝土拌合物的坍落度损失应满足输送、泵送、浇筑要求，防止堵塞管道。

（3）具有一定引气性。在保证强度不受影响条件下，适当的引气性可减少拌合物与管壁的摩擦阻力，增加拌合物的黏聚性。

（4）与水泥有良好的相容性。混凝土泵送剂一般不是单一组分，而是由功能各异的多种组分（或外加剂）组成。由减水组分、缓凝组分、引气组分和保水组分等复合而成的泵送剂适用于工业与民用建筑及其他构筑物的泵送施工的混凝土，特别适用于大体积混凝土、高层建筑和超高层建筑，适用于滑模施工等，也适用于水下灌注桩混凝土。

9. 防水剂

防水剂是在混凝土拌合物中能改善砂浆和混凝土的耐久性，降低其在静水压力下透水性的外加剂。防水剂品种众多，防水的作用机理也不一样，所以应根据工程要求选择防水剂的品种。工程上常用的防水剂有以下四类：

（1）无机化合物类。如氯化铁、硅灰粉末、锆化合物等。

（2）有机化合物类。脂肪酸及其盐类、有机硅表面活性剂（甲基硅醇钠、乙基硅醇钠、聚乙基羟基硅氧烷）、石蜡、地沥青、橡胶及水溶性树脂乳液等。

（3）混合物类。无机类混合物、有机类混合物、无机类与有机类混合物。

（4）复合类。上述各类与引气剂、减水剂、缓凝剂等外加剂复合的复合型防水剂。

无机化合物类中的氯盐类能促进水泥的水化硬化，在早期具有较好的防水效果，适合于要求早期必须具有防水性的情况。但因为氯盐类会使钢筋锈蚀，收缩率大，后期防水效果不大。

有机化合物类的防水剂主要是一些憎水性表面活性剂、聚合物乳液或水溶性树脂等，其防水性能较好，但使用时应注意对强度的影响。

在防水剂与引气剂组成的复合防水剂中，由于引气剂能引入大量的做细气泡，隔断毛细管通道，减少泌水，减少混凝土的渗水通路，从而提高混凝土的防水性。在防水剂与减水剂组成的复合防水剂中，由于减水剂的减水作用与对和易性的改善，使混凝土更致密，从而能达到更好的防水效果。

防水剂可用于工业与民用建筑的屋面、地下室、隧道、巷道、给排水池等有防水抗渗要求的混凝土工程。含氯盐的防水剂可用于素混凝土、钢筋混凝土工程，严禁用于预应力混凝土。

三、外加剂的选择与使用

1. 外加剂品种的选择

外加剂品种繁多，性能各异，尤其是对不同的水泥其效果不同。选择外加剂应依据现场材料条件、工程特点和环境情况，根据产品说明及有关规定进行品种的选择。有条件的应在正式使用前进行试验检验。

2. 外加剂掺量的确定

不同外加剂，掺量也不同。掺量过小，往往达不到预期效果；掺量过大，会影响混凝土质量，甚至造成严重事故。因此，使用外加剂必须严格控制掺量，并准确计量。在没有可靠的资料为依据时，应通过试验来确定最佳掺量。

3. 外加剂的掺加方法

外加剂不论是粉状还是液态状，为保持作用的均匀性，一般不能直接加入混凝土搅拌机内。对于可溶解的粉状外加剂或液态外加剂，应先配成一定浓度的溶液，使用时连同拌和用水一起加入搅拌机内。对于不溶于水的外加剂，应与适量水泥或砂混合均匀后，再加常用的外加剂。掺加方法主要有以下几种：

（1）先掺法。先掺法是将粉状外加剂先与水泥混合后，再加入集料与水搅拌。这种方法有利于外加剂的分散，能减少集料对外加剂的吸附量，但实际工程中使用不便，常在试验室或混凝土量较小的现场施工时采用。

（2）同掺法。同掺法是将粉状或液体外加剂与混凝土组成材料一起投入搅拌机拌和，或将液体外加剂先与水混合，然后与其他材料一起拌和。这种方法简单易行，在实际工程中应用较多，但随着时间的延续，混凝土拌合物的坍落度损失较大。

（3）后掺法。后掺法是在混凝土加水搅拌了一段时间后（有时在浇筑前），再加入外加剂进一步搅拌，即水泥水化反应进行了一段时间后，再加入外加剂。这种方法可避免拌合物坍落度损失过快而产生混凝土拌合物浇筑困难的现象。

（4）分次加入法。分次加入法是在混凝土搅拌或运输过程中分几次将外加剂加入混凝土拌合物中，使混凝土拌合物中的外加剂浓度始终保持在一定的水平。

在相同条件下，后掺法、分次加入法对减小拌合物的坍落度损失控制效果很好，并可减小外加剂掺量。但同样因使用不便，在实际工程中用得不多。

学习情景五　普通混凝土的配合比设计

混凝土配合比设计是混凝土工艺中最重要的项目之一。其目的是在满足工程对混凝土的基本要求的情况下，找出混凝土组成材料间最合理的比例，以便生产出优质而经济的混凝土。混凝土的配合比设计包括配合比的计算、试配和调整。

一、普通混凝土配合比设计的基本要求

混凝土配合比设计的任务是根据原材料的技术性能及施工条件，确定能满足工程要求的技术经济指标的各项组成材料的用量。其基本要求如下：

（1）达到混凝土结构设计的强度等级。

（2）满足混凝土施工所要求的和易性。

（3）满足工程所处环境对混凝土耐久性的要求。

（4）在满足上述三项要求的前提下，尽可能节约水泥，降低成本。

二、普通混凝土配合比设计的基本参数

水胶比、单位用水量和砂率是混凝土配合比设计的三个基本参数，它们与混凝土各项性能之间有着非常密切的关系。因此，混凝土配合比设计主要是正确地确定出这三个参数以保证配制出满足工程要求的混凝土。

混凝土配合比设计中确定三个参数的原则是：在满足混凝土的强度和耐久性基础上确定混凝土的水胶比；在满足混凝土施工要求的和易性基础上，根据粗集料种类和规格确定混凝土的单位用水量；砂在集料中的数量应以填充石子空隙后略有富余的原则来确定。

三、普通混凝土配合比设计的准备资料

在设计混凝土配合比前，必须通过调查研究，预先掌握下列基本资料：

（1）了解工程设计要求的混凝土强度等级，以便确定混凝土配制强度。

（2）了解工程所处环境对混凝土耐久性的要求，确定配制混凝土的最大水胶比和

最小胶凝材料用量。

（3）了解结构构件断面尺寸及钢筋配置情况，以便确定粗集料的最大粒径。

（4）了解混凝土施工方法及管理水平，以便选择混凝土拌合物坍落度及强度标准差。

（5）掌握各原材料的性能指标，包括：水泥的品种、强度等级、密度；矿物掺合料的品种、密度、掺量；砂、石集料的种类、规格、表观密度、堆积密度、级配、石子最大粒径。混凝土拌合用水的水质情况；混凝土外加剂的品种、性能、适宜掺量等。

四、普通混凝土的配合比设计步骤

混凝土的配合比设计：首先，根据选定的原材料及配合比设计的基本要求，通过经验公式、经验表格进行初步设计，得出初步配合比；其次，在初步配合比的基础上，经试验室试拌调整到和易性满足要求时，得出基准配合比；然后，在试验室进行混凝土强度检验（如有抗渗、抗冻等其他性能要求，应当进行相应的检验），确定出满足设计和施工要求并比较经济的设计配合比（试验室配合比）；最后，根据现场砂、石的实际含水率对试验室配合比进行调整，得出施工配合比。

（一）初步配合比的确定

1. 确定配置强度（$f_{cu,0}$）

根据《普通混凝土配合比设计规程》（JGJ 55—2011）规定，当混凝土的设计强度等级小于 C60 时，配制强度应按下式确定：

$$f_{cu,0} \geqslant f_{cu,k} + 1.645\sigma \tag{4-9}$$

式中 $f_{cu,0}$——混凝土配制强度（MPa）；

$f_{cu,k}$——混凝土立方体抗压强度标准值，这里取混凝土的设计强度等级值（MPa）；

σ——混凝土强度标准差（MPa）。

当设计强度等级不小于 C60 时，配制强度应按下式确定：

$$f_{cu,0} \geqslant 1.15 f_{cu,k} \tag{4-10}$$

当具有 1～3 个月的同一品种、同一强度等级混凝土的强度资料，且试件组数不小于 3 时，其混凝土强度标准差可由计算得出。

当没有近期的同一品种、同一强度等级混凝土的强度资料时，其强度标准差可按表 4.15 取值。

表 4.15　标准差 σ 值

混凝土强度标准值	≤C20	C25～C45	C50～C55
σ	4.0	5.0	6.0

2. 确定水胶比

当混凝土的强度等级小于 C60 时，混凝土的水胶比宜按下式计算：

$$W/B=\frac{\alpha_a f_b}{f_{cu,0}+\alpha_a\alpha_b f_b} \tag{4-11}$$

式中 W/B——混凝土水胶比；

α_a, α_b——回归系数，有条件时可以通过试验测定，无试验条件时按表 4.16 取值；

f_b——胶凝材料 28 d 胶砂抗压强度（MPa），可实测，且试验方法应按现行国家标准《水泥胶砂强度检验方法（ISO 法）》（GB/T 17671—1999）执行；当无实测资料时，可按 $f_b=\gamma_f\gamma_s f_{ce}$ 计算。其中 γ_f、γ_s 为粉煤灰影响系数和粒化高炉矿渣粉影响系数，可按表 4.17 选用。f_{ce} 为水泥 28 d 胶砂抗压强度（MPa），可实测，当无实测资料时，可按 $f_{ce}=\gamma_c f_{ce,g}$ 计算。其中，$f_{ce,g}$ 为水泥的强度等级值（MPa），γ_c 为水泥强度等级值的富余系数，可按实际统计资料确定，当缺乏实际统计资料时，也可按表 4.18 选用。

表 4.16 回归系数 α_a、α_b 取值表

回归系数	粗集料品种	
	碎石	卵石
α_a	0.53	0.49
α_b	0.20	0.13

表 4.17 粉煤灰影响系数 γ_f 和粒化高炉矿渣粉影响系数 γ_s

掺量/%	粉煤灰影响系数 γ_f	粒化高炉矿渣粉影响系数 γ_s
0	1.00	1.00
10	0.85 ~ 0.95	1.00
20	0.75 ~ 0.85	0.95 ~ 1.00
30	0.65 ~ 0.75	0.90 ~ 1.00
40	0.55 ~ 0.65	0.80 ~ 0.90
50	—	0.70 ~ 0.85

注：1. 采用Ⅰ级、Ⅱ级粉煤灰宜取上限值。

2. 用 S75 级粒化高炉矿渣粉宜取下限值，采用 S95 级粒化高炉矿渣粉宜取上限值，采用 S105 级粒化高炉矿渣粉可取上限值加 0.05。

3. 当超出表中的掺量时，粉煤灰和粒化高炉矿渣粉影响系数应经试验确定

表 4.18 水泥强度等级值的富余系数 γ_c

水泥强度等级值	32.5	42.5	52.5
富余系数 γ_c	1.12	1.16	1.10

3. 确定用水量（m_w）和外加剂用量（m_{a0}）

（1）干硬性和塑性混凝土用水量的确定。混凝土水胶比为 0.40～0.80 时，可按表 4.19 和表 4.20 选取；混凝土水胶比小于 0.40 时，可通过试验确定。

表 4.19 干硬性混凝土的用水量 单位：kg/m³

拌合物稠度		卵石最大公称粒径/mm			碎石最大公称粒径/mm		
项目	指标	10.0	20.0	40.0	16.0	20.0	40.0
维勃稠度/mm	16～20	175	160	145	180	170	155
	11～15	180	165	150	185	175	160
	5～10	185	170	155	190	180	165

表 4.20 塑性混凝土用水量 单位：kg/m³

拌合物稠度		卵石最大公称粒径/mm				碎石最大公称粒径/mm			
项目	指标	10.0	20.0	31.5	40.0	16.0	20.0	31.5	40.0
坍落度/mm	10～30	190	170	160	150	200	185	175	165
	35～50	200	180	170	160	210	195	185	175
	55～70	210	190	180	170	220	205	195	185
	75～90	215	195	185	175	230	215	205	195
注：1. 本表用水量是采用中砂时的取值。采用细砂时，每立方米混凝土用水量可增加 5～10 kg；采用粗砂时，可减少 5～10 kg。 2. 掺用矿物掺合料和外加剂时，用水量应相应调整									

（2）流动性和大流动性混凝土用水量的确定。掺外加剂时，每立方米流动性或大流动性混凝土的用水量（m_{w0}）可以按照下式计算：

$$m_{w0} = m'_{w0}(1-\beta) \tag{4-12}$$

式中 m_{w0}——计算配合比每立方米混凝土的用水量（kg/m³）；

m'_{w0}——未掺外加剂时推定的满足实际坍落度要求的每立方米混凝土的用水量（kg/m³），以 90 mm 坍落度的用水量为基础，按每增大 20 mm 坍落度相应增加 5 kg/m³ 用水量来计算；当坍落度增大到 180 mm 以上时，随坍落度相应增加的用水量可减少；

β——外加剂的减水率（%），应经混凝土试验确定。

（3）每立方米混凝土中外加剂用量（m_{a0}）应按下式计算：

$$m_{a0} = m_{b0}\beta_a \tag{4-13}$$

式中 m_{a0}——计算配合比每立方米混凝土中外加剂用量（kg/m³）；

m_{b0}——计算配合比每立方米混凝土中胶凝材料用量（kg/m³）；

β_a——外加剂掺量（%），应经混凝土试验确定。

4. 计算胶凝材料用量（m_{b0}）、矿物掺合料用量（m_{f0}）和水泥用量（m_{c0}）

（1）每立方米混凝土的胶凝材料用量（m_{b0}）按下式计算，并应进行试拌调整。在拌合物能满足的情况下，取经济、合理的胶凝材料用量。

$$m_{b0} = \frac{m_{w0}}{W / B} \tag{4-14}$$

式中 m_{b0}——计算配合比每立方米混凝土中胶凝材料用量（kg/m^3）；

m_{w0}——计算配合比每立方米混凝土的用水量（kg/m^3）；

W/B——混凝土水胶比。

（2）每立方米混凝土的矿物掺合料用量（m_{f0}）按下式计算：

$$m_{f0} = m_{b0}\beta_f \tag{4-15}$$

式中 m_{f0}——计算配合比每立方米混凝土中矿物掺合料用量（kg/m^3）；

β_f——矿物掺合料掺量（%）。

（3）每立方米混凝土的水泥用量（m_{c0}）按下式计算：

$$m_{c0} = m_{b0} - m_{f0} \tag{4-16}$$

式中 m_{c0}——计算配合比每立方米混凝土中水泥用量（kg/m^3）。

5. 选取合理砂率值

砂率 β_s 应根据集料的技术指标，混凝土拌合物性能和施工要求，参考既有历史资料确定。当缺乏砂率的历史资料时，混凝土砂率的确定应符合下列规定：

（1）坍落度小于 10 mm 的混凝土，其砂率应经试验确定。

（2）坍落度为 10 ~ 60 mm 的混凝土，其砂率可根据粗集料品种、最大公称粒径及水胶比按表 4.21 选取。

（3）坍落度大于 60 mm 的混凝土，其砂率可经试验确定，也可在表 4.21 的基础上，按坍落度每增大 20 mm、砂率增大 1%的幅度予以调整。

表 4.21 混凝土的砂率（%）

水胶比 W/B	卵石最大公称粒径/mm			碎石最大公称粒径/mm		
	10	20	40	16	20	40
0.4	26 ~ 32	25 ~ 31	24 ~ 30	30 ~ 35	29 ~ 34	27 ~ 32
0.5	30 ~ 35	29 ~ 34	28 ~ 33	33 ~ 38	32 ~ 37	30 ~ 35
0.6	33 ~ 38	32 ~ 37	31 ~ 36	36 ~ 41	35 ~ 40	33 ~ 38
0.7	36 ~ 41	35 ~ 40	34 ~ 39	39 ~ 44	38 ~ 43	36 ~ 41

注：1. 本表数值系中砂的选用砂率，对细砂或粗砂，可相应地减少或增大砂率。

2. 采用人工配制混凝土时，砂率应适当增大；对薄壁构件，砂率取偏大值。

3. 只用一个单粒级粗集料配制混凝土时，砂率应适当增大。

6. 计算粗、细集料用量（m_{g0}、m_{s0}）

在已知砂率的情况下，粗、细集料的用量可用质量法或体积法求得。

（1）质量法。假定各组成材料的质量之和（即拌合物的体积密度）接近一个固定值。当采用质量法计算混凝土配合比时，粗、细集料用量应按下式计算：

$$m_{f0}+m_{c0}+m_{g0}+m_{s0}+m_{w0}=m_{cp} \tag{4-17}$$

砂率应按下式计算：

$$\beta_s=\frac{m_{s0}}{m_{g0}+m_{s0}}\times 100\% \tag{4-18}$$

式中 m_{g0}——计算配合比每立方米混凝土的粗集料用量（kg/m^3）；

m_{s0}——计算配合比每立方米混凝土的细集料用量（kg/m^3）；

β_s——砂率（%）；

m_{cp}——每立方米混凝土拌合物的假定质量（g/m^3），可取 2 350 ~ 2 450 kg/m^3。

（2）体积法。假定混凝土拌合物的体积等于各组成材料的体积与拌合物中所含空气的体积之和。当采用体积法计算混凝土配合比时，砂率计算方法和质量法相同，粗、细集料用量应按下式计算：

$$\frac{m_{c0}}{\rho_c}+\frac{m_{f0}}{\rho_f}+\frac{m_{g0}}{\rho_g}+\frac{m_{s0}}{\rho_s}+\frac{m_{w0}}{\rho_w}+0.01\alpha=1 \tag{4-19}$$

式中 ρ_c——水泥密度（kg/m^3），可按现行国家标准《水泥密度测定方法》（GB/T 208—2014）测定，也可取 2 900 ~ 3 100 kg/m^3；

ρ_f——矿物掺合料密度（kg/m^3），可按现行国家标准《水泥密度测定方法》（GB/T 208—2014）测定；

ρ_g——粗集料的表观密度（kg/m^3），应按现行行业标准《普通混凝土用砂、石质量及检验方法标准》（JGJ 52—2006）测定；

ρ_s——细集料的表观密度（kg/m^3），应按现行行业标准《普通混凝土用砂、石质量及检验方法标准》（JGJ 52—2006）测定；

ρ_w——水的密度（kg/m^3），可取 1 000 kg/m^3；

α——混凝土的含气量百分数，在不使用引气剂或引气型外加剂时，α 可取 1。

经过上述计算，即可求出计算配合比。

（二）检测和易性，确定试拌配合比（基准配合比）

按计算的配合比进行混凝土试拌配合比的试配和调整。试配时，每盘混凝土试配的最小搅拌量应符合规定，并不应小于搅拌机公称容量的 1/4 且不应大于搅拌机公称容量。试拌后立即测定混凝土的工作性。当试拌得出的拌合物坍落度比要求值小时，应在水胶比不变的前提下，增加用水量（同时增加水泥用量）；当比要求值大时，应在砂率不变的前提下，增加砂、石用量；当黏聚性、保水性差时，可适当加大砂率。调整时，应及时记录调整后的各材料用量（m_{cb}，m_{wb}，m_{sb}，m_{gb}），并实测调整后混凝土拌合物的体积密度 ρ_{0h}（kg/m^3）。令工作性调整后的混凝土试样总质量 m_{Qb} 为：

$$m_{Qb}=m_{cb}+m_{wb}+m_{sb}+m_{gb}\text{（体积}\geqslant 1\ m^3\text{）} \tag{4-20}$$

由此得出基准配合比（调整后的 $1m^3$ 混凝土中各材料用量）：

$$m_{cj}=\frac{m_{cb}}{m_{Qb}}\rho_{0h}\ (kg/m^3) \tag{4-21}$$

$$m_{wj}=\frac{m_{wb}}{m_{Qb}}\rho_{0h}\ (kg/m^3) \tag{4-22}$$

$$m_{sj}=\frac{m_{sb}}{m_{Qb}}\rho_{0h}\ (kg/m^3) \tag{4-23}$$

$$m_{gj}=\frac{m_{gb}}{m_{Qb}}\rho_{0h}\ (kg/m^3) \tag{4-24}$$

（三）检验强度，确定设计配合比

经过和易性调整得出的试拌配合比不一定满足强度要求，应进行强度检验，既满足设计强度又比较经济、合理的配合比，就称为设计配合比（试验室配合比）。在试拌配合比的基础上做强度试验时，应采用 3 个不同的配合比，其中一个为试拌配合比中的水胶比，另外两个较试拌配合比的水胶比分别增加和减少 0.05。其用水量应与试拌配合比的用水量相同，砂率可分别增加和减少 1%。当不同水胶比的混凝土拌合物坍落度与要求值的差超过允许偏差时，可通过增、减用水量进行调整。

制作混凝土强度试验试件时，应检验混凝土拌合物的和易性及表观密度，并以此结果作为代表相应配合比的混凝土拌合物性能。每种配合比至少应制作 1 组（3 块）试件，标准养护到 28 d 时试压。

根据试验得出的混凝土强度与其相对应的胶水比（B/W）关系，用作图法或计算法求出与混凝土配制强度（$f_{cu,0}$）相对应的胶水比，并应按下列原则确定每立方米混凝土的材料用量：

（1）用水量（m_w）应在基准配合比用水量的基础上，根据制作强度试件时测得的坍落度或维勃稠度进行调整确定。

（2）水泥用量（m_c）应以用水量乘以选定出来的胶水比计算确定。

（3）粗集料和细集料用量（m_g 和 m_s）应在基准配合比的粗集料和细集料用量的基础上，按选定的胶水比进行调整后确定。经试配确定配合比后，还应按下列步骤进行校正。

根据前述已确定的材料用量，按下式计算混凝土的表观密度计算值 $\rho_{c,c}$：

$$\rho_{c,c}=m_c+m_f+m_g+m_s+m_w \tag{4-25}$$

式中　$\rho_{c,c}$——混凝土拌合物的表观密度计算值（kg/m^3）；

m_c——每立方米混凝土的水泥用量（kg/m^3）；

m_f——每立方米混凝土的精确掺合料用量（kg/m^3）；

m_g——每立方米混凝土的粗集料用量（kg/m^3）；

m_s——每立方米混凝土的细集料用量（kg/m^3）；

m_w——每立方米混凝土的用水量（kg/m^3）。

按下式计算混凝土配合比校正系数 δ：

$$\delta=\frac{\rho_{c,t}}{\rho_{c,c}} \tag{4-26}$$

式中　$\rho_{c,t}$——混凝土表观密度实测值（kg/m^3）；

$\rho_{c,c}$——混凝土表观密度计算值（kg/m^3）。

当混凝土表观密度实测值 $\rho_{c,t}$ 与计算值 $\rho_{c,c}$ 之差的绝对值不超过计算值的 2%时，上述配合比可维持不变；当两者之差超过 2%时，应将配合比中每项材料用量均乘以校正系数即为确定的设计配合比。

根据本单位常用的材料，可设计出常用的混凝土配合比备用。在使用过程中，应根据原材料情况及混凝土质量检验的结果予以调整。但遇有下列情况之一时，应重新进行配合比设计：

（1）对混凝土性能指标有特殊要求时。

（2）水泥、外加剂或矿物掺合料等原材料品种、质量有显著变化时。

（四）根据含水率，换算施工配合比

试验室得出的设计配合比值中，集料是以干燥状态为准的，而施工现场集料含有一定的水分，因此，应根据集料的含水率对配合比设计值进行修正，修正后的配合比为施工配合比。

经测定施工现场砂的含水率为 ω_g，石子的含水率为 ω_s，则施工配合比为：

水泥用量 m_c'：$m_c'=m_c$

砂用量 m_s'：$m_s'=m_s(1+\omega_s)$

石子用量 m_g'：$m_g'=m_g(1+\omega_g)$

用水量 m_w'：$m_w'=m_w-m_s\cdot\omega_s-m_g\cdot\omega_g$

式中　m_c，m_w，m_s，m_g——调整后的试验室配合比中每立方米混凝土中的水泥、水、砂和石子的用量（kg）。

学习情景六　其他品种混凝土

一、高强混凝土

高强混凝土是指强度等级不小于 C60 的混凝土。强度等级不小于 C100 的混凝土称为超高强混凝土。

1. 高强混凝土的特点

高强混凝土的特点是：抗压强度高、变形小；在相同的受力条件下能减小构件截面面积，降低钢筋用量；致密坚硬、耐久性能好；脆性比普通混凝土高；抗拉、抗剪强度随抗压强度的提高有所增长，但拉压比及剪压比都随之降低。主要用于混凝土柱基、预应力轨枕、电杆、大跨度薄壳结构、桥梁、输水管等。

2. 高强混凝土对原材料的选择要求

配制高强混凝土所用原材料应符合以下要求：应选用强度等级不低于 42.5 且质量稳定的硅酸盐水泥或普通水泥；对强度等级为 C60 级的混凝土，其粗骨料的最大粒径不应大于 31.5 mm，对强度等级高于 C60 级的混凝土，其粗骨料的最大粒径不应大于 25 mm，针、片状颗粒不应大于 5.0%，含泥量不应大于 0.5%，泥块含量不应大于 0.2%。岩石立方体抗压强度不应小于要求配制的混凝土抗压强度标准值的 1.5 倍；细骨料宜采用中砂，细度模数宜大于 2.6，含泥量不应大于 2.0%，泥块含量不应大于 0.5%。

3. 高强混凝土的配合比设计

高强混凝土配合比设计时，可根据现有试验资料选取基准配合比中的水灰比；水泥用量不应大于 550 kg/m^2，水泥和矿物掺合料的总量不应大于 600 kg/m^3；砂率及采用的外加剂和掺合料的品种、掺量应通过试验确定；在试配与确定配合比时，其中一个为基准配比，另外两个配合比的水灰比宜较基准配合比分别增加或减少 0.02 ~ 0.03，并用不少于 6 次的重复试验验证，最后按强度试验结果中略高于配制强度的配合比作为混凝土配合比。

二、抗渗混凝土

抗渗等级不小于 P6 的混凝土称为抗渗混凝土，即能抵抗 0.6 MPa 及以上的静水压力作用而不发生透水现象。

抗渗混凝土所用的原材料应满足下列要求：粗骨料宜采用连续级配，其最大粒径不宜大于 40 mm，含泥量不得大于 1.0%，泥块含量不得大于 0.5%；细骨料的含泥量不得大于 3.0%，泥块含量不得大于 1.0%；外加剂宜采用防水剂、膨胀剂、引气剂、减水剂或引气减水剂；宜掺用矿物掺合料。

抗渗混凝土配合比设计应符合以下规定：每立方米混凝土中水泥（含矿物掺合料）用量不宜小于 320 kg；砂率宜为 35%～45%；供试配用的最大水灰比应符合表 4.22 的规定；掺用引气剂的抗渗混凝土，其含气量宜控制在 3%～5%。

表 4.22　抗渗混凝土最大水灰比（JGJ 55—2000）

抗渗等级	最大水灰比	
	C20～C30	C30 以上
P6	0.60	0.55
P8～P12	0.55	0.50
>P12	0.50	0.45

抗渗混凝土配合比设计时，应增加抗渗性能试验，试配要求的抗渗水压值应比设计值提高 0.2 MPa。试配时，宜采用水灰比最大的配合比做试验，其试验结果应符合以下的要求，即：

$$P_t \geqslant \frac{P}{10} + 0.2 \tag{4-27}$$

式中　P——设计要求的抗渗等级值；

P_t——6 个试件中 4 个未出现渗水时的最大水压值（MPa）。

三、水泥粉煤灰混凝土

水泥粉煤灰混凝土是指在水泥混凝土中掺入粉煤灰组分的混凝土。

1. 粉煤灰效应

粉煤灰由于其本身的化学成分、结构和颗粒形状等特征，在混凝土中可产生下列 3 种效应，总称为“粉煤灰效应”。

1）活性效应

粉煤灰中所含的 SiO_2 和 Al_2O_3 具有化学活性，它们能与水泥水化产生的 $Ca(OH)_2$ 反应，生成水化硅酸钙和水化铝酸钙凝胶，可起增强作用。上述反应多在水泥浆体的孔隙中进行，因此显著降低了混凝土内部结构中水泥石的孔隙率，也改善了孔隙结构（连通孔，大孔减少），提高了混凝土的密实性。

2）颗粒形态效应

煤粉在高温燃烧过程中形成的粉煤灰颗粒，绝大多数为表面光滑、致密、细粒的海绵状的硅铝酸盐玻璃微珠，掺入混凝土中可减小内摩阻力，从而可减少混凝土的用水量，改善和易性。

3）微骨料效应

粉煤灰中的微细颗粒均匀分布在水泥浆内，填充孔隙和毛细孔，改善混凝土的孔隙结构，增大密实度。

2. 对粉煤灰的品质指标技术要求

一般混凝土对粉煤灰的品质指标要求有烧失量、细度、SO_3、需水量比等。按《用于水泥和混凝土中的粉煤灰》（GB/T 1596—2005）的规定，按煤种分为F类（由无烟煤或烟煤煅烧收集的粉煤灰）和C类（由褐煤或次烟煤煅烧收集的粉煤灰，其氧化钙含量般大于10%），用于混凝土中的粉煤灰分Ⅰ、Ⅱ、Ⅲ等3个等级。

3. 粉煤灰对混凝土性能的改善作用

（1）改善混凝土的和易性。

（2）能提高混凝土的强度，特别是后期强度。

（3）降低单位体积混凝土内的水化热。

（4）能减少混凝土的收缩，主要是减少干燥收缩。

（5）显著改善混凝土的耐久性，特别是改善混凝土的抗渗性、抗腐蚀性，抑止混凝土的碱-骨料反应。

4. 水泥粉煤灰混凝土的配合比设计

水泥粉煤灰混凝土配合比设计的原理，是以未掺粉煤灰混凝土的配合比为基础，按等稠度和等强度等级的原则，按照粉煤灰的不同掺入法进行调整。

混凝土中掺用粉煤灰的方法可采用等量取代（水泥）法、超量取代法和外加法等。等量取代法是指以等质量的粉煤灰取代混凝土中相同质量的水泥。超量取代法是指掺入混凝土中的粉煤灰的掺入量超过其取代水泥的质量，超量的粉煤灰取代部分细骨料。其目的是增加混凝土中胶凝材料用量，以补偿由于粉煤灰取代水泥而造成的强度降低。外加法是指在混凝土中水泥用量不变的情况下，外加一定量的粉煤灰。其目的只是改善混凝土拌合物和易性。实践证明，当粉煤灰取代水泥量过多时，混凝土耐久性的抗碳化性能将变差，所以粉煤灰取代水泥的最大限量应符合有关标准的规定。

四、泵送混凝土

混凝土拌合物的坍落度不低于100 mm并在泵压作用下，经管道实行垂直及水平输送的混凝土称为泵送混凝土。

1. 泵送混凝土对原材料的选择要求

应选用硅酸盐水泥、普通水泥、矿渣水泥和粉煤灰水泥，不宜采用火山灰水泥；粗骨料宜采用连续级配，其针、片状颗粒含量不宜大于10%，最大粒径与输送管径之比宜符合表4.23的规定；细骨料宜采用中砂，其通过0.30 mm筛孔的颗粒含量不应小于 15%。外加剂常用泵送剂、减水剂；掺合料采用优质粉煤灰或其他活性矿物掺合料。

表 4.23　粗骨料的最大粒径与输送管径之比（JGJ 55—2000）

石子品种	泵送高度/m	粗骨料最大粒径与输送管径之比
碎石	<50	≤1∶3.0
	50～100	≤1∶4.0
	>100	≤1∶5.0
卵石	<50	1∶2.5
	50～100	≤1∶3.0
	>100	≤1∶4.0

2. 泵送混凝土配合比设计要求

泵送混凝土的用水量与水泥及矿物掺合料的总量之比不宜大于 0.60；水泥和矿物掺合料的总量不宜小于 300 g/m³；砂率宜为 35%～45%；掺用引气型外加剂时，其混凝土含气量不宜大于 4%。泵送混凝土适用于施工场地狭窄和施工机具受限制的混凝土浇筑，如水工隧洞混凝土衬砌和需要采用泵送工艺混凝土的高层建筑及地下厂房。

五、轻骨料混凝土

以轻粗骨料、轻细骨料（或普通细骨料）、水泥和水配制而成的，干表观密度不大于 1 950 kg/m³ 的水泥混凝土为轻骨料混凝土。

轻骨料混凝土根据其抗压强度可分为 CL5.0、CL7.5、CL10、CL15、CL.220、CL25、CL30、CL.35、CL40、CL45 和 CL50 共 11 个强度等级。不同强度等级的轻骨料混凝土应满足相应抗压强度要求。

影响轻骨料混凝土强度的主要因素有骨料性质、水泥强度及施工质量等。轻骨料颗粒本身的强度（或筒压强度）、骨料的颗粒级配、水泥浆的用量等是决定轻骨料混凝土强度的主要因素。

轻骨料混凝土配合比设计应满足强度等级和密度等级的要求，满足施工和易性的要求，还应满足耐久性和经济性方面的要求，同时应考虑骨料吸水率的影响。

六、耐热混凝土

耐热混凝土是指能长期在高温（200～900 °C）作用下保持其所要求的物理和力学性能的一种特种混凝土。耐热混凝土是由适当的胶凝材料，耐热粗、细骨料及水（或不加水），按一定比例配制而成。根据所用胶凝材料不同，通常可分为硅酸盐水泥耐热混凝土、铝酸盐水泥耐热混凝土、水玻璃耐热混凝土和磷酸盐耐热混凝土。

七、耐酸混凝土

能抵抗多种酸及大部分腐蚀性气体侵蚀作用的混凝土称为耐酸混凝土。耐酸混凝土由水玻璃作胶结料，氟硅酸钠作促凝剂，与耐酸粉料及耐酸粗、细骨料按一定比例配制而成，耐酸粉料由辉绿岩、耐酸陶瓷碎料、含石英高的材料磨细而成。耐酸粗、细骨料常用石英岩、辉绿岩、安山岩、玄武岩、铸石等。

八、纤维混凝土

以普通混凝土为基材，外掺各种纤维材料而组成的复合材料，称为纤维混凝土。纤维材料的品种很多，通常使用的有钢纤维、玻璃纤维、石棉纤维、合成纤维、碳纤维等。其中钢、玻璃、石棉、碳等纤维为高弹性模量纤维，掺入混凝土中后，可使混凝土获得较高的韧性，并提高抗拉强度、刚度和承担动荷载的能力。而尼龙、聚乙烯、聚丙烯等低弹性模量的纤维，掺入混凝土只能增加韧性，不能提高强度。纤维的直径很细，通常为几十至几百微米。纤维的长径比一般为 70 ~ 120。纤维的掺量按占混凝土体积的百分比计，其掺加体积率一般为 0.3% ~ 8.0%。常用钢纤维的直径为 0.35 ~ 0.7 mm，长径比为 50 ~ 80，适宜掺加体积率为 1% ~ 2%。

九、聚合物混凝土

聚合物混凝土是由聚合物、无机胶凝材料和骨料配制而成。

聚合物是指由许多高分子所组成的物质，是有机高分子材料。一般聚合物有良好的塑性、粘接性、抗腐蚀性与耐水性，对水泥混凝土的性能具有很好的互补性，因此在混凝土中使用聚合物会得到良好的性能。

聚合物在混凝土中的应用主要有 3 种方式：一种是以聚合物为胶结料，与骨料拌和形成的聚合物混凝土；一种是将已硬化的水泥混凝土置于液体聚合物中，使聚合物渗入混凝土内部后固化成聚合物浸渍混凝土；还有一种是在配制水泥混凝土时掺入部分聚合物的聚合物水泥混凝土。由于聚合物能均匀分布于混凝土内，填充了混凝土内部的孔隙，固化后的聚合物与水泥混凝土结合为一个整体，从而提高了混凝土结构的抗拉及抗折强度，改善了混凝土的抗渗性、抗冻性、耐腐蚀性、耐磨性及抗冲击性。常用聚合物有聚氯乙烯、聚醋酸乙烯、苯乙烯、聚酯树脂、环氧树脂、聚甲基丙烯酸甲酯等。

聚合物水泥混凝土主要用于铺筑无缝地面、路面及修补工程中。

十、道路混凝土

道路混凝土主要是指道路路面的混凝土。由于道路路面常年受到行驶车辆的重力作用和车轮的冲击、磨损，同时还要经受日晒风吹、雨水冲刷和冰雪冻融的侵蚀，因此要求路面混凝土必须具有较高的抗弯拉强度、良好的耐磨性和耐久性。

道路混凝土主要是以混凝土抗弯拉强度为设计指标，其抗弯拉强度应不低于 4.5 MPa。抗折弹性模量不低于 3.9×10^4 MPa。为保证道路混凝土的耐磨性、耐久性和抗冻性，其抗压强度不应低于 30 MPa。道路混凝土的配合比设计一般是先以抗压强度作为初步设计的依据，然后再按抗弯拉强度检验试配结果。砂、石用量仍按普通混凝土设计方法进行，水灰比一般不应大于 0.50。

思考与练习

4-1　砂子标准筛分曲线图中 1 区、2 区、3 区说明什么问题？3 个区以外的区域又说明什么？配制混凝土时，选用哪个区的砂好些？

4-2　已知混凝土实验室配合比为 1∶1.96∶3.80∶0.61。现场砂子含水率为 4%，卵石含水率为 1.8%。问拌两袋水泥（100 kg）时，其他材料称量为多少？

4-3　配制某混凝土，确定水灰比为 0.56，假定砂率 S=34%，已知水泥用量为 342 kg，砂子用量为 622 kg。

（1）计算该混凝土配合比。

（2）若已知砂子含水率为 4%，石子含水率为 1%，试计算施工配合比。

4-4　已知每拌制 1 m^3混凝土需要干砂 606 kg，水 180 kg，经实验室配合比调整计算后，砂率宜为 0.34，水灰比宜为 0.6。测得施工现场的砂的含水率为 7%，石子的含水率为 3%，试计算施工配合比。

模块四课件与微课

模块五　建筑砂浆

【知识目标】

掌握建筑砂浆的分类、组成材料、性质；初步掌握建筑砂浆的配合比设计；理解建筑砂浆组成材料的技术要求以及砂浆与混凝土和易性的差别；理解不吸水基层砂浆与吸水层砂浆强度影响因素的差别；了解抹面砂浆主要品种的性能要求及其配制方法与其他种类的建筑砂浆。

【技能目标】

通过本模块的学习，能够对砂浆的主要技术性质进行检测，根据各种抹面砂浆的特性进行应用，并根据不同的施工条件选用合适的砂浆。

建筑砂浆由无机胶凝材料、细集料、掺合料和水等按适当的比例配制而成。它是建筑工程中一项用量大、用途广的建筑材料。建筑砂浆与混凝土的主要区别是组成材料没有粗集料。

建筑砂浆种类很多，按其所用的胶凝材料不同，可分为水泥砂浆、石灰砂浆及混合砂浆等。混合砂浆可分为水泥石灰砂浆、水泥黏土砂浆及水泥粉煤灰砂浆等。根据砂浆用途的不同，可分为砌筑砂浆、抹灰砂浆、装饰砂浆及特种砂浆。建筑砂浆主要用于砖、石、砌块等砌体工程、结构墙体的抹灰工程。

学习情景一　建筑砂浆的组成材料

建筑砂浆的主要组成材料有水泥、掺合料、细集料、水、外加剂等。其不应对人体、生物与环境造成有害的影响，并应符合《建筑材料放射性核素限量》（GB 6566—2010）的规定。

一、胶凝材料

建筑砂浆常用的胶凝材料有水泥、石灰、石膏等。在选用时，应根据使用环境、用途等合理选择。在干燥条件下使用的砂浆既可选用气硬性胶凝材料，又可选用水硬性胶凝材料；若为在潮湿环境或水中使用的砂浆，则必须选用水泥作为胶凝材料。用于砂浆的水泥，其强度等级应根据砂浆强度等级进行选择，并应尽量选用中、低强度等级的水泥。水泥强度以砂浆强度的 4 ~ 5 倍为宜，水泥强度等级过高，将使砂浆中水泥用量不足而导致保水性不良。

二、细集料

细集料在砂浆中起着骨架作用，对砂浆的工作性能、强度、收缩变形性能等有较大的影响，质量好的细集料对提高砂浆的质量作用较大。由于砂的粒径大小对砂浆的技术性能影响较大，再加上实际工程中采用的砂浆层通常很薄，因此对于砂子的最大粒径应有所限制。对于毛石砌体宜选用粗砂，最大粒径不超过砂浆层厚度的 1/4 ~ 1/5；对于砖砌体宜选用中砂，最大粒径不大于 2.5 mm；用于抹面和勾缝用的砂浆宜选用细砂，最大粒径不应超过 1.25 mm。

砂中含泥量对砂浆的流动性、保水性、强度、变形及耐久性等有不同程度的影响。砂浆强度等级≥M2.5 时，砂中含泥量≤5%；砂浆强度等级≤M2.5 时，砂中含泥量≤10%。当采用人工砂、山砂、炉渣等作为细集料，经试配能满足其技术指标时，含泥量可适当放宽。

三、水

拌和砂浆用水与混凝土拌和用水的要求基本相同，应选用无有害杂质的洁净水拌制砂浆，未经试验鉴定的污水不能使用。

四、外加剂

（1）微沫剂。砂浆用的微沫剂，主要是由松香和纯碱熬制而成的一种憎水性表面活性剂。它吸附在颗粒表面，形成皂膜增加水泥分散性，可降低水的表面张力，使砂浆产生大量微小气泡，颗粒之间摩擦阻力减小，使砂浆流动性、和易性得到改善，且可减少 50%的石灰膏掺量。微沫剂掺量应经试验确定，一般为水泥用量的 0.5/10 000 ~ 1/10 000。

（2）保水剂。保水剂能减少砂浆泌水，防止离析，改善砂浆和易性。保水剂常用的有甲基纤维素、硅藻土等。

学习情景二　建筑砂浆的技术性质

砂浆的技术性质主要是指新拌砂浆的和易性和硬化后砂浆的强度。另外，还有砂浆的黏结力、变形、耐久性等性能。

一、新拌砂浆的和易性

同混凝土一样，新拌砂浆应具有良好的和易性。砂浆的和易性是指新拌制的砂浆是否便于施工操作，并能保证质量的综合性质。和易性好的砂浆可以比较容易地在砖石表面上铺成均匀连续的薄层，且能与底面紧密地粘结，并保证工程质量。因此，新拌砂浆的和易性应包括流动性和保水性两方面的含义。

1. 流动性

砂浆的流动性也叫作稠度，是指在自重或外力作用下流动的性能，用“沉入度”表示。沉入度数值大表示砂浆流动性大，但是砂浆流动性过大，会导致硬化后砂浆的强度降低。流动性过小则不便于施工操作。影响砂浆流动性的因素很多，通常包括胶凝材料的种类及用量、用水量、细集料的粗细和级配、砂浆的搅拌时间、放置时间、环境温度、湿度等。无论是采用手工施工，还是采用机械施工，砂浆都要有一定的流动性。砂浆稠度测定仪如图 5-1 所示。

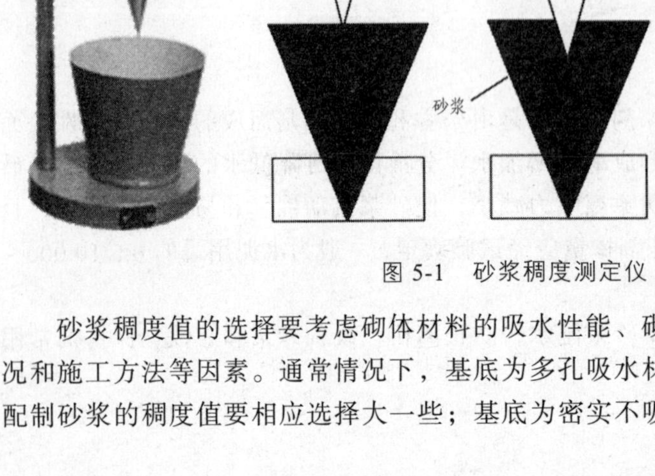

<table>
<tr><th>砌体种类</th><th>砂浆稠度/mm</th></tr>
<tr><td>烧结普通砖</td><td>70～90</td></tr>
<tr><td>轻骨料混凝土
小型空心砌块</td><td>60～90</td></tr>
<tr><td>烧结多孔砖、空心砖</td><td rowspan="5">50～70</td></tr>
<tr><td>烧结普通砖平拱式过梁</td></tr>
<tr><td>空斗墙、筒拱</td></tr>
<tr><td>普通混凝土小型
空心砌块</td></tr>
<tr><td>加气混凝土砌块</td></tr>
<tr><td>石砌块</td><td>30～50</td></tr>
</table>

图 5-1　砂浆稠度测定仪

砂浆稠度值的选择要考虑砌体材料的吸水性能、砌体受力特点、施工时的气象情况和施工方法等因素。通常情况下，基底为多孔吸水材料或者在干热条件下施工时，配制砂浆的稠度值要相应选择大一些；基底为密实不吸水的砌体材料或冷湿环境下施工时，配置砂浆的稠度值要选择小一点。根据《砌筑砂浆配合比设计规程》(JGJ/T 98—2010)的规定，砌筑砂浆的施工稠度可按表 5.1 选取。

表 5.1　砌筑砂浆的稠度

砌体种类	施工稠度/mm
烧结普通砖砌体、粉煤灰砖砌体	70 ~ 90
混凝土砖砌体、普通混凝土小型空心砌块砌体、灰砂砖砌体	50 ~ 70
烧结多孔砖砌体、烧结空心砖砌体、轻集料混凝土小型空心砌块砌体、蒸压加气混凝土砌块砌体	60 ~ 80
石砌体	30 ~ 50

2. 保水性

保水性是指新拌砂浆保持内部水分的能力。保水性好的砂浆，在存放、运输和使用过程中，能很好地保持其中的水分使其不致很快流失，在砌筑时容易铺成均匀、密实的砂浆薄层，保证砌体的质量。

图 5-2　砂浆分层度测定仪

砂浆的保水性用砂浆分层度测定仪(如图 5-2)测定，以分层度(mm)表示。先将搅拌均匀的砂浆拌合物一次装入分层度筒，测定沉入度，然后静置 30 min 后，去掉上节 200 mm 砂浆，剩余的 100 mm 砂浆倒出放在搅拌锅内搅拌 2 min，再测其沉入度，两次测得的沉入度之差即为该砂浆的分层度值。砂浆的分层度以在 10 ~ 20 mm 为宜。分层度过大，砂浆易产生离析，不便于施工和水泥硬化。因此，水泥砂浆分层度不应大于 30 mm，水泥混合砂浆分层度一般不会超过 20 mm。分层度接近于零的砂浆，容易发生干缩裂缝。

二、硬化后砂浆的强度和强度等级

砂浆在砌体中主要起传递荷载的作用，并经受周围环境介质的作用，因此砂浆应具有一定的黏结强度、抗压强度和耐久性。试验证明：砂浆的黏结强度、耐久性均随抗压强度的增大而提高，即它们之间有一定的相关性，而且抗压强度的试验方法较为成熟，测试较为简单、准确，所以工程上常以抗压强度作为砂浆的强度指标。

砂浆的强度等级是以边长为 70.7 mm 的立方体试块，在标准养护条件[水泥混合砂浆为温度(20±2)°C，相对湿度 60% ~ 80%；水泥砂浆温度为(20±2)°C，相对湿度 90%以上]下，用标准试验方法测得 28d 龄期的抗压强度来确定的。砌筑砂浆的强度等级有 M30、M25、M20、M15、M10、M7.5、M5。

影响砂浆强度的因素较多。试验证明：当原材料质量一定时，砂浆的强度主要取决于水泥强度等级与水泥用量。用水量对砂浆强度及其他性能的影响不大。砂浆的强度可用下式表示：

$$f_m = \frac{\alpha f_{ce} Q_c}{1\,000} + \beta = \frac{\alpha K_c f_{ce,k} Q_c}{1\,000} + \beta \tag{5-1}$$

式中 f_m——砂浆的抗压强度（MPa）；

f_{ce}——水泥的实际强度（MPa）；

Q_c——砂浆中的水泥用量（kg）；

K_c——水泥强度等级的富余系数，按统计资料确定；

$f_{ce,k}$——水泥强度等级的标准值（MPa）；

α，β——砂浆的特征系数，$\alpha = 3.03$，$\beta = -15.09$。

三、砂浆的黏结力

砂浆能把许多块状的砖石材料黏结成为一个整体。因此，砌体的强度、耐久性及抗震性取决于砂浆黏结力的大小。砂浆的黏结力随其抗压强度的增大而提高。此外，砂浆的黏结力与砖石的表面状态、清洁程度、湿润状况及施工养护条件等因素有关。粗糙的、洁净的、湿润的砖石表面黏结力较好。

四、砂浆的变形

砂浆在承受荷载或温、湿度条件变化时，均会产生变形。如果变形过大或者不均匀会降低砌体质量，引起沉陷或裂缝。砂浆变形的影响因素很多，如胶凝材料的种类和用量、用水量、细集料的种类和级配、细集料的质量以及外部环境条件等。

砂浆中混合料掺量过多或使用轻集料，会产生较大的收缩变形。为了减少收缩，可在砂浆中加入适量的膨胀剂。

五、砂浆的耐久性

砂浆的耐久性是指砂浆在使用条件下经久耐用的性质。在受冻融影响较多的建筑部位，要求砂浆具有一定的抗冻性。对有冻融次数要求的砌筑砂浆，经冻融试验后，质量损失率不得大于 5%，抗压强度损失率不得大于 25%。

学习情景三　砌筑砂浆的配合比设计

砌筑砂浆是指将砖、石、砌块等粘结成为砌体的砂浆。常用的砌筑砂浆有水泥砂浆、水泥混合砂浆和石灰砂浆等。工程中应根据工程类别、砌体性质以及所处环境条件等进行选用。石灰砂浆通常用于地面以上强度要求不高的平房或临时性建筑；水泥混合砂浆是指由水泥、细集料、掺合料和水配制而成的砂浆，一般适用于地面以上干燥环境中的承重和非承重的砖石砌体；水泥砂浆是指由水泥、细集料和水配制成的砂浆，通常用于片石基础、砖基础、一般地下构筑物、砖平拱、钢筋砖过梁等环境潮湿或强度要求较高的砌体。

砂浆配合比设计可通过查阅有关资料或手册来选取或通过计算来进行，然后再进行试拌调整。《砌筑砂浆配合比设计规程》（JGJ/T 98—2010）规定，砂浆的配合比以质量比表示。

一、砌筑砂浆配合比设计的基本要求

（1）砂浆拌合物的和易性应满足施工要求，且拌合物的体积密度：水泥砂浆 ≥1 900 kg/m^3；水泥混合砂浆、预拌砌筑砂浆≥1 800 kg/m^3。

（2）砌筑砂浆的强度、耐久性应满足设计要求。

（3）经济上应合理，水泥及掺合料的用量应较少。

二、砌筑砂浆配合比设计的计算

1. 水泥混合砂浆配合比计算

（1）计算砂浆的试配强度 $f_{m,0}$。砂浆的试配强度 $f_{m,0}$ 应按下式计算：

$$f_{m,0} = kf_2 \tag{5-2}$$

式中 $f_{m,0}$——砂浆的试配强度（MPa），精确至 0.1 MPa；

f_2——砂浆强度等级值（MPa），精确至 0.1 MPa；

k——系数，按表 5.2 取值。

（2）砂浆强度标准差 σ 的确定。应符合下列规定：

① 当有统计资料时，应按下式计算：

$$\sigma = \sqrt{\frac{\sum_{i=1}^{n} f_{m,i}^2 - n\mu_{f_m}^2}{n-1}} \tag{5-3}$$

式中 $f_{m,i}$——统计周期内同一品种砂浆第 i 组试件的强度（MPa）；

μ_{fm}——统计周期内同一品种砂浆 n 组试件强度的平均值（MPa）；

n——统计周期内同一品种砂浆试件的总组数，>25。

② 当不具有近期统计资料时，砂浆强度标准差 σ 可按表 5.2 选用。

表 5.2　砂浆强度标准差 σ 及 k 值

施工水平 强度等级	砂浆强度标准差 σ/MPa							k
	M5	M7.5	M10	M15	M20	M25	M30	
优良	1.00	1.50	2.00	3.00	4.00	5.00	6.00	1.15
一般	1.25	1.88	2.50	3.75	5.00	6.25	7.50	1.20
较差	1.50	2.25	3.00	4.50	6.00	7.50	9.00	1.25

（3）计算水泥用量 Q_c。按下式计算：

$$Q_c=\frac{1\,000(f_{m,0}-\beta)}{\alpha\cdot f_{ce}} \tag{5-4}$$

式中 Q_c——1 m^3 砂浆的水泥用量（kg），精确至 1 kg；

f_{ce}——水泥的实测强度（MPa），精确至 0.1 MPa；

α，β——砂浆的特征系数，其中 $\alpha=3.03$，$\beta=-15.09$。

当计算出水泥砂浆中的水泥用量不足 200 kg/m^3 时，应按 200 kg/m^3 计。

（4）计算石灰膏用量 Q_D。应按下式计算：

$$Q_D=Q_A-Q_C \tag{5-5}$$

式中 Q_D——1 m^3 砂浆的石灰膏用量（kg），精确 1 kg，石灰膏使用时的稠度宜为 120 mm±5 mm；

Q_A——1 m^3 砂浆中水泥和石灰膏的总量，精确 1 kg，可为 300 ~ 350 kg。

当石灰膏稠度不满足时，其换算系数可按表 5.3 进行换算。

表 5.3 石灰膏不同稠度时的换算系数

石灰膏稠度/mm	120	110	100	90	80	70	60	50	40	30
换算系数	1.00	0.99	0.97	0.95	0.93	0.92	0.90	0.88	0.87	0.86

（5）确定砂子用量 Q_s。每立方米砂浆中的砂用量，应以干燥状态（含水率＜0.5%）的堆积密度值作为计算值。当含水率大于 0.5%时，应考虑砂的含水率。

（6）确定用水量 Q_w。每立方米砂浆中的用水量，根据砂浆稠度等要求可选用 210 ~ 310 kg。同时，应注意以下几点：

① 混合砂浆中的用水量，不包括石灰膏中的水。

② 当采用细砂或粗砂时，用水量分别取上限或下限。

③ 稠度小于 70 mm 时，用水量可小于下限。

④ 施工现场气候炎热或干燥季节，可酌情增加用水量。

2. 配合比的试验、调整与确定

按计算或查表所得的配合比，采用工程中实际使用的材料进行试拌，测定其拌合物的稠度和分层度。当不能满足要求时，应调整材料用量，直到符合要求为止，确定试配时砂浆基准配合比。

试配时至少应采用 3 个不同的配合比，其中 1 个为基准配合比，其他配合比的水泥用量应按基准配合比分别增加及减少 10%，在保证稠度、分层度合格的条件下，可将用水量或掺合料用量作相应调整。3 组配合比分别成型、养护、测定 28 d 砂浆强度，由此确定符合试配强度要求且水泥用量最低的配合比作为砂浆配合比。

砂浆配合比确定后，当原材料有变更时，其配合比必须重新通过试验确定。

3. 砌筑砂浆配合比实例

【例 5-1】欲设计砌筑砖墙的 M7.5 的水泥石灰混合砂浆配合比。其稠度为 70 ~ 90 mm；用 32.5 级普通硅酸盐水泥；砂子为中砂，干松散堆积表观密度为 1 450 kg/m^3，含水率 2%；石灰膏稠度为 120 mm；施工水平一般。

【解】（1）计算砂浆试配强度 $f_{m,0}$。

$$f_{m,0} = kf_2$$

式中　$f_2 = 7.5$ MPa；施工单位施工水平一般 $k = 1.2$，$f_{m,0} = 1.2\times7.5 = 9.0$（MPa）

（2）计算水泥用量 Q_c。

$$Q_c = \frac{1\,000(f_{m,0} - \beta)}{\alpha \cdot f_{ce}}$$

式中　$\alpha = 3.03$，$\beta = -15.09$，$f_{ce} = \gamma_c \cdot f_{ce,k} = 1.0\times32.5 = 32.5$（MPa），代入上式得

$$Q_c = 245\text{（kg/m}^3\text{）}$$

（3）计算石灰膏用量 Q_D。

$$Q_D=Q_A-Q_C$$

选取 $Q_A = 350$ kg/m^3，则

$$Q_D = 350-245 = 105\text{（kg/m}^3\text{）}$$

（4）计算砂子用量 Q_s。

含水率为 2%的砂子用量 $Q_s = 1\,450\times$（1+0.02）= 1 479（kg/m^3）

（5）选取用水量 Q_w。

根据砂浆稠度等要求可选用水量 210 ~ 310 kg/m^3，现选 Q_w=250 kg/m^3。

（6）砂浆试配时各材料的用量比。

水泥：石灰膏：砂：水 = 245：105：1 479：250 = 1：0.43：6.04：1.02

根据计算出的建筑砂浆配合比，进行配合比试配、调整与确定，即得适宜的配合比。

学习情景四　抹灰砂浆

抹灰砂浆是涂抹在建筑物或建筑构件表面的砂浆的统称，又称一般抹灰砂浆，是建筑工程中用量最大的砂浆。抹灰砂浆起保护结构主体免遭风雨及有害介质的侵蚀，提高结构的耐久性的作用，并能改善建筑物外观装饰效果。

一、抹灰砂浆对组成材料的要求

抹灰砂浆的主要组成材料包括水泥、粉煤灰、石灰、石膏以及天然砂等，对这些

原材料的质量要求[详见《抹灰砂浆技术规程》（JGJ/T 220—2010）]与砌筑砂浆基本相同，且不应对人体、生物与环境造成有害的影响，并应符合《建筑材料放射性核素限量》（GB 6566—2010）的规定。

与砌筑砂浆比，抹灰砂浆与底面及空气的接触面更大，所以更易失去水分，这对水泥硬化不利，但对石灰硬化有利。其主要技术要求包括：

（1）具有良好的和易性，容易抹成均匀平整的薄层，便于施工。

（2）具有较高的黏结力，使砂浆层能与基层表面牢固地黏结。为了提高抹灰砂浆的黏结力，配制砂浆时所用的胶凝材料要比砌筑砂浆多一些，通常还要加入适量的有机聚合物（如 108 胶水）来增加黏结力。

二、抹灰砂浆的种类及选用

抹灰砂浆按所用材料不同可分为水泥抹灰砂浆、水泥石灰抹灰砂浆、水泥粉煤灰抹灰砂浆、掺塑化剂水泥抹灰砂浆、聚合物水泥抹灰砂浆、石膏抹灰砂浆等；按功能不同可分为底面抹面砂浆、中层抹面砂浆和面层抹面砂浆。抹面砂浆应与基面牢固地黏合，因此，要求砂浆应有良好的和易性及较高的黏结力。抹面砂浆常分两层或三层进行施工。底层砂浆的作用是使砂浆与基层能牢固地、黏结，应有良好的保水性；中层主要是为了找平，有时可省去不做；面层主要为了获得平整、光洁的表面效果。

各层抹面的作用和要求不同，每层所选用的砂浆也不一样。同时，基底材料的特性和工程部位不同，对砂浆技术性能要求不同，这也是选择砂浆种类的主要依据。

学习情景五　其他种类砂浆

一、装饰砂浆

装饰砂浆是涂抹在建筑物内外墙表面，美化建筑物饰面的砂浆。它是在抹灰的同时，经各种加工处理而获得特殊的饰面形式，以满足审美需要的一种表面装饰。装饰砂浆的底层和中层抹灰及所用胶凝材料与一般抹灰砂浆基本相同，只是面层采用白水泥和彩色水泥等，使其表面呈现各种不同的色彩、线条和花纹。

装饰砂浆主要是由水泥、砂、石灰、石膏、钙粉、黏土等无机天然材料构成，添加一定量的矿物颜料，涂抹在建筑表面起装饰作用。装饰砂浆常用的工艺做法如下所述。

1. 水刷石

将水泥和石渣（5 m 左右）按比例配合后加水配制成水泥石渣浆，涂抹在建筑物的表面，抹平压实并达到一定的强度后，冲刷掉石渣表面的水泥浆，使石渣半裸露而不脱落。水刷石多用于建筑外墙，可以产生一定的装饰效果，经久耐用。

2. 干粘石

干粘石是在水泥石灰砂浆或掺入107胶的水泥砂浆黏结层上，将白色或彩色石渣、小石子、彩色玻璃、陶瓷碎粒等粘在其上，再拍平压实而成。拍平压实石子时，不得将灰浆拍出，在达到一定的强度后洒水养护、干粘石的装饰效果与水刷石相近，且避免了湿作业，施工效率高，石子表面更洁净艳丽，常用于外墙饰面。

3. 水磨石

水磨石是用胶凝材料拌和各种色彩的大理石渣作为面层，硬化后用机械磨平抛光表面的一种装饰表现。胶凝材料常用普通水泥、白色水泥或彩色水泥。水磨石多用于地面装饰。施工前应预先按设计要求的图案画线并固定好分隔条（铜条、玻璃条），关键工序是打磨，一般需用磨石机浇水打磨 3 遍。水磨石也可用于室内楼梯踏步、窗台板、柱石、踢脚线等处。

4. 斩假石

斩假石又称剁假石。利用水泥石渣浆做成10 mm厚的抹灰面层，抹完后要注意防止日晒和冰冻，并养护 2 ~ 3 d，待其硬化达到一定的强度时，用钝斧或凿子等工具将面层剁毛。斧剁的方向要一致，在面层上剁斩出深浅均匀的纹理，可获得类似用天然石材经雕琢后砌筑的装饰效果。斩假石主要用于室外柱面、外墙勒脚、栏杆、踏步等处的装饰。

二、防水砂浆料

防水砂浆是指用于制作防水层的砂浆，砂浆防水层又称刚性防水层。其适用于不受振动和具有一定刚度的混凝土或砖、石砌体工程，用于水塔、水池等的防水。

防水砂浆可用水泥抹灰砂浆制作，也可在水泥砂浆中掺入防水剂制得。防水砂浆的施工方法有两种：一种是喷浆法，即利用高压喷枪将砂浆以每秒约 100 m 的速度喷至建筑物表面，砂浆被高压空气强烈压实，使其密实度大、抗渗性好；另一种是多层抹压法，一般分 4 ~ 5 层分层涂抹在基层上，每层约 5 mm 厚，总厚度控制在 20 ~ 30 mm。每层在初凝前压实一遍，最后一遍要压光，并做好养护。

（1）水泥抹灰砂浆：由水泥、细集料、掺合料和水制成的砂浆。水泥抹灰砂浆多层抹面用作防水层。

（2）掺加防水剂的防水砂浆：在普通水泥中掺入一定量的防水剂而制成的防水砂浆，是目前应用最广泛的一种防水砂浆。常用的防水剂有硅酸钠类、金属皂类、氯化物金属盐及有机硅类。

（3）用膨胀水泥和无收缩水泥配制的砂浆：由于该种水泥具有微膨胀或补偿收缩性能，从而能提高砂浆的密实性和抗渗性。

防水砂浆的配合比为水泥与砂的质量比，一般不宜大于 1∶2.5，水灰比控制在

0.50～0.55，稠度不应大于 8 mm。水泥宜选用 32.5 级以上的普通硅酸盐水泥或 42.5 级复合水泥，砂子宜选用洁净中砂。

三、绝热砂浆

绝热砂浆是以水泥、石灰、石膏等胶凝材料与膨胀珍珠岩、膨胀蛭石、火山渣或浮石陶砂等轻质多孔集料，按一定比例配制成的砂浆。如：水泥膨胀珍珠岩砂浆采用 32.5 级普通水泥制成,其体积比水泥：膨胀珍珠岩为 1∶12～1∶15,水胶比为 1.5～2.0，导热系数为 0.067～0.074 W/（m·K），可用于砖和混凝土内墙表面抹灰或喷涂；水泥石灰膨胀蛭石砂浆是以体积比水泥：石灰膏：膨胀蛭石为 1∶1∶5～1∶1∶8 配制而成的砂浆，它具有轻质和良好的保温性能，其导热系数为 0.07～0.1 W/（m·K），可用于平屋顶保温层及顶棚、内墙抹灰。

四、吸声砂浆

由轻集料配制成的砂浆，一般均具有良好的吸声性能。另外，还可用水泥、石膏、砂、锯末（体积比为 1∶1∶3∶5）配制吸声砂浆，或在石灰、石膏砂浆中掺入玻璃纤维、矿棉等松软纤维材料配制成吸声砂浆。吸声砂浆用于室内墙壁、顶棚的吸声处理。

五、保温砂浆

保温砂浆又称绝热砂浆，是采用水泥、石灰、石膏等胶凝材料与膨胀珍珠岩或膨胀蛭石、陶砂等轻质多孔集料按一定比例配合制成的砂浆。保温砂浆具有轻质、保温隔热、吸声等性能，其导热系数为 0.07～0.10 W/（m·K），可用于屋面保温层、保温墙壁以及供热管道保温层等处。常用的保温砂浆有水泥膨胀珍珠岩砂浆、水泥膨胀蛭石砂浆、水泥石灰膨胀蛭石砂浆等。

六、耐酸砂浆

用水玻璃与氟硅酸钠拌制而成的耐酸砂浆，有时可加入石英岩、花岗石、铸石等粉状细集料。水玻璃硬化后具有很好的耐酸性能。耐酸砂浆可用于耐酸地面、耐酸容器基座以及工业生产中与酸接触的结构部位。在某些有酸雨腐蚀的地区，对建筑物进行外墙装修时，应用这种耐酸砂浆，对提高建筑物的耐酸雨腐蚀有一定的作用。

七、防辐射砂浆

防辐射砂浆采用重水泥（钡水泥、锶水泥）或重质集料（黄铁矿、重晶石、硼砂等）拌制而成，可防止各类辐射，主要用于射线防护工程。其配合比常用水泥∶重晶石粉∶重晶石砂为 1∶0.25∶4～1∶0.25∶5，如在水泥砂浆中掺入硼砂，配制成抗中子辐射的砂浆。

思考与练习

5-1　选择题（单选或多选）

1. 在潮湿环境或水中使用的砂浆，必须选用（　　）作为胶凝材料。

A. 水泥　　B. 石灰　　C. 石膏　　D. 水玻璃

2. 强度等级为 M2.5 的水泥混合砂浆，砂的含泥量不应超过（　　）%。

A. 2　　B. 10　　C. 15　　D. 20

3. 砂浆的黏结力与砖石的（　　）等因素有关。

A. 表面状态　　B. 清洁程度　　C. 湿润状况　　D. 施工养护条件

4. 为了减少收缩，可在砂浆中加入适量的（　　）。

A. 减水剂　　B. 引气剂　　C. 膨胀剂　　D. 缓凝剂

5. 对有冻融次数要求的砌筑砂浆，经冻融试验后，质量损失率不得大于（　　），抗压强度损失率不得大于（　　）。

A. 5%，25%　　B. 10%，15%　　C. 10%，20%　　D. 5%，15%

6. 关于普通抹面砂浆用途的说法，下列表述正确的是（　　）。

A. 用于砖墙的底层抹灰，多用石灰砂浆

B. 用于板条墙或板条顶的底层抹灰，多用混合砂浆或石灰砂浆

C. 混凝土墙、梁、柱、顶板等底层抹灰，多用混合砂浆、麻刀石灰浆或纸筋石灰浆

D. 在容易碰撞或潮湿的地方，应采用水泥砂浆

5-2　简答题

1. 配制砌筑砂浆时，为什么除水泥外常常还要加入一定量的其他胶凝材料？

2. 新拌砂浆的和易性包括哪些含义？分别用什么指标表示？

模块五课件与微课

模块六　建筑钢材

【知识目标】

了解建筑钢材的分类、化学成分对性能的影响及其锈蚀与保护措施；掌握建筑用钢材的主要力学性能和工艺性能的技术指标。

【技能目标】

通过本模块的学习，能够科学合理地选用建筑钢材并正确使用，能够对建筑钢材进行合理保护。

建筑钢材是指用于钢结构的各种型钢（如圆钢、角钢、工字钢等）、钢板和用于钢筋混凝土中的各种钢筋、钢丝等。

钢材材质均匀密实，强度高，塑性和冲击韧性好，能承受冲击和震动荷载，可以焊接、铆接和直螺纹连接，便于装配。因此，在土木工程中是一种重要的结构材料。钢材的主要缺点是容易锈蚀，耐火性较差。如图 6-1 所示。

图 6-1　建筑钢材

学习情景一 钢材的冶炼与分类

一、钢的冶炼

钢是由生铁或废钢冶炼而成的。生铁是由铁矿石、焦炭和少量石灰石等在高温的作用下进行还原反应和其他化学反应，铁矿石中的氧化铁形成金属铁，然后吸收碳而形成的。生铁的主要成分是铁，但含有较多的碳以及硫、磷、硅、锰等杂质，杂质使得生铁的性质硬而脆，塑性很差，抗拉强度很低，使用受到很大限制。炼钢的目的就是通过冶炼将生铁中的含碳量降至2.06%以下，其他杂质含量降至一定的范围内，以显著改善其技术性能，提高质量。

将生铁或废钢在熔融状态下进行氧化，除去过多的碳及杂质得到钢液。钢液加入脱氧剂锰、硅等进行脱氧，然后才能浇铸成合格的钢锭，轧制成各种钢材。

二、钢的分类

钢的品种繁多，分类方法很多，主要有以下几种。

1. 按化学成分分类

1）碳素钢

碳素钢的化学成分主要是铁，其次是碳，故也称铁碳合金。碳素钢按含碳量多少又可分为低碳钢（含碳量小于0.25%）、中碳钢（含碳量0.25%～0.60%）和高碳钢（含碳量大于0.6%）。低碳钢在土木工程中应用最广。

2）合金钢

合金钢是指在炼钢过程中有意识地加入一种或多种能改善钢材性能的合金元素而制得的钢种。常用合金元素有硅、锰、钛、钒、铌、铬等。按合金元素总含量的不同，合金钢可分为低合金钢（合金元素总含量小于5%）、中合金钢（合金元素总含量为5%～10%）和高合金钢（合金元素总含量大于10%）。低合金钢在土木工程中应用最多。

2. 按脱氧程度分类

因为在炼钢过程中不可避免地产生部分氧化状态的铁，并残留在钢水中，降低了钢的质量，所以，在铸锭过程中要加入适量的还原剂，进行脱氧处理，使氧化状态的铁还原为单质铁，通常把这个过程称为脱氧。冶炼时脱氧程度不同，钢的质量差异很大，通常可分为以下几种。

1）沸腾钢

炼钢时仅加入锰铁进行脱氧，脱氧不完全。这种钢水浇入锭模时，会有大量的CO气体从钢水中外逸，引起钢水呈沸腾状，故称为沸腾钢，代号为F。沸腾钢组织不够致密，成分不太均匀，硫、磷等杂质偏析较严重，故质量较差。但因其成本低、产量高，被广泛用于一般建筑工程。

2）镇静钢

炼钢时采用锰铁、硅铁和铝锭等作脱氧剂，脱氧完全，且同时能起去硫作用。这种钢水铸锭时能平静地充满锭模并冷却凝固，故称为镇静钢，代号为 Z。镇静钢虽成本较高，但其组织致密，成分均匀，性能稳定，故质量好。其适用于预应力混凝土等重要的结构工程。

3）半镇静钢

脱氧程度介于沸腾钢和镇静钢之间，为质量较好的钢，其代号为 b。

4）特殊镇静钢

比镇静钢脱氧程度还要彻底的钢，质量最好，适用于特别重要的结构工程，代号为 TZ。

3. 按有害杂质含量分类

按钢中有害杂质磷（P）和硫（S）含量的多少，钢材可分为以下四类：

1）普通钢

磷含量不大于 0.045%；硫含量不大于 0.050%。

2）优质钢

磷含量不大于 0.035%；硫含量不大于 0.035%。

3）高级优质钢

磷含量不大于 0.025%；硫含量不大于 0.025%。

4）特级优质钢

磷含量不大于 0.025%；硫含量不大于 0.015%。

4. 按主要用途分类

1）结构钢

结构钢按照其用途又可分为工程结构钢（建筑工程、桥梁、船舶、车辆等）和机械制造用结构钢（轴、齿轮、各种连接件等）。

2）工具钢

工具钢主要用于制造刀具、模具等各种工具，其含碳量一般较高。

3）特殊性能钢

特殊性能钢具有某种特殊物理或化学性能的钢种，包括不锈钢、耐热钢、耐磨钢等。

学习情景二　钢材的主要技术性能

钢材的力学性能和工艺性能既是设计和施工人员选用钢材的主要依据，也是钢材生产和控制材质的重要参数。钢材从加工到使用所表现出来的性能主要包括以下几个方面，如图 6-2 所示。

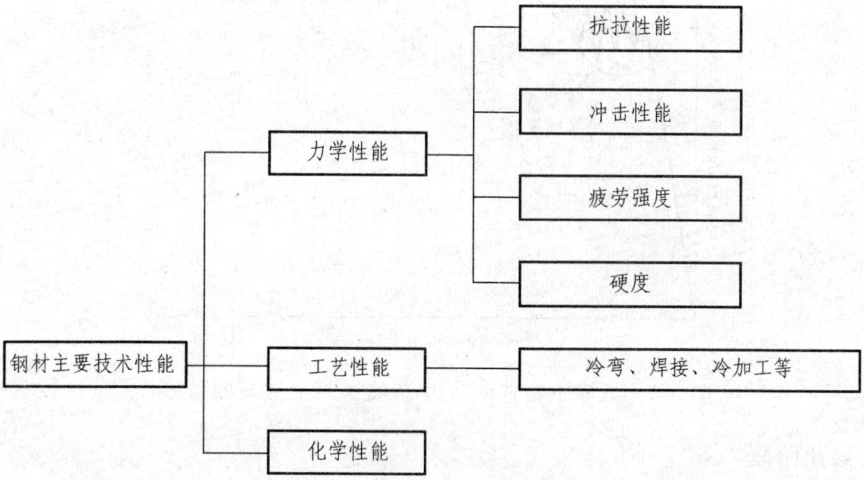

图 6-2　钢材主要技术性能

一、钢材的力学性能

（一）拉伸性能

1. 两类表现

通过试验机测试、分析，钢材存在两类表现：

（1）低碳钢（软钢）：硬度低，强度低，有屈服现象。

（2）高碳钢、合金钢（硬钢）：硬度高，强度高，无屈服现象。

将低碳钢制成一定规格的试件，使用万能试验机（能测试拉、压、弯、剪各种力学性能），进行拉伸试验。根据低碳钢一次性拉伸试验，绘出如图 6-3 所示的钢材的应力-应变关系曲线，并获得钢材的力学性能指标。

2. 低碳钢拉伸的四阶段

如图 6-3 所示。

1）弹性阶段（*OA*）

力撤销后变形恢复，弹性阶段的最高点 *A* 所对应的应力值称为弹性极限 σ_p。这个阶段钢材在静荷载作用下，应力与应变成正比，其斜率称为弹性模量，用 *E* 表示，$E=\sigma/\varepsilon$（单位为 MPa）。

2）屈服阶段（*AB*）

当荷载继续增大，钢材开始丧失对变形的抵抗能力，并产生大量塑性变形的应力。屈服点 σ_s（屈服强度），呈弹塑性，开始大变形，钢筋失效。国标规定以下屈服点的应力作为钢材的屈服强度。屈服强度为结构设计的依据。

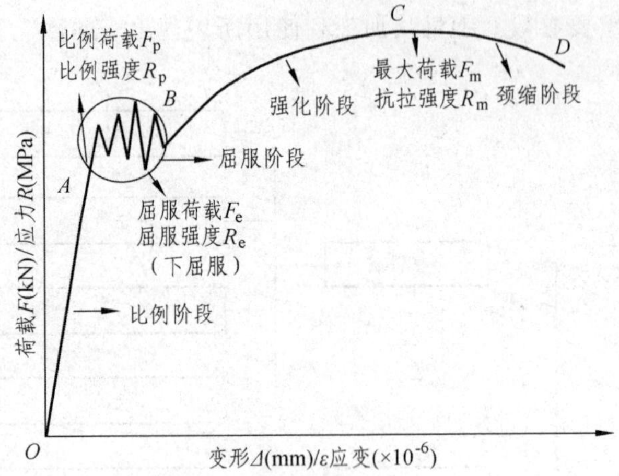

图 6-3　低碳钢拉伸的应力-应变关系曲线与四阶段

3）强化阶段（BC）

出现最大值抗拉强度 σ_b。从屈服到断裂有强度储备，给生命财产安全的时间。钢材在拉力的作用下能承受的最大拉应力，本阶段的最高点，即试件拉断前的最大应力 σ_b（或 R_m），称为抗拉强度。

4）颈缩断裂阶段（CD）

当应力达到抗拉强度 σ_b 后，在试件薄弱处的断面将显著缩小，塑性变形急剧增加，产生颈缩现象并很快断裂。

3. 强度指标

1）屈服强度

$\sigma_s=F_s/A_0$（即单位面积 mm^2 上受多大的一个力就屈服了）。

2）抗拉强度

$\sigma_b=F_b/A_0$（即单位面积 m^2 上受多大的一个力就拉断了）。

3）屈强比

σ_s/σ_b，反映利用率与可靠程度。数值小则利用率低，但可靠程度大；数值大则利用率高，但可靠性差。一般钢材屈强比数值为 0.60 ~ 0.75。

4）伸长率

如图 6-4 所示，计算公式：

$$\delta=(L_1-L_0)/L_0\times100\% \tag{6-1}$$

式中　δ——钢材的伸长率（%）；

L_0——试件原标距长度（mm）；

L_1——试件拉断后标距间的长度（mm）。

δ 越大，说明钢材塑性越好，塑性变形能力越强。

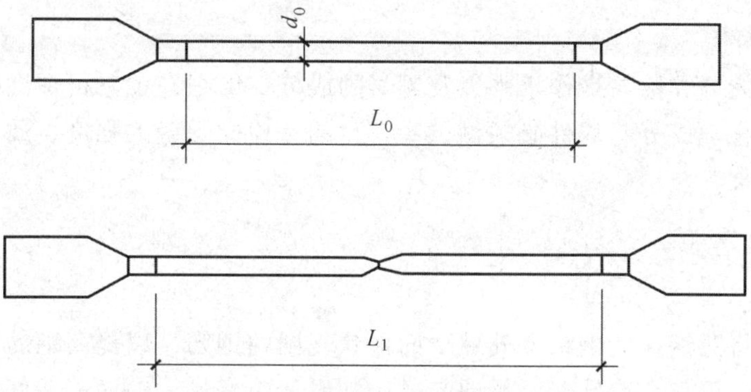

图 6-4　钢材的伸长率

（二）冲击韧性

冲击韧性也称韧性，是指钢材抵抗冲击荷载而不破坏的能力。用于重要结构的钢材，特别是承受冲击振动荷载的结构所用钢材，必须保证冲击韧性。

（三）疲劳强度

钢材在交变应力的反复作用下，往往在应力远小于其抗拉强度时就发生破坏，这种现象称为疲劳强度。疲劳破坏的危险应力用疲劳极限来表示，它是指疲劳试验时试件在交变应力作用下，在规定周期基数（如百万次）内不发生断裂所能承受的最大应力。

构件承受交变荷载时必须考虑疲劳强度，如吊车梁、吊钩等。

（四）硬　度

硬度是在表面局部体积内，抵抗其他较硬物体压入产生塑性变形的能力，通常与抗拉强度有一定的关系。目前测定钢材硬度的方法很多，最常用的有布氏硬度，用 HB 表示。

二、钢材的工艺性能

1. 弯曲性能（冷弯性能）

冷弯性能是指钢材在常温下承受弯曲变形的能力，是建筑钢材的重要工艺性能。出现裂缝前能承受的弯曲程度越大（弯心小、弯角大），钢材的弯曲性能越好。塑性好，伸长率大的钢材，其冷弯性能必然好。钢材的冷弯性能指标是用弯曲角度和弯心直径对试件厚度（直径）的比值来衡量的。试验时采用的弯曲角度越大，弯心直径对试件厚度（直径）的比值越小，表示对冷弯性能的要求越高。

钢材的冷弯性能和伸长率都是塑性变形能力的反映，冷弯性能能体现钢材质量是否有杂质偏析、微裂纹等缺陷。

2. 焊接性能

钢材构件的可焊性与操作水平以及钢材的成分、组织有关。可焊性的好坏，主要取决于钢材的化学成分。焊件必须做试验，目的是检验焊缝的强度、质量如何，有无变形、开裂现象。

3. 冷加工性能

1）冷　轧

冷轧是指将圆钢在轧钢机上轧成断面形状规则的钢筋，以提高钢筋的强度及与混凝土的黏结力。钢筋在冷轧时，纵向与横向同时产生变形，因而能较好地保持其塑性和内部结构的均匀性。

2）冷拉与冷拔

一般情况下，冷拉钢筋的屈服点可提高 20%~25%，冷拔钢丝的屈服点可提高 40%~60%。

三、钢材的化学性能

钢材的化学成分主要是指碳、硅、锰、硫、磷等，在不同情况下还需考虑氧、氮及各种合金元素。

1. 碳（C）

碳是决定钢材性能的重要元素。当含碳量小于 0.8%时，随着含碳量的增加，钢的伸长率、断面收缩率和冲击韧性逐渐下降，但硬度增大，抗拉强度在含碳量小于 0.8%时随着含碳量的增加逐渐提高，当含碳量大于 0.8%时则逐渐下降。

此外，随着含碳量的增加，钢材的焊接性能、冷弯性能和抗大气锈蚀性能下降。一般工程所用碳素钢均为低碳钢，其含碳量小于 0.25%。

2. 硅（Si）、锰（Mn）

硅和锰是在钢的精炼过程中为了脱氧去硫而加入的元素。当硅含量小于 1%时，可提高钢的强度，但对钢的塑性和韧性无明显影响。当锰含量过高时，将会显著降低钢的焊接性能。

当硅含量大于 1%时，会使钢变脆，降低其可焊性和耐锈蚀性能。

3. 硫（S）、磷（P）

硫和磷是钢中的有害元素，分别以 FeS 和 FesP 的形式存在。FeS 熔点低，钢材热加工或焊接时，易使其内部产生裂纹，引起钢材断裂，这种现象称为热脆性。热脆性严重降低了钢的可焊性、热加工性、冲击韧性、耐疲劳性、抗腐蚀性等性能。工程中规定，硫的含量一般不得超过 0.055%。

一般认为，磷的偏析作用强烈，会使钢材在低温时变脆而引发裂纹，显著降低了钢材的可焊性。但是磷可提高钢的强度、耐磨性和耐蚀性，尤其在与铜等合金元素共存时效果更为明显。工程中规定，磷含量一般不得超过 0.045%。

4. 钛（Ti）、钒（V）

钛是较强的脱氧剂，钢中加入少量的钛，可显著提高钢的强度，而塑性略有降低。钒是弱的脱氧剂，钒加入钢中可减弱碳和氮的不利影响，细化晶粒，提高强度，改善韧性，减少冷脆性，但降低可焊性。

学习情景三 建筑钢材的标准与选用

一、钢结构用钢

1. 碳素结构钢

1）碳素结构钢的牌号及其表示方法

国家标准《碳素结构钢》（GB/T 700—2006）中规定，牌号由代表屈服点的字母、屈服点数值、质量等级符号、脱氧程度等 4 部分按顺序组成。其中以“Q（Q 即钢材屈服点的‘屈’字汉语拼音的首位字母）”代表屈服点；其值有 195 MPa、215 MPa、235 MPa 和 275 MPa 等 4 种；质量等级按有害成分磷、硫含量由多到少的规律，可分为 A、B、C、D 等 4 级；脱氧程度以 F 表示沸腾钢、Z 表示镇静钢、TZ 表示特殊镇静钢。“Z”和“T2”在钢的牌号中予以省略。例如，质量等级分为 C 级和 D 级的 Q235 钢，其牌号表示为 Q235CZ 和 Q235DTZ，可以省略为 Q235C 和 Q235D。

2）碳素结构钢的技术要求

碳素结构钢的技术要求包括化学成分、力学性能、冶炼方法、交货状态及表面质量等 5 个方面。

3）碳素结构钢的特性与选用

碳素结构钢分为 4 个牌号，每个牌号又分为不同的质量等级。牌号数值越大，含碳量越高，其强度、硬度越高，但塑性、韧性越低；质量等级根据硫、磷含量分为 A、B、C、D 等 4 级，D、C 级钢的质量优于 B、A 级钢。脱氧程度充分的钢质量好。Q195、Q215 钢强度低，塑性和韧性较好，易于冷加工，常用作钢钉、铆钉、螺栓及铁丝等；Q215 钢强度低、塑性大、受力产生变形大，经冷加工后可代替 Q235 钢使用。Q235 钢的强度、韧性和塑性及可加工性能好，能满足一般钢结构和钢筋混凝土结构的要求，且冶炼方便，成本较低，应用较广泛。Q275 钢强度较高，但塑性、韧性和可焊性较差，不易焊接和冷加工，可用于制作螺栓配件，有时轧成带肋钢筋用于混凝土及钢结构构件。

2. 低合金高强度结构钢

为了改善钢的力学性能和工艺性能，或为了得到某种特殊的理化性能，在炼钢时有意识地加入一定量的一种或多种合金元素，所得的钢材叫合金钢。合金钢具有强度高、塑性和低温冲击韧性好、耐腐蚀等特点，所加的主要元素有硅（Si）、锰（Mn）、镍（Ni）、铬（Cr）、钒（V）、钛（Ti）、铌（Nb）和钼（Mo）等。

低合金高强度结构钢是在碳素钢的基础上，添加合金元素的总量小于5%的一种结构钢，其目的是提高钢材的屈服强度、抗拉强度、耐磨性、耐蚀性及耐低温性能等。因此，它是综合性能较为理想的钢材。

1）低合金高强度结构钢的牌号表示法

国家标准《低合金高强度结构钢》（GB 1591—2008）及《钢铁产品牌号表示方法》（GB 221—2000）规定，低合金高强度合金钢分8个牌号。其牌号表示由3部分组成：屈服点字母“Q”（Q为钢材屈服点的“屈”字汉语拼音的首位字母）；屈服点数值，有45 MPa、390 MPa、420 MPa、460 MPa、500 MPa、550 MPa、620 MPa、690 MPa；质量等级，有A、B、C、D、E等5级，如Q345C、Q390D等。

2）低合金高强度结构钢的性能与应用

合金元素的强化作用使低合金结构钢不但具有较高的强度，而且具有较好的塑性、韧性和可焊性。Q345 钢的综合性能较好，是钢结构的常用钢号。Q390 也是推荐使用的钢号。

与碳素结构钢Q235相比，低合金高强度结构钢Q345的强度和承载力更高，并具有良好的承受动荷载和耐疲劳性能，但价格稍高。用低合金高强度结构钢代替碳素结构钢Q235可节省钢材15%~25%，并减轻结构的自重。低合金高强度结构钢比碳素结构钢强度高，塑性和韧性好，而且抗冲击、耐低温、耐腐蚀能力强，并且质量稳定。在钢结构工程中，常采用低合金高强度结构钢轧制的型钢、钢板和钢管来建造桥梁、高层建筑及大跨度结构建筑。

二、钢筋混凝土用钢

（一）分　类

1. 按工艺分

（1）热轧钢筋；（2）冷轧钢筋；（3）冷轧扭钢筋（4）冷拉钢筋；（5）热处理钢筋；（6）余热处理钢筋。

2. 按外形分

（1）光圆钢筋；（2）带肋钢筋。

3. 按化学成分分

（1）碳素结构钢钢筋；（2）低合金高强度结构钢钢筋。

4. 按供货方式分

（1）圆盘条钢筋。100 m 左右盘成，一般为直径较细的钢筋。

（2）直条钢筋。有 9 m、12 m 不等。

（二）热轧钢筋

热轧钢筋是经热轧成型并自然冷却的成品钢筋，是土木建筑工程中使用量最大的钢材品种之一，分为热轧光圆钢筋和热轧带肋钢筋两种。带肋钢筋分为人字肋、螺旋肋、月牙肋、等高肋。目前常用的是人字月牙肋的钢筋。

热轧钢筋牌号是按力学性能和弯曲性能划分的，共分为四级，见表 6.1。

表 6.1　热轧钢筋的力学性能和弯曲性能

牌号	外形	公称直径/mm	屈服强度/MPa	抗拉强度/MPa	断后伸长率/%	冷弯性能	
			≥			角度/（°）	弯心直径
HPB300	光圆	6～22	300	420	25.0	180	$d=a$
HRB335 HRBF335	带肋	6～25	335	455	17	180	$d=3a$
		28～40				180	$d=4a$
		＞40～50				180	$d=5a$
HRB400 HRBF400	带肋	6～25	400	540	16	180	$d=3a$
		28～40				180	$d=4a$
		＞40～50				180	$d=5a$
HRB500 HRBF500	带肋	6～25	500	630	15	180	$d=3a$
		28～40				180	$d=4a$
		＞40～50				180	$d=5a$

注：表中 d 为弯心直径，a 为钢筋公称直径。

牌号中 H 代表热轧，P 代表光圆，R 代表肋，B 是钢筋，数字代表屈服点的数值。

（三）冷加工钢筋

在常温下对钢筋进行冷拉或冷拔，可提高钢筋的屈服点，从而提高钢筋的强度，达到节省钢材的目的。冷加工前后的钢筋截面和形状变化越大，冷加工钢筋性能变化的程度越大。

1. 冷轧带肋钢筋

冷轧带肋钢筋是用热轧盘条为母材，经多道冷轧减径，一道压肋并经消除内应力后形成的一种带有两面或三面月牙形的钢筋。冷轧带肋钢筋在预应力混凝土构件中，是冷拔低碳钢丝的更新换代产品，在现浇混凝土结构中，则可代换Ⅰ级钢筋，以节约钢材，是同类冷加工钢材中较好的一种。牌号 CRB550 ~ CRB1170，数字代表抗拉强度值。

2. 冷轧扭钢筋

冷轧扭钢筋的应用同冷轧钢筋。

3. 冷拉钢筋

冷拉钢筋用热轧钢筋经强力拉伸（拉应力超过屈服点）制成，可拉细、拉长、拉强、拉直、拉掉锈皮。冷加工使强度提高，例如，原来需要直径 20 mm，现在只需要直径 16 mm 即可，省钢材。

4. 冷拔低碳钢丝

5. 预应力混凝土用钢丝和钢绞线

学习情景四　钢材的防火与防锈

一、钢材的防火

钢材是一种不会燃烧的建筑材料，作为建筑材料在防火方面又存在一些难以避免的缺陷。它的力学性能，如屈服点、抗拉强度及弹性模量等均会因温度的升高而急剧下降。钢结构通常在 450 到 650 °C 条件下就会失去承载能力，发生很大的形变，导致钢柱、钢梁弯曲，因过大的形变而不能继续使用。一般不加保护的钢结构的耐火极限为 15 min 左右，这一时间的长短还与构件吸热的速度有关。

要使钢材在实际应用中克服防火方面的不足，必须进行防火处理，其目的就是将钢结构的耐火极限提高到设计规范规定的极限范围。防止钢结构在火灾中迅速升温发生形变塌落，采用绝热、耐火材料阻隔火焰直接灼烧钢结构，降低热量传递的速度，推迟钢结构温升、强度变弱的时间等。下面介绍几种不同钢结构的防火保护措施。

1. 外包层

在钢结构外表添加外包层，可以现浇成型，也可以采用喷涂法。现浇成型的实体混凝土外包层通常用钢丝网或钢筋来加强，以限制收缩裂缝，并保证外壳的强度。喷涂法可以在施工现场对钢结构表面涂抹砂浆以形成保护层，砂浆可以是石灰水泥或是石膏砂浆，也可以掺入珍珠岩或石棉。同时外包层也可以用珍珠岩、石棉、石膏或石棉水泥、轻混凝土做成预制板，采用胶粘剂、钉子、螺栓固定在钢结构上。

2. 充　水

空心型钢结构内充水是抵御火灾最有效的防护措施。这种方法能使钢结构在火灾中保持较低的温度，水在钢结构内循环，吸收材料自身受热的热量。受热的水经冷却后可以进行再循环，或由管道引入冷水来取代受热的水。

3. 屏　蔽

钢结构设置在耐火材料组成的墙体或顶棚内，或将构件包藏在两片墙之间的空隙里，只要增加少许耐火材料或不增加即能达到防火的目的。这是一种最为经济的防火方法。

4. 膨胀材料

采用钢结构防火涂料保护构件，这种方法具有防火隔热性能好、施工不受钢结构几何形体限制等优点，一般不需要添加辅助设施，且涂层质量轻，还有一定的美观装饰作用，属于现代的先进防火技术措施。

二、钢材防锈蚀

钢材表面与周围环境接触，在一定条件下，可发生作用而使钢材表面锈蚀。锈蚀可造成钢材受力截面减小，表面不平整导致应力集中，降低了钢材的承载能力。锈蚀还会使疲劳强度大为降低，尤其是显著降低钢材的冲击韧性，使钢材脆断。混凝土中的钢筋锈蚀后，产生体积膨胀，使混凝土顺筋开裂。因此为了确保钢材不产生锈蚀，必须采取防锈措施。防止钢材锈蚀的方法有以下 3 种。

1. 保护膜法

用保护膜使钢材与周围介质隔离，从而避免或减缓外界锈蚀性介质对钢材的破坏作用。例如，在钢材的表面喷刷涂料、搪瓷、塑料等，或以金属镀层作为保护膜，如锌、锡、铬等。

2. 电化学保护法

电化学保护法包括无电流保护法和外加电流保护法。

无电流保护法是在钢铁结构上接一块较钢铁更为活泼的金属，如锌、镁，因为锌、镁比钢铁的电位低，所以锌、镁成为锈蚀电池的阳极遭到破坏（牺牲阳极），而钢铁结构得到保护。这种方法对于那些不容易或不能覆盖保护层的地方，如蒸汽锅炉、轮船外壳、地下管道、港口结构、道桥建筑等。

外加电流保护法是在钢铁结构附近安放一些废钢铁或其他难熔金属，如高硅铁及铅银合金等，将外加直流电源的负极接在被保护的钢铁结构上，正极接在难熔的金属上，通电后难熔金属成为阳极而被锈蚀，钢铁结构成为阴极得到保护。

3. 合金化

在碳素钢中加入能提高抗锈蚀能力的合金元素，如镍、铬、钛、铜等制成不同的合金钢。实际工程中，防止混凝土中钢筋的锈蚀最经济、有效的方法是提高混凝土的密实度和碱度，以及钢筋要有足够的保护层厚度。

思考与练习

6-1　碳素结构钢的牌号如何表示？为什么 Q235 号钢被广泛用于建筑工程中？试比较 Q235-A · F 和 Q235-D 在性能和应用上有什么区别。

6-2　比较碳素钢 Q235-AF、Q235-A、Q235-B 号钢，按质量由好到差排序并说明理由。

6-3　简述防止钢筋混凝土结构中的钢筋发生腐蚀的至少五种措施。

6-4　简述低合金结构钢的主要用途及被广泛采用的原因。

模块六课件与微课

模块七　墙体和屋面材料

【知识目标】

掌握烧结普通砖和烧结多孔砖的规格尺寸、技术要求；掌握加气混凝土砌块和普通混凝土小型空心砌块的技术要求及应用；了解墙体板材的种类、性能特点及应用。

【技能目标】

通过本模块的学习，能够对砌墙砖进行试验检测，对砌墙砖评定强度等级，能根据各种墙体和屋面材料的技术特点进行合理的选择，并掌握常用墙体和屋面材料的检验方法。

墙体在建筑中起承重、围护、分隔的作用。墙体材料约占建筑物总质量的一半，用量较大，特别是在砖混结构中。墙体材料除必须具有一定强度、能承受荷载外，还应具有一定的防水、抗冻、绝热、隔声等使用功能，而且要求自重轻、价格适当、耐久性好。

墙体材料是指用来砌筑墙体结构的块状材料。在一般房屋建筑中，墙体材料主要起着承重、围护和隔断等作用。

随着我国新材料研究的不断推陈出新，新型墙体材料正在向轻质、高强、环保等方向发展，以满足机械化施工和节能环保的要求。因此，在建筑工程中，要合理选用墙体材料，不仅应考虑建筑物的功能、安全及造价等因素，还应关注其是否能够废物利用、是否能够保护环境。合理选择墙体材料，对改善建筑物的使用功能、降低工程造价、提高建筑物的使用寿命及安全等有重要意义。

目前，我国墙体材料的品种较多，归纳起来可分为砌墙砖、砌块和板材三大类。

学习情景一　砌墙砖

砌墙砖是指以黏土、工业废渣及其他资源为主要原材料，按不同工艺制成的，在建筑上用来砌筑墙体的砖。其可分为普通砖和空心砖两类。其中用于承重墙的空心砖又称为多孔砖。按制作工艺又可分为烧结砖和非烧结砖两类。

在当前的墙体材料改革过程中，为实现材料的可持续发展，实现建筑节能，墙体材料必须向节能、利废、隔热、高强、空心、大块方向发展，发展以粉煤灰、页岩、炉渣、煤矸石为主要材料的空心砌块及板材。

一、烧结普通砖

1. 烧结普通砖的定义及分类

烧结普通砖是以黏土、页岩、煤矸石、粉煤灰为主要原料，经焙烧而成的普通砖。其按主要原料可分为烧结黏土砖（符号为 N）、烧结页岩砖（符号为 Y）、烧结煤矸石砖（符号为 M）和烧结粉煤灰砖（符号为 F）。

（1）烧结黏土砖是以黏土为主要原料，经配料、制坯、干燥、焙烧而成的烧结普通砖，称为土砖。

（2）烧结页岩砖是页岩经破碎、粉磨、配料、成型、干燥和焙烧等工艺制成的砖。

（3）烧结煤矸石砖是以采煤和洗煤时剔除的大量煤矸石为原料，经粉碎后，根据其含碳量和可塑性进行适当配料制成的砖。焙烧时基本不需外投煤。

（4）烧结粉煤灰砖是向火力发电厂排出的粉煤灰中掺入适量黏土经搅拌成型、干燥和焙烧而成的承重砌体材料。

2. 烧结普通砖的主要技术性质

根据《烧结普通砖》（GB 5101—2003）规定，强度和抗风化性能及放射性物质合格的砖，根据砖的尺寸偏差、外观质量、泛霜和石灰爆裂分为优等品（A）、一等品（B）和合格品（C）三个质量等级。

1）外形尺寸

烧结普通砖的外形为直角六面体，公称尺寸为 240 mm×115 mm×53 mm（图 7-1）。砖的尺寸允许偏差应符合表 7.1 的规定。

2）外观质量

烧结普通砖的外观质量包括两条面高度差、弯曲、杂质凸出高度、缺棱掉角、裂纹、完整面、颜色等内容，分别应符合表 7.2 的规定。

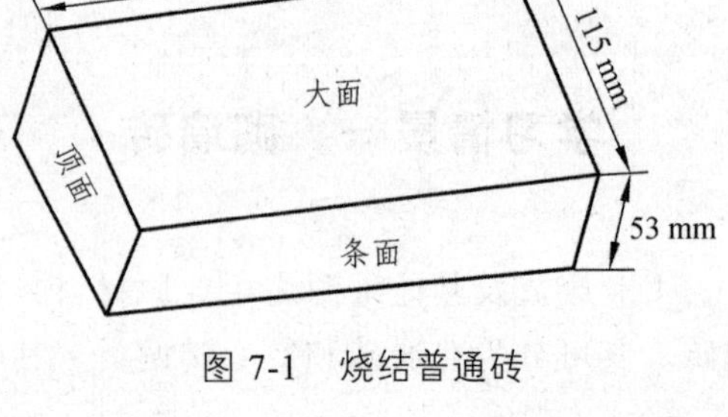

图 7-1 烧结普通砖

表 7.1　烧结普通砖的尺寸允许偏差　　单位：mm

公称尺寸	优等品		一等品		合格品	
	样本平均偏差	样本极差≤	样本平均偏差	样本极差≤	样本平均偏差	样本极差≤
240	±2.0	6	±2.5	7	±3.0	8
115	±1.5	5	±2.0	5	±2.5	7
53	±1.5	4	±1.6	5	±2.0	6

表 7.2　烧结普通砖的外观质量标准

项　目	优等品	一等品	合格品
两条面高度差≤	2	3	4
弯曲≤	2	3	4
杂质凸出高度≤	2	3	4
缺棱掉角的 3 个破坏尺寸，不得同时大于	5	20	30
裂纹长度≤			
（1）大面上宽度方向及其延伸至条面的长度	30	60	80
（2）大面上长度方向及其延伸至顶面的长度或条顶面上水平裂纹的长度	50	80	100
完整面，不得少于	二条面和二顶面	一条面和一顶面	—
颜色	基本一致	—	—
注：1. 为装饰而施加的色差、凹凸纹、拉毛、压花等不算作缺陷。 2. 凡有下列缺陷之一者，不得称为完整面： （1）缺损在条面或顶面上造成的破坏面尺寸同时大于 10 mm×10 mm。 （2）条面或顶面上裂纹宽度大于 1 mm，其长度超过 30 mm。 （3）压陷、黏底、焦花在条面或顶面上的凹陷或凸出超过 2 mm，区域尺寸同时大于 10 mm×10 mm			

3）强度等级

烧结普通砖是通过取 10 块砖样进行抗压强度试验，根据抗压强度平均值和标准值方法或抗压强度平均值和最小值方法来评定砖的强度等级。根据抗压强度可分为 MU30、MU25、MU20、MU15、MU10 五个强度等级。各等级应满足的强度指标见表 7.3。

表 7.3　烧结普通砖的强度等级　　单位：MPa

强度等级	抗压强度平均值 $\bar{f}$≥	变异系数≤0.21	变异系数>0.21
		强度标准值 f_k≥	单块最小抗压强度值 $f_{\min}$≥
MU30	30.0	22.0	25.0
MU25	25.0	18.0	22.0
MU20	20.0	14.0	16.0
MU15	15.0	10.0	12.0
MU10	10.0	6.5	7.5

4）泛霜和石灰爆裂

泛霜是指在新砌筑的砖砌体表面，有时会出现一层白色的粉状物。现行国家标准《烧结普通砖》（GB 5101—2003）严格规定烧结制品中优等品不允许出现泛霜，一等品不允许出现中等泛霜，合格品不允许出现严重泛霜。

石灰爆裂是烧结砖的原料中夹杂着石灰石，焙烧时石灰石被烧成生石灰块，在使用过程中生石灰吸水熟化转变为熟石灰，固相体积增大近1倍造成制品爆裂的现象。

5）抗风化性能

抗风化性能是指材料在干湿变化、温度变化、冻融变化等物理因素作用下不破坏并保持原有性质的能力。我国按风化指数将各地划分为严重风化区和非严重风化区，见表7.4。抗风化性能是烧结普通砖重要的耐久性之一，对砖的抗风化性能应根据各地区风化程度的不同而定。烧结普通砖的抗风化性能通常以其抗冻性、吸水率及饱和系数等指标判别。严重风化区中1、2、3、4、5地区（表7.4）的砖必须进行冻融试验，其抗冻性能必须符合现行国家标准《烧结普通砖》（GB 5101—2003）的规定。

表7.4　我国风化地区划分

严重风化区	非严重风化区
1. 黑龙江省；2. 吉林省；3. 辽宁省；4. 内蒙古自治区；5新疆维吾尔自治区；6. 宁夏回族自治区；7. 甘肃省；8. 青海省；9. 陕西省；10. 山西省；11. 河北省；12. 北京市；13. 天津市	1. 山东省；2. 河南省；3. 安徽省；4. 江苏省；5. 湖北省；6. 江西省；7. 浙江省；8. 四川省；9. 贵州省；10. 湖南省；11. 福建省；12. 台湾省；13. 广东省；14. 广西壮族自治区；15. 海南省；16. 云南省；17. 西藏自治区；18. 上海市；19. 重庆市；20. 香港特别行政区；21. 澳门特别行政区

3. 烧结普通砖的应用

烧结普通砖除可用于砌筑承重墙体或非承重墙体外，还可砌筑砖柱、拱、烟囱、筒拱式过梁和基础等，也可与轻质混凝土、保温隔热材料等配合使用。在砖砌体中，配置适当的钢筋或钢丝网，可作为薄壳结构、钢筋砖过梁等。

黏土砖的缺点是：制砖取土大量毁坏良田，砖自重大，消耗能源，污染环境，成品尺寸小，施工效率低，抗震性能差等。因此，国家为促进墙体材料结构调整和技术进步，提高建筑工程质量和改善建筑功能，出台了一系列政策。根据我国墙体材料革新和墙体材料“十五”规划要求，全国已有170个大中城市于2003年6月30日以前禁止使用实心黏土砖。目前，我国正大力推广墙体材料改革，以空心砖、工业废渣砖及砌块、轻质板材来代替实心黏土砖。

二、烧结多孔砖和烧结空心砖

1. 烧结多孔砖

以煤矸石、粉煤灰、页岩或黏土为主要原料，经焙烧而成的孔洞率≤38%，孔的尺寸小而数量多的烧结砖，称为烧结多孔砖。烧结多孔砖常用于建筑物承重部位。

1）烧结多孔砖的技术要求

（1）外形尺寸。烧结多孔砖为直角六面体，其规格尺寸为：290 mm、240 mm、190 mm、180 mm、140 mm、115 mm、90 mm。砖的尺寸允许偏差应符合表 7.5 的要求。

表 7.5　烧结多孔砖的尺寸允许偏差　　单位：mm

尺　寸	样本平均偏差	样本极差≤
＞400	±3.0	10.0
300 ~ 400	±2.5	9.0
200 ~ 300	±2.5	8.0
100 ~ 200	±2.0	7.0
100	±1.5	6.0

（2）强度等级。烧结多孔砖的孔洞多与承压面垂直，单孔尺寸小，孔洞分布均匀，强度较高。多孔砖的强度等级同烧结普通砖一样分成 MU30、MU25、MU20、MU15、MU10 五个强度等级。各等级应满足的强度指标见表 7.6。

表 7.6　烧结多孔砖各等级强度　　单位：MPa

强度等级	抗压强度平均值 f≥	强度标准 f_k≥
MU30	30.0	22.0
MU25	25.0	18.0
MU20	20.0	14.0
MU15	15.0	10.0
MU10	10.0	6.5

（3）外观质量。烧结多孔砖的外观质量应符合表 7.7 的要求。

（4）泛霜和石灰爆裂。

泛霜：不允许出现严重泛霜。

石灰爆裂：

① 最大破坏尺寸＞2 mm 且≤15 mm 的爆裂区域，每组样砖不得多于 15 处，其中＞10 mm 的不得多于 7 处。

② 不允许出现最大破坏尺寸＞15 mm 的爆裂区域。

2）烧结多孔砖的应用

在建筑工程中，用烧结多孔砖取代烧结黏土砖，不仅可降低建筑物自重 30%左右，节省黏土 20% ~ 30%，节省燃料 10% ~ 20%，生产效率还可提高 40%左右，并能改善墙体的保温隔热、隔声性能，有利于实现建筑节能，因此，应该大力推广使用。

表 7.7 烧结多孔砖的外观质量 单位：mm

项 目	指标
1. 完整面不得少于	一条面和一顶面
2. 缺棱掉角的 3 个破坏尺寸不得同时大于	30
3. 裂纹长度	
（1）大面（有孔面）上深入孔壁 15 mm 以上宽度方向及其延伸至条面的长度不大于	80
（2）大面（有孔面）上深入孔 5 m 以上长度方向及其伸至顶面的长度不大于	100
（3）条面上水平裂纹不大于	100
4. 杂质在砖面上造成的凸出高度不大于	5
注：凡有下列缺陷之一者，不能称为完整面： （1）缺损在条面或顶面上造成的破坏面尺寸同 （2）压陷、焦花、黏底在条面或顶面上的凹陷时大于 20 mm×30 mm。 （3）条面或顶面上裂纹宽度大于 1 mm，其长度超过 70 mm 或凸出超过 2 mm，区域尺寸同时大于 20 mm×30 mm	

2. 烧结空心砖

以黏土、页岩、煤矸石为主要原料，经焙烧而成的孔洞率≥38%的砖，称为烧结空心砖。其外形为直角六面体，在与砂浆的结合面上应设有增加结合力的深度为 1 mm 以上的四线槽，壁厚应大于 10 mm，肋厚应大于 7 mm，孔洞采用矩形条孔或其他孔形，且平行于大面和条面。烧结空心砖的外形如图 7-2 所示。

图 7-2 烧结空心砖的外形

1）烧结空心砖的技术要求

（1）外形尺寸。烧结空心砖为直角六面体，其长、宽、高应符合下列要求。

① 长度规格尺寸（mm）：390、290、240、190、180（175）、140。

② 宽度规格尺寸（mm）：190、180（175）、140、115。

③ 高度规格尺寸（mm）：180（175）、140、115、90。

烧结空心砖的尺寸允许偏差要求应符合表 7.8 的规定。

表 7.8 烧结空心砖的尺寸允许偏差 单位：mm

尺寸	样本平均偏差	样本极差≤
>300	±3.0	7.0
>200 ~ 300	±2.5	6.0
>100 ~ 200	±2.0	5.0
100	±1.7	4.0

（2）强度等级。烧结空心砖主要用于填充墙和隔断墙，只承受自身质量，所以，大面和条面的抗压强度要比实心砖和多孔砖低得多。各强度等级的强度值应符合表 7.9 的规定。

表 7.9 烧结空心砖的强度等级 单位：MPa

强度等级	抗压强度/MPa		
	抗压强度平均值 U≥	交异系数≤0.21	交异系数≥210
		强度标准值 k≥	单块最小抗压强度值 J_m
MU10.0	10	7.0	8
MU7.5	7.5	5.0	5.8
MU5.0	5.0	3.5	4.0
TU3.5	3.5	2.5	2.8

（3）外观质量。烧结空心砖的外观质量应符合表 7.10 的规定。

表 7.10 烧结空心砖的外观质量

项 目	指标
1. 弯曲不大于	4
2. 缺棱掉角的 3 个破坏尺寸不得同时大于	30
3. 垂直度差不大于	4
4. 未贯穿裂纹长度	
（1）大面上宽度方向及其延伸到条面的长度不大于	100
（2）大面上长度方向或条面上水平面方向的长度不大于	120
5. 贯穿裂纹长度	
（1）大面上宽度方向及其延伸到条面的长度不大于	40
（2）壁、肋沿长度方向、宽度方向及其水平方向的长度不大于	40
6. 肋、壁内残缺长度不大于	40
7. 完整面①不大于	一条面或一大面
① 凡有下列缺陷之一者，不能称为完整面：缺损在大面、条面上造成的破坏面尺寸同时大于 22 mm×30 mm；大面、条面上裂纹宽度大于 1 mm，其长度超过 70 mm；压陷、黏底、焦花在大面、条面上的凹陷或凸出超过 2 mm，区域尺寸同时大于 20 mm×30 mm	

（4）烧结空心砖的泛霜、石灰爆裂等技术要求与烧结普通砖基本相同。

2）烧结空心砖的应用

烧结空心砖自重较轻，强度较低，具有良好的保温隔热性能，主要用作建筑物非承重砌体结构，如多层建筑内隔墙或框架结构的填充墙等。

三、非烧结砖

非烧结砖是指不经焙烧而制成的砖，如碳化砖、免烧免蒸砖、蒸养（压）砖等。目前，应用较广的是蒸养（压）砖。这类砖是以含钙材料（石灰、电石渣等）和含硅材料（砂子、粉煤灰、煤矸石、灰渣、炉渣等）与水拌和，经过压制成形，在自然条件或蒸养（压）条件下反应生成以水化硅酸钙为主要胶凝材料的硅酸盐建筑制品。蒸压砖的主要品种有灰砂砖、粉煤灰砖、炉渣砖等。

1. 蒸压灰砂砖

蒸压灰砂砖（LSB）是以天然砂和磨细生石灰为主要原料，经配料、拌和、压制成型和蒸压养护（175 ~ 191 °C，0.8 ~ 1.2 MPa）而制成。蒸压灰砂砖的尺寸规格与烧结普通砖相同，为 240 mm×115 mm×53 mm。根据《蒸压灰砂砖》（GB 11945—1999）的规定，蒸压灰砂砖按其抗压强度和抗折强度分为 MU25、MU20、MU15 和 MU10 四个强度等级。根据产品的尺寸偏差和外观质量分为优等品（A）、一等品（B）、合格品（C）三个等级。

灰砂砖有彩色（Co）和本色（N）两类。MU25、MU20、MU15 的砖可用于基础及其他建筑；MU10 的砖仅可用于防潮层以上的建筑。灰砂砖不得用于长期受热（200 °C 以上）、受急冷急热和有酸性介质侵蚀的建筑部位，也不宜用于有流水冲刷的部位。

2. 粉煤灰砖

粉煤灰砖是利用粉煤灰、石灰和水泥为主要原料，掺入适量石膏、外加剂和集料等经配料、拌和、压制成形、常压或高压蒸汽养护而成的实心砖。其外形尺寸与普通砖相同，呈深灰色。粉煤灰砖的主要物理力学性能与实心黏土砖相同或接近，是取代实心黏土砖的新型墙体材料之一。

粉煤灰砖的一等品和优等品可用于工业和民用建筑的墙体与基础，粉煤灰砖不得用于长期受热（200 °C 以上）、受急冷急热和有酸性介质侵蚀的建筑部位。为避免或减少收缩裂缝的产生，用粉煤灰砖砌筑的建筑物，应当增设圈梁及伸缩缝。

3. 炉渣砖

炉渣砖是以煤燃烧后的炉渣（煤渣）为主要原料，加入适量的石灰或电石渣、石膏等材料经混合、搅拌、成型、蒸汽养护等而制成的实心砖。其尺寸规格与普通砖相同，呈黑灰色。

根据《炉渣砖》（JC/T 525—2007）规定，按其抗压强度和抗折强度分为 MU25、MU20、MU15 三个强度等级。该类砖可用于一般工程的内墙和非承重外墙，但不得用于受高温、急冷急热交替作用或有酸性介质侵蚀的部位。

学习情景二　墙用砌块

砌块是比砌墙砖尺寸大的人造块材，外形一般为直角六面体，也有异形体。砌块是一种新型墙体材料，可以充分利用地方资源和工业废渣，节省黏土资源和改善环境，生产工艺简单、原料来源广、适应性强、制作简单及使用方便、可改善墙体功能等特点，因此发展较快。常见的砌块有蒸压加气混凝土砌块、粉煤灰砌块和混凝土砌块。

一、蒸压加气混凝土砌块

以钙质材料（水泥、石灰等）、硅质材料（砂、矿渣、粉煤灰等）和加气剂（铝粉）等为原料，经配料、搅拌、浇筑、发气（由化学反应形成孔隙）、预养切割、蒸汽养护等工艺制成的多孔轻质块体硅酸盐材料，称为蒸压加气混凝土砌块。

1. 蒸压加气混凝土砌块的技术要求

1）砌块的尺寸规格

砌块公称尺寸的长度（*L*）为 600 mm，宽度为（*B*）100 mm、120 mm、125 mm、150 mm、180 mm、200 mm、240 mm、250 mm、300 mm，高度（*H*）为 200 mm、240 mm、250 mm、300 mm 等多种规格。

2）砌块的强度等级

砌块按抗压强度分为 A1.0、A2.0、A2.5、A3.5、A5.0、A7.5、A10.0 七个强度等级。各强度等级的立方体抗压强度值不得小于表 7.11 的规定。

表 7.11　蒸压加气混凝土砌块的抗压强度

强度级别		A1.0	A2.0	A2.5	A3.5	A5.0	A7.5	A10.0
立方体抗压强度/MPa	平均值≥	1.0	2.0	2.5	3.5	5.0	7.5	10.0
	单块最小值≥	0.8	1.6	2.0	2.8	4.0	6.0	8.0

3）砌块的质量等级

砌块按尺寸偏差、外观质量、干密度及抗压强度分为优等品（A）和合格品（B）。砌块的干密度级别见表 7.12；砌块的强度等级、干缩值、抗冻性、热导率见表 7.13。

表 7.12　蒸压加气混凝土砌块的干密度级别指标

干密度级别		B03	B04	B05	B06	B07	B08
干密度 /（$kg \cdot m^{-3}$）	优等品（A）≤	300	400	500	600	700	800
	合格品（B）≤	325	425	525	625	725	825

表 7.13　蒸压加气混凝土砌块的强度等级、干缩值、抗冻性、热导率

干密度级别			B03	B04	B05	B06	B07	B08
强度级别	优等品		A1.0	A2.0	A3.5	A5.0	A7.5	A10.0
	合格品				A2.5	A3.5	A5.0	A7.5
干缩值/（$mm \cdot m^{-1}$）≤	标准法		0.5					
	快测法		0.8					
抗冻性	质量损失/%≤		5.0					
	冻后强度	优等品	0.8	1.6	2.8	4.0	6.0	8.0
		合格品			2.0	2.8	4.0	6.0
导热系数（干态）/[W/（m·K）]≤			0.10	0.12	0.14	0.16	0.18	0.20

2. 蒸压加气混凝土砌块的特性及应用

蒸压加气混凝土砌块是应用较多的一种轻型墙体材料。它具有自重轻、抗冻性强、保温、隔热、隔声性能好、传热慢及耐久性好、易于加工、施工方便等优点。其常用于低层建筑的承重墙、多层建筑的隔墙和高层框架结构的填充墙，也可用于一般工业建筑的围护墙。该种砌块的缺点是易干缩开裂，必须做好饰面层，其耐水、耐腐蚀性也差，在无可靠的防护措施时，不能用于水中、高温和有侵蚀介质的环境中，也不得用于建筑物基础和温度长期高于 80 °C 的建筑部位。

二、粉煤灰砌块

粉煤灰砌块是以粉煤灰、水泥、石灰、石膏和集料（炉渣、矿渣）等为主要原料，经配料、加水搅拌、振动成型、自然养护或蒸汽养护而制成的密实砌块。其中粉煤灰用量不应低于原材料质量的 20%，水泥用量不应低于原材料质量的 10%。

粉煤灰小型空心砌块的尺寸规格与混凝土小型空心砌块的尺寸规格一致，都是 190 mm×390 mm×190 mm。按立方体试件的抗压强度分为 MU3.5、MU5、MU7.5、MU10、MU15 和 MU20 六个强度等级。

粉煤灰小型空心砌块是黏土砖的替代产品，符合国家墙体材料改革和建筑节能的要求，适用于一般工业与民用建筑的承重墙体和非承重墙体；但不宜用于长期受高温（如炼钢车间）和经常受潮湿的承重墙，也不宜用于有酸性介质侵蚀和受较大震动的建筑部位。

三、混凝土砌块

以水泥、矿物掺合料、砂、石、水等为原材料，经搅拌、振动成型、养护等工艺制成的小型砌块，称为普通混凝土小型砌块，包括空心砌块和实心砌块。砌块各部位名称如图 7-3 所示。

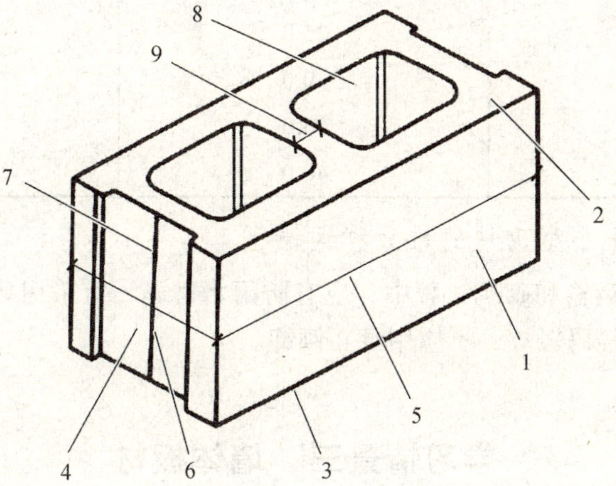

1—条面；2—座浆面（肋厚较小的面）；3—铺浆面（肋厚较大的面）；4—顶面；
5—长度；6—宽度；7—高度；8—壁；9—肋。

图 7-3　砌块各部位名称

1. 普通混凝土小型砌块的技术要求

1）砌块的规格尺寸

普通混凝土小型砌块的外形宜为直角六面体，其规格尺寸见表 7.14。

表 7.14　普通混凝土小型砌块的规格尺寸　　单位：mm

长度	宽度	高度
390	90、120、140、190、240、290	90、140、190
注：其他规格尺寸可由供需双方协商确定。采用薄灰缝砌筑的块型，相关尺寸可作相应调整		

2）砌块的强度等级

普通混凝土小型砌块的强度等级见表 7.15。

表 7.15　普通混凝土小型砌块的强度等级　　单位：MPa

强度等级	抗压强度	
	平均值≥	单块最小值≥
MU5.0	4.0	4.0
MU7.5	6.0	6.0
MU10	10.0	8.0

续表

强度等级	抗压强度	
	平均值≥	单块最小值≥
MU15	15.0	12.0
MU20	20.0	16.0
MU25	25.0	20.0
MU30	30.0	24.0
MU35	35.0	28.0
MU40	40.0	32.0

2. 普通混凝土小型砌块的堆放和运输

砌块在堆放、运输和砌筑过程中，应有防雨水措施，宜采用薄膜包装。砌块装卸时，不应扔摔，应轻码轻放，不应用翻斗倾卸。

学习情景三　墙体板材

建筑墙体板材具有轻质、高强和多功能等特点，其种类较多，拆装方便，且施工效率高。此外，建筑墙体板材的自重小，厚度一般比较薄，这不仅可以减轻建筑物对基础的承重要求，降低工程造价，还可以提高室内的使用面积。因此，大力发展轻质板材是墙体材料改革趋势。

一、水泥类墙体板材

水泥类墙体板材具有良好的力学性能和耐久性，其生产技术成熟，产品质量可靠，可用于承重墙和非承重墙。但水泥类板材的抗拉强度较低，表观密度较大，多采用空心化来减轻自重。

1. GRC 轻质多孔条板

玻璃纤维增强水泥（简称 GRC）轻质多孔条板是以硫铝酸盐水泥轻质砂浆为基材，以耐碱玻璃纤维或其网格布作为增强材料，并加入发泡剂和防水剂等制成的具有若干个圆孔的条形板，如图 7-7 所示。

GRC 轻质多孔条板的性能应符合《玻璃纤维增强水泥轻质多孔隔墙条板》（JC 666—1997）的规定，其端部应设有榫头和榫槽，厚度有 60 mm、90 mm 和 120 mm 三种，长度尺寸有 2 500 ~ 2 800 mm，2 500 ~ 3 000 mm 和 2 500 ~ 3 500 mm 三种，其宽度均为 600 mm。

GRC 轻质多孔条板具有密度小、韧性好、耐水、不燃、易加工等特点，主要用于非承重的内隔墙和复合墙体的外墙面。

2. 纤维增强硅酸钙复合实心轻质隔墙条板

纤维增强硅酸钙复合实心轻质隔墙条板，简称硅酸钙复合实心墙板，是采用两块纤维增强硅酸钙薄板作为面板材料，中间为水泥基聚苯乙烯泡珠轻质混合料芯体，通过对芯体各种原材料的优化组合，利用水泥的胶结性能和面板的亲和力将面板与芯体牢固结合而制成的板材。

硅酸钙复合实心墙板具有质轻、强度高、湿胀率小、抗冲击性好、吊挂力大、防火、防水、隔声、隔热、易切割、可任意开槽、无须抹灰、干法作业等优点。

防水性能好：硅酸钙复合实心墙板优良的防渗水性和实心芯体，使其具有较好的防水性，适用于厨房、卫生间等对防水要求较高的墙体。

防火性能好:硅酸钙复合实心墙板采用A级不燃的硅酸钙板作面板替代UAC木质纤维水泥板后，大大提高了防火性能。

导热系数小：硅酸钙复合实心墙板具备了新型墙体材料体薄而导热系数小、热阻大的优点，是寒冷地区供暖节能和炎热地区空调节能的优选墙体板材。

由此可见，硅酸钙复合实心墙板在建筑使用上能达到增加建筑使用面积、减轻结构负荷、降低建筑物使用中的能耗和降低综合造价的效果，可作为公用与民用建筑的隔墙与吊顶。

3. 纤维增强水泥平板

纤维增强水泥平板是以纤维和水泥为主要原料，经制浆、成坯、养护等工序而制成的板材。其中，采用混合纤维和低碱度硫铝酸盐水泥制成的纤维增强低碱度水泥平板称为TK板,采用抗碱玻璃与低碱度硫铝酸盐水泥制成的纤维增强低碱度水泥平板称为NTK板。

纤维增强水泥平板具有良好的可加工性能和抗折、抗冲击荷载性能，以及质轻、防水、防潮、防蛀、防霉、不容易变形等优点，其常用规格：长度为1 000 ~ 1 200 mm，宽度为0 ~ 900 mm，厚度为4 mm，6 mm和8 mm。

二、石膏类墙体板材

石膏板的原材料丰富、制作简单、表面平整、光滑细腻、可装饰性好，且能够调节室内的温度和湿度，是一种典型的新型墙体材料，广泛应用于工业和民用建筑的非承重内隔墙。石膏类墙体板材的种类较多，目前使用最多的有纸面石膏板、石膏空心条板和石膏纤维板。

1. 纸面石膏板

纸面石膏板是以建筑石膏为主要原料，掺入适量外加剂和纤维作为芯材，以特制的护面纸作为面层的一种轻质板材，如图7-4所示。

纸面石膏板按用途可分为普通纸面石膏板（P）、耐火面石膏板（H）、耐水纸面石膏板（S），常用的规格尺寸：长度有 1 800 mm，2 100 mm，2 400 mm，2 700 mm，3 000 mm，3 600 mm；宽度有 900 mm，1 200 mm；厚度有 9.5 mm，12 mm，15 mm，18 mm，21 mm 和 25 mm。纸面石膏板主要用于吊顶、隔墙、内墙贴面、吸声板等。

图 7-4　纸面石膏板

2. 石膏空心条板

石膏空心条板是以建筑石膏为胶凝材料，加入适量无机轻骨料（如膨胀珍珠岩、膨胀蛭石）、无机纤维增强材料，经拌和、浇注、振动成型、抽芯、脱模干燥而制成的空心条板。

石膏空心条板按原材料可分为石膏粉煤灰硅酸盐空心条板、石膏珍珠岩空心条板、石膏空心条板，按强度可分为普通型空心条板、增强型空心条板。常用的规格尺寸：长度为 2 400 ~ 3 000 mm，宽度为 600 mm，厚度为 60 mm。主要用于工业与民用建筑的非承重内墙，其相关性能应符合《石膏空心条板》（JCT 829—2010）的相关规定。

3. 石膏纤维板

石膏纤维板是由建筑石膏、纤维材料（木纤维、废纸纤维、有机纤维），以及多种添加剂和水而制成的石膏板，它具有较好的尺寸稳定性和防火、防潮、隔声性能，可钉、锯，装饰性好。常用的规格尺寸与纸面石膏板基本相同。石膏纤维板主要用于工业与民用建筑的吊顶、隔墙等。

三、复合墙体板材

由单一材料制成的板材，常因材料本身的局限性而使其应用范围受到限制，有时不能满足墙体的多功能要求，但由不同材料组成的复合墙体板材能够弥补这一不足。复合墙体板材是将墙体结构材料和保温材料合二为一，具有轻质、高强、保温、隔音、防火等特点。常见的复合墙体板材有金属面夹芯板、钢丝网架水泥夹芯板和 GRC 复合外墙板等。

1. 金属面夹芯板

金属面夹芯板是指上下两层为金属薄板，芯材为有一定刚度的保温材料（如岩棉、硬质泡沫塑料等），在专用的自动化生产线上复合而成的具有承载力的结构板材，也称“三明治”板，是近年来随着轻钢结构的广泛使用而产生的一种复合墙体板材，如图 7-5 所示。

图 7-5　金属面夹芯板

金属面夹芯板具有质轻、强度高、外形美观、施工速度快、可多次拆装使用等特点，主要用于房屋的非承重维护结构，如工业厂房、超市、活动房、展览场馆等。

2. 钢丝网架水泥夹芯板

钢丝网架水泥夹芯板是由三维空间焊接钢丝网架，内填泡沫塑料板或半硬质岩棉板构成的网架芯板，表面经施工现场喷抹水泥砂浆后形成的复合板材。常用的品种有 3D 板、泰柏板、舒乐舍板和英派克板。

钢丝网架水泥夹芯板具有质轻、保温隔热效果好、安全方便、布置灵活、防震、防水、防潮等特点，主要用于房屋的内隔墙、保温复合外墙、围护外墙、楼面、屋面等。

3. GRC 复合外墙板

GRC 复合外墙板是以低碱度水泥砂浆为基材，以耐碱玻璃纤维做增强材料制成板材层，内置钢筋混凝土肋，并填充绝热材料内芯的新型轻质复合墙板，具有规格尺寸大、重量轻、面层造型丰富、施工方便等特点，特别适用于框架结构建筑，尤在高层框架建筑作为非承重外墙挂板使用。

思考与练习

7-1　以黏土为原料的烧结砖有哪几种？可用哪些砖代替以黏土为原料的烧结砖？

7-2　烧结黏土砖为什么能一直沿用下来？

7-3 烧结多孔砖和烧结空心砖有哪些区别?

7-4 建筑砌块有哪些特点?

7-5 近年来，为什么要大力发展轻质板材?

7-6 简述石膏类墙体板材中，纸面石膏板和石膏空心条板分别适用于哪些场合。

7-7 简述复合墙体板材中，金属面夹芯板与钢丝网架水泥夹芯板分别适用于哪些场合。

模块七课件与微课

模块八　防水材料

【知识目标】

掌握石油沥青的技术要求与应用；了解各类防水卷材、防水涂料和建筑密封材料的技术要求、主要品种及应用。

【技能目标】

通过本模块的学习，能够根据各种防水材料的性能特点，结合工程实际情况，合理选用防水材料。

防水材料是建筑工程不可缺少的主要建筑材料之一，它在建筑物中起防止雨水、地下水与其他水分渗透的作用。防水材料同时也用于其他工程之中，如公路桥梁、水利工程等。

建筑工程防水技术按其构造做法可分为两大类，即构件自身防水和采用不同材料的防水层防水。采用不同材料的防水层防水又可分为刚性材料防水和柔性材料防水。前者采用涂抹防水砂浆、浇筑掺入外加剂的混凝土或预应力混凝土等做法；后者采用铺设防水卷材、涂敷各种防水涂料等做法；多数建筑物采用柔性材料防水做法。

目前，国内外最常用的主要是沥青类防水材料。随着科学技术的进步，防水材料的品种日益丰富，质量有了很大改进。一些防水功能差、使用寿命短或污染环境的旧防水材料逐步被淘汰，如纸胎沥青油毡、焦油型聚氨酯防水涂料等；一些防水效果好、寿命长且不污染环境的新型防水材料（如高聚物改性沥青卷材、涂料，合成高分子类防水卷材、涂料）不断出现并得到推广。

学习情景一　沥青材料

沥青材料是一种有机胶凝材料。它是由高分子碳氢化合物及其非金属（氧、硫、氮等）衍生物组成的复杂的混合物。常温下，沥青呈褐色或黑褐色的固体、半固体或液体状态。

沥青按产源可分为地沥青（天然沥青、石油沥青）和焦油沥青（煤沥青、页岩沥青）。目前工程中常用的主要是石油沥青，另外，还使用少量的煤沥青。天然沥青是将自然界中的沥青矿经提炼油加工后得到的沥青产品；石油沥青是将原油经蒸馏等提炼出各种轻油（汽油、柴油）及润滑油以后的一种褐色或黑褐色的残留物，并经再加工而得的产品。

沥青是憎水性材料，几乎完全不溶于水，与矿物材料有较强的黏结力，结构致密，不透水、不导电，耐酸碱侵蚀，并有受热软化、冷后变硬的特点。因此，沥青广泛用于工业与民用建筑的防水、防腐、防潮，以及道路和水利工程。沥青防水材料是目前应用较多的防水材料，但是其使用寿命较短。近年来，防水材料已向橡胶基和树脂基防水材料或高聚物改性沥青方向发展，油毡的胎体由纸胎向玻纤胎或化纤胎方向发展，防水涂料由低塑性的产品向高弹性、高耐久性产品的方向发展，施工方法则由热熔法向冷粘法发展。

一、石油沥青

（一）石油沥青的组分

石油沥青是由多种碳氢化合物及其非金属（氧、硫、氮）衍生物组成的混合物。由于其化学组成结构的复杂性，只能从使用角度将沥青中化学性质相近而且与其工程性能有一定联系的成分划分为几个化学成分组，这些成分组即称为组分。石油沥青中的组分有油分、树脂、沥青质。组分含量的变化直接影响沥青的技术性质：油分含量的多少直接影响沥青的柔软性、抗裂性及施工难度。中性树脂赋予沥青具有一定的塑性、可流动性和黏结性，其含量增加，沥青的黏结力和延伸性增加；酸性树脂能改善沥青对矿物材料的浸润性，特别是提高了与碳酸盐类岩石的黏附性并增强了沥青的可乳化性。沥青质决定沥青的黏结力、黏度、温度稳定性和硬度等，沥青质含量增加时，沥青的黏度和黏结力增加，硬度和软化点提高。

（二）石油沥青的技术性质

1. 黏滞性（黏性）

石油沥青的黏滞性是反映沥青材料内部阻碍其相对流动的一种特性。以绝对黏度表示，是沥青性质的重要指标之一。

石油沥青的黏滞性大小与组分及温度有关。沥青质含量高，同时有适量的树脂，而油分含量较少时，则黏滞性较大。在一定温度范围内，当温度上升时，则黏滞性随之降低，反之则随之增大。

绝对黏度的测定方法因材而异，且较为复杂，工程上常用相对黏度（条件黏度）表示。测定相对黏度的主要方法是用标准针入度仪或黏度计。黏稠石油沥青的相对黏度用针入度仪测定的针入度来表示，如图 8-1、8-2、8-3 所示。针入度值越小，表明石油沥青的黏度越大。黏稠石油沥青的针入度是在规定温度 25 °C 条件下，以规定质量（100 g）的标准针，经历规定时间（5 s）贯入试样中的深度。以 1/10 mm 为单位，符号为 P（25 °C，100 g，5 s）。对于液体石油沥青或较稀的石油沥青，其相对黏度可用标准黏度计测定的标准黏度表示。标准黏度值越大，则表明石油沥青的黏度越大。标准黏度是在规定温度（20 °C、25 °C、30 °C 或 60 °C）下，由规定直径（3 mm、5 mm 或 10 mm）的孔口流出 50 mL 沥青所需的时间，符号为 $C_t^d T$，其中 d 为流口孔径，t 为试样温度，T 为流出 50 mL 沥青所需的时间。

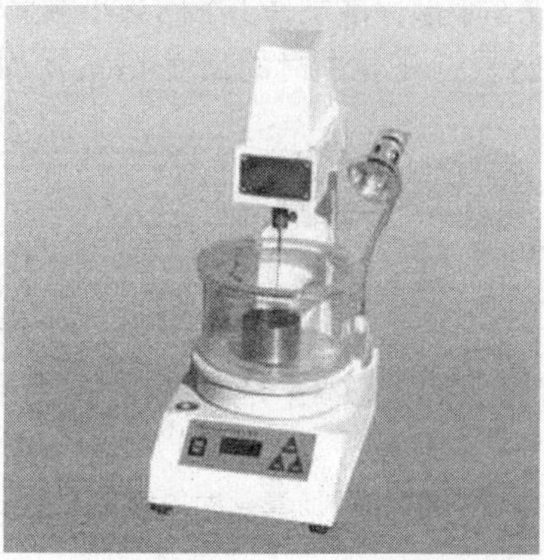

图 8-1　针入度测定仪

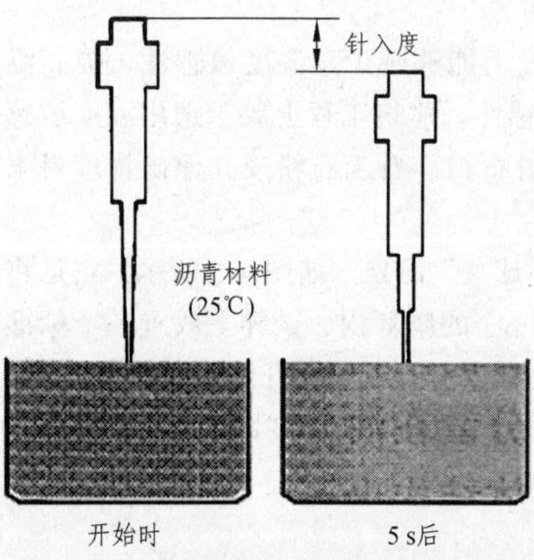

图 8-2　针入度测定示意图

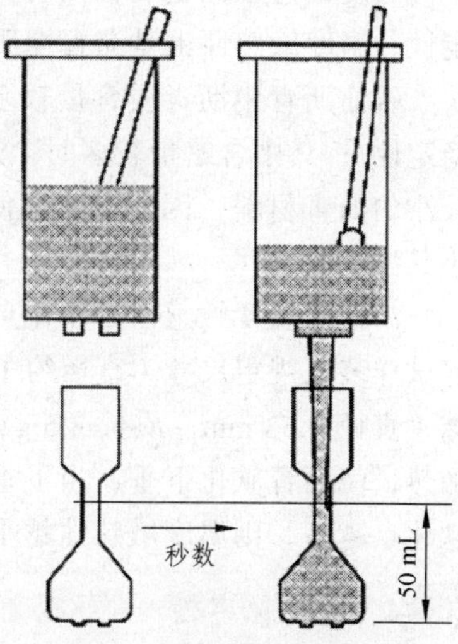

图 8-3　黏滞度测定示意图

2. 塑　性

塑性是指石油沥青在外力作用下产生变形而不被破坏（产生裂缝或断开），除去外力后仍保持变形后的形状不变的性质，又称延展性。塑性是沥青性质的重要指标之一。石油沥青的塑性大小与组分有关。石油沥青中树脂含量较多，且其他组分含量适当时，则塑性较大。影响沥青塑性的因素有温度和沥青膜层厚度。温度升高，塑性增大，膜层越厚，塑性越高。反之，膜层越薄，则塑性越差。当膜层厚度薄至 1 pm 时，塑性消失，即接近于弹性。在常温下，塑性较好的沥青在产生裂缝时，也可能由于特有的黏塑性而自行愈合。故塑性还反映了沥青开裂后的自愈能力。沥青之所以能用来制造性能良好的柔性防水材料，很大程度取决于沥青的塑性。沥青的塑性对冲击振动有一定的吸收能力，能减少摩擦时的噪声，故沥青也是一种优良的地面材料。石油沥青的塑性用延度表示，延度越大，塑性越好。

沥青延度是将沥青制成 8 字形标准试件（中间最小截面积 1 cm^2）在规定拉伸速度（5 cm/min）和规定温度（25 °C）下拉断时的长度（cm），如图 8-4 所示。

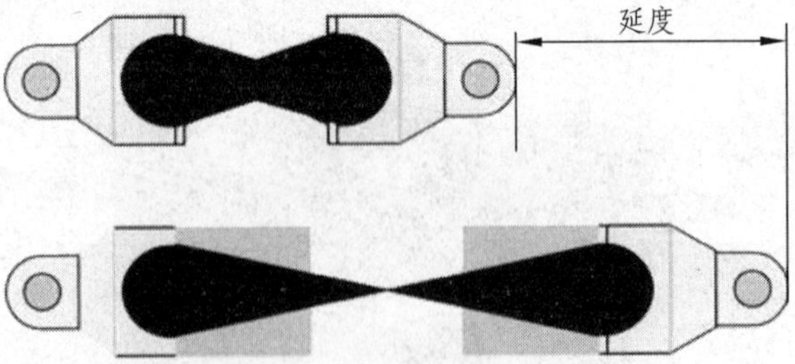

图 8-4　沥青延度的测定

3. 温度敏感性（温度稳定性）

温度敏感性是指石油沥青的黏滞性和塑性随温度升降而变化的性能，也称温度稳定性，温度敏感性也是沥青性质的重要指标之一。

石油沥青中沥青质含量较多时，在一定程度上能够减少其温度敏感性（提高温度稳定性）；其中含蜡量较多时，则会增大温度敏感性。建筑工程上要求选用温度敏感性较小的沥青材料，因而在工程使用时往往加入滑石粉、石灰石粉或其他矿物填料来减小其温度敏感性。

沥青的温度敏感性用软化点表示。采用“环球法”测定，如图 8-5 所示，它是将沥青试样装入规定尺寸（直径约 16 mm，高约 6 mm）的铜环内，试样上放置一个标准钢球（直径 9.53 mm，质量 3.5 g），浸入水中或甘油中，以规定的升温速度（5 °C/min）加热，使沥青软化下垂，当下垂到规定距离（25.4 mm）时的温度即为软化点（°C）。软化点越高，则温度敏感性越小。

4. 大气稳定性

大气稳定性是指石油沥青在热、阳光、氧气和潮湿等因素的长期综合作用下抵抗老化的性能。

在阳光、空气和热等综合作用下，沥青各组分会不断递变，低分子化合物将逐步转变成高分子物质，即油分和树脂逐渐减少，而沥青质逐渐增多，从而使沥青流动性和塑性逐渐减小，硬脆性逐渐增大，直至脆裂，这个过程称为石油沥青的老化。

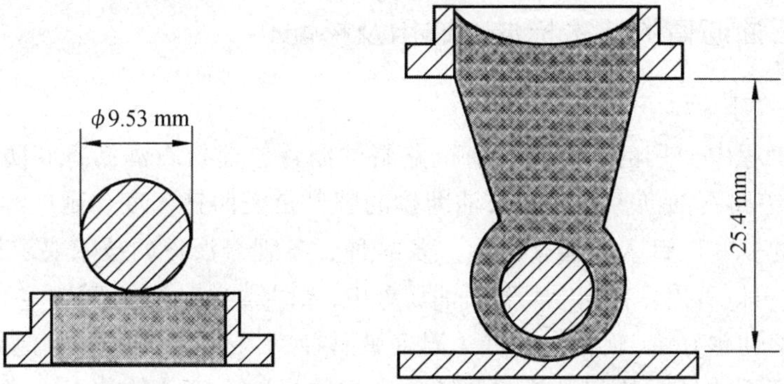

图 8-5　软化点的测定

石油沥青的大气稳定性以沥青试样在 160 °C 下加热蒸发 5 h 后质量蒸发损失百分比和蒸发后的针入度比表示。蒸发损失百分比越小，蒸发后针入度比值越大，则表示沥青的大气稳定性越好，即老化越慢。

5. 施工安全性

黏稠沥青在使用时必须加热，当加热至一定温度时，沥青材料中挥发的油分蒸气与周围空气组成混合气体，此混合气体遇火焰则易发生闪火。若继续加热，油分蒸气的饱和度增加。由于此种蒸气与空气组成的混合气体遇火焰极易燃烧而引发火灾，为此，必须测定沥青加热闪火和燃烧的温度，即闪点和燃点。

闪点是指加热沥青挥发出的可燃气体和空气的混合物，在规定条件下与火焰接触，初次闪火（有蓝色闪光）时的沥青温度（°C）。

燃点是指加热沥青产生的气体和空气的混合物，与火焰接触能持续燃烧 5 s 以上时沥青的温度（°C）。燃点温度比闪点温度约高 10 °C。沥青质含量越多，闪点和燃点相差越大；液体沥青由于油分较多，闪点和燃点相差很小。

闪点和燃点的高低表明沥青引起火灾或爆炸的可能性大小，它关系运输、储存和加热使用等方面的安全。

6. 防水性

石油沥青是憎水性材料，几乎完全不溶于水，且本身构造致密：它与矿物材料表面有很好的黏结力，能紧密黏附于矿物材料表面。同时，它又具有一定的塑性，能适应材料或构件的变形。所以沥青具有良好的防水性，故广泛用作建筑工程的防潮、防水、抗渗材料。

7. 溶解度

溶解度是指石油沥青在三氯乙烯、四氯化碳或苯中溶解的百分比，以表示石油沥青中有效物质的含量，即纯净程度。那些不溶解的物质会降低沥青的性能（如黏性等），应把不溶物视为有害物质（如沥青碳或似碳物）而加以限制。

（三）石油沥青的技术标准、选用及掺配

1. 石油沥青的技术标准

在土木工程中使用的石油沥青有道路石油沥青、建筑石油沥青和防水防潮石油沥青等 3 种。道路石油沥青和建筑石油沥青的牌号是按照针入度、延度和软化点等技术指标来划分的，并以针入度值来表示。各品种、各牌号沥青的技术要求见表 8.1。

从表 8.1 可以看出，在同一品种石油沥青中，牌号越大，针入度越大（黏滞性越小）、延度越大（塑性越好）、软化点越低（温度敏感性越大）、大气稳定性越好。

防水防潮石油沥青的牌号是按照针入度指数、针入度、软化点、脆点等技术指标划分，并以针入度指数值来表示。其各牌号的技术要求见表 8.1。

表 8.1　石油沥青的技术标准

项　目	道路石油沥青（SH/T 0522—2000）					建筑石油沥青（GB 494—1998）			防水防潮石油沥青（SH 0002—1990）			
	200	180	140	100	60	40	30	10	3 号	4 号	5 号	6 号
针入度（25 °C，100 g，1/10 mm）	201～300	150～200	110～150	80～110	50～80	36～50	26～35	10～25	25～45	20～40	20～40	30～50
延度（25 °C），不小于/cm	20	100	100	90	60	3.5	2.5	1.5	—	—	—	—
软化点（环球法）/°C	30～45	35～45	38～48	42～52	42～52	≥60	≥75	≥95	≥85	≥90	≥100	≥95
针入度指数，不小于	—	—	—	—	—	—	—	—	3	4	5	6
溶解度（三氯乙烯），三氯甲烷或苯），不小于/%	99.0					99.5			98	98	95	92
蒸发损失（160 °C，5 h）不大于/%	1	1	1	1	1	1	1	1	1	1	1	1
蒸发后针入度比，不小于/%	50	60	60	—	—	65			—	—	—	—
闪点（开口）不低于/°C	180	200	230			230			250	270	270	270
脆点，不高于/°C	—	—	—	—	—	—	报告	报告	-5	-10	-15	-20

从表 8.1 可以看出，防水防潮石油沥青的牌号越大，针入度指数越大（温度敏感性越小）、脆点越低、应用温度范围越宽、大气稳定性越好。防水防潮石油沥青的针入度均与 30 号建筑石油沥青相近，但软化点比 30 号沥青高 15 ~ 30 °C，所以质量优于建筑石油沥青。

2. 石油沥青的选用

选用沥青材料的原则是，根据工程性质（道路、房屋、防腐）、使用部位及气候条件来选用不同品种和牌号的沥青。在满足主要技术性能要求的前提下，应选用较大牌

号的石油沥青，以保证其具有较长的使用年限。

道路石油沥青具有黏滞性小、塑性好等特点，多用于拌制沥青混凝土和沥青砂浆等，用于道路路面或车间地面等工程。道路石油沥青还可用作密封材料、粘接剂及沥青涂料等。在建筑工程中，有时用 60 号沥青与建筑石油沥青掺配使用。

建筑石油沥青具有黏滞性较大、塑性较差、温度敏感性较小等特点，主要用作制造防水卷材、防水涂料和沥青胶等，用于屋面及地下防水、沟槽防水、防腐蚀及管道防腐等工程。对于屋面防水工程，应防止沥青因软化而流淌。由于沥青吸热，在夏天高温季节，一般屋面沥青防水层的温度高于当地环境气温 25 ~ 30 °C；为避免夏季流淌，一般屋面用沥青的软化点应高于当地屋面最高温度 20 °C 以上。

防水防潮石油沥青具有温度敏感性较小的特点，特别适合用作防水卷材的涂料及屋面与地下防水的粘接材料。其中 3 号沥青温度敏感性一般，适用于一般温度下的室内及地下防水工程；4 号沥青温度敏感性较小，适用于一般地区可行走的缓坡屋面防水；5 号沥青温度敏感性小，适用于一般地区暴露屋顶或气温较高地区的屋面防水；6 号沥青温度敏感性最小，适用于一般地区，特别适用于寒冷地区的屋面及其他防水工程。

当一种牌号的沥青不能满足技术要求时，可将 2 种或 3 种同产源的沥青进行掺配使用。2 种沥青掺配比例可按下式计算，即：

$$P_1 = \frac{T_2 - T}{T_2 - T_1} \times 100\% \tag{8-1}$$

$$P_2 = 100 - P_1 \tag{8-2}$$

式中 P_1——低软化点沥青的用量（%）；

P_2——高软化点沥青的用量（%）；

T_1——低软化点沥青软化点值（°C）；

T_2——高软化点沥青软化点值（°C）；

T——要求沥青达到的软化点值（°C）。

以计算出的掺配比例为中心，在其±5% ~ ±10%的邻近掺配范围内，分别进行不少于 3 组的试配试验，测定掺配后沥青的软化点，然后绘制掺配比例-软化点关系曲线，从曲线上确定实际掺配比例。

二、煤沥青

烟煤炼焦或制煤气时，从干馏所挥发的物质中冷凝出煤焦油，将煤焦油再继续蒸馏提炼出轻油、中油、重油和蒽油后所剩的残渣，称为煤沥青。根据蒸馏程度不同，分为低温煤沥青、中温煤沥青和高温煤沥青。建筑工程上使用的煤沥青多为黏稠或半固体的低温煤沥青。煤沥青的技术性质应满足《煤沥青》（GB 2290—1980）的规定。

1. 煤沥青特性

煤沥青是由不饱和的碳氢化合物及其非金属衍生物所组成的复杂混合物。它的主要组分为油分、树脂、游离碳等，常含有少量的酸、碱物质。由于煤沥青的组分与石油沥青不同，故其性质也不相同。煤沥青的特性如下：

（1）塑性较差。煤沥青含较多的游离碳，故其塑性较差，使用中易因变形而开裂。

（2）温度敏感性大。煤沥青含较多的可溶性树脂，受热易软化，故其温度敏感性大。

（3）大气稳定性差。煤沥青含较多化学稳定性差的成分和挥发性成分，易老化。

（4）与矿料的粘接较强。煤沥青中的酸、碱物质是表面活性物质，故与矿料的粘接较强。

（5）防腐性好。煤沥青含有酚、蒽油等有毒物质，所以防腐能力较强，适用于木材的防腐处理。

（6）有毒、有臭味。煤沥青在施工中应防止中毒。

2. 煤沥青与石油沥青的简易鉴别方法

煤沥青与石油沥青的简易鉴别方法参见表 8.2。

表 8.2　煤沥青与石油沥青的简易鉴别方法

鉴别方法	煤沥青	石油沥青
密度/（g/cm^3）	大于 1.10	接近于 1.0
锤击	声清脆，韧性差	声沙哑，有弹性感，韧性较好
燃烧	烟呈黄色，有刺激性臭味	烟无色，有松香味
溶液比色	用 30～50 倍汽油或煤油溶解后，滴于滤纸上，斑点分内、外两圈，内圈呈黑色，外圈呈橡色或黄色	按左述方法，斑点完全散开，呈均匀的棕色

三、改性沥青

土木工程中使用的沥青应具备较好的综合性能，如在高温下要有足够的强度和热稳定性，在低温下应有良好的柔韧性，在加工和使用条件下具有抗“老化”能力，与各种矿物质材料具有良好的粘接性等。但沥青本身不能完全满足这些要求，使得沥青防水工程漏水严重，使用寿命短。为此，常用下述方法对沥青进行改性，以满足使用要求。

1. 矿物填充料改性

在沥青中加入一定数量的矿物填充料，可以提高沥青的黏滞性和耐热性，减小沥青的温度敏感性，同时也可以减少沥青的用量。

常用的矿物填充料有粉状和纤维状两类。粉状的有滑石粉、石灰石粉、白云石粉、磨田砂、粉煤灰和水泥等；纤维状的有石棉粉等。

粉状矿物填充料加入沥青中，由于沥青对矿物填充料表面的浸润、粘附，形成大量的结构沥青，从而提高了沥青的大气稳定性，降低了温度敏感性。

纤维状的石棉粉加入沥青中，由于石棉具有弹性以及耐酸、耐碱、耐热性能，是热和电不良导体，内部有很多微孔，吸油（沥青）量大，故可提高沥青的抗拉强度和耐热性。

一般矿物填充料的掺量为 20%～40%。

2. 聚合物改性

用聚合物改性沥青，可以提高沥青的强度、塑性、耐热性、粘接性和抗老化性。主要用于生产防水卷材、密封材料和防水涂料。用于沥青改性的合成树脂主要有 SBS、APP，有时也用 PVC、PE、古马隆树脂等。

1）苯乙烯-丁二烯-苯乙烯（SBS）改性沥青

SBS 是热塑性弹性体，常温下具有橡胶的弹性，在高温下又能像塑料那样熔融流动为可塑材料。所以用 SBS 改性的沥青具有热不粘、冷不脆、塑性好、抗老化性能高等特点，是目前应用最成功和用量最大的改性沥青。SBS 的掺量一般为 5%～10%。主要用于制作防水卷材，也可用于密封材料或防水涂料等。

2）无规聚丙烯（APP）改性沥青

APP 在常温下为白色橡胶状物质，无明显的熔点。APP 掺入沥青中，使沥青的性能得到改善。APP 改性沥青具有良好的弹塑性、低温柔韧性、耐冲击性和抗老化等性能。它主要用于防水卷料。制备方法：先将沥青加热熔化，再加入 APP，并强力搅拌均匀而成。

3. 其他改性

1）再生橡胶改性沥青

再生橡胶改性沥青具有一定的弹性、塑性，良好的粘接力、气密性、低温柔韧性和抗老化等性能，而且价格低廉。它可用于防水卷材、片材、密封材料、胶粘剂和涂料等。制备方法：将废旧橡胶加工成直径为 1.5 mm 或更小颗粒，然后与沥青混合，经加热脱硫而成。此外，还可使用丁基橡胶、丁苯橡胶、氯丁橡胶等改性材料。

2）橡胶和树脂共混改性沥青

用橡胶和树脂两种改性材料同时改善沥青的性质，使其同时具有橡胶和树脂的特性，由于橡胶和树脂的混溶性较好，故改性效果良好。橡胶、树脂和沥青在加热熔融状态下，沥青与高分子聚合物之间发生相互侵入和扩散，沥青分子填充在聚合物大分子的间隙内，同时聚合物分子的某些连接扩散进入沥青的分子中，形成凝聚的网状混合结构，从而获得较优良的性能。橡胶和树脂共混改性沥青的原料品种、配比、制作工艺不同，其性能也不相同。它可用于防水卷材、片材、密封材料和涂料等。

学习情景二　其他防水材料

一、防水涂料

防水涂料是以高分子材料为主体，在常温下呈无定形液态，经涂布能在结构物表面固化形成具有相当厚度并有一定弹性的防水膜的物料总称。常用的种类有：

（1）沥青基防水涂料。沥青基防水涂料是指以沥青为基料配制而成的水乳型或溶剂型防水涂料。

（2）改性沥青类防水涂料。改性沥青类防水涂料是指以沥青为基料，用合成高分子聚合物进行改性，制成的水乳型或溶剂型防水涂料。

（3）合成高分子类防水涂料。合成高分子防水涂料是指以合成橡胶或合成树脂为主要成膜物质制成的单组分或多组分的防水涂料。这类涂料具有高弹性、高耐久性及优良的耐高低温性能。

二、密封材料

密封材料是能承受位移以达到气密、水密目的而嵌入建筑接缝中的定形和不定形的材料。

（1）建筑防水沥青嵌缝油膏。建筑防水沥青嵌缝油膏是指以石油沥青为基料，加入改性材料、稀释剂及填充料混合制成的冷用膏状密封材料。其主要用于各种混凝土屋面板、墙板等建筑构件节点的防水密封。

（2）聚氨酯建筑密封膏。聚氨酯建筑密封膏是指以异氰酸基（—NCO）为基料，与含合成高分子有活性氢化物的固化剂组成的一种常温固化弹性密封材料。

（3）聚硫建筑密封膏。聚硫建筑密封膏是指由液态硫橡胶为主剂与金属过氧化物等硫化剂反应在常温下形成的弹性体密封膏。国内多为双组分产品。

（4）硅酮密封胶。硅酮密封胶是指以聚二甲基硅氧烷为主剂，加入适量硫化剂、硫化促进剂、增强填充料和颜料等组成的。

三、刚性防水材料

刚性防水材料是指采用较高强度无延伸能力的防水材料。刚性防水材料多采用水泥、砂、石为原料或其内掺入少量外加剂、高分子聚合物等配制成具有一定抗渗透能力的水泥砂浆、混凝土类防水材料，它们组成刚性防水层。刚性防水材料可通过两种方法实现；

以硅酸盐类水泥为基料，加入无机或有机外加剂配制而成的防水砂浆、防水混凝土。如外加剂抗渗混凝土、聚合物防水砂浆等。

以膨胀水泥为主的特种水泥为基材配制的防水砂浆、抗渗混凝土等。

四、其他防水材料

建筑上其他防水材料的品种和主要应用如表 8.3 所示。

表 8.3　常用防水材料的品种和主要应用

类别	品种	主要应用
刚性防水材料	防水砂浆	屋面及地下防水工程，不宜用于有变形的部位
	防水混凝土	屋面、蓄水池、地下工程、隧道等
沥青基防水材料	纸胎石油沥青油毡	地下、屋面等防水工程
	玻璃布胎沥青油毡	地下、屋面等防水防腐工程
	沥青再生橡胶防水卷材	屋面、地下室等防水工程，特别适合寒冷地区或有较大变形的部位
改性沥青防水卷材	APP 改性沥青防水卷材	屋面、地下室等各种防水工程
	SBS 性沥青防水卷材	屋面、地下室等各种防水工程，特别适合严寒地区或有较大变形的部位
合成高分子防水卷材	三元乙丙橡胶防水卷材	屋面、地下室水池等各种防水工程，特别适合严寒地区或有较大变形的部位
	聚乙烯防水卷材	屋面、地下室等各种防水工程，特别适合较大变形的部位
	聚氯乙烯防水卷材	屋面、地下室等各种防水工程，特别适合寒冷地区或有较大变形的部位
	氯化聚乙烯防水卷材	屋面、地下室、水池等各种防水工程，特别适合严寒地区或有较大变形的部位
	氯化聚乙烯-橡胶共混防水卷材	屋面、地下室、水池等各种防水工程，特别适合寒冷地区或有较大变形的部位
粘结及密封材料	沥青胶	粘贴沥青油毡
	建筑防水沥青嵌缝油膏	屋面、墙面、沟、槽、小变形缝等的防水密封。重要工程不宜使用
	冷底子油	防水工程的最底层
	乳化石油沥青	代替冷底子油、粘贴玻璃布、拌制沥青砂浆或沥青混凝土
	聚氯乙烯防水接缝材料	屋面、墙面、水渠等的缝隙
	丙烯酸酯密封材料	墙面、屋面、门窗等的防水接缝工程。不宜用于经常被水浸泡的工程
	聚氨酯密封材料	各类防水接缝。特别是受疲劳荷载作用或接缝处变形大的部位，如建筑物、公路、桥梁等的伸缩缝
	聚硫橡胶密封材料	各类防水接缝。特别是受疲劳荷载作用或接缝处变形大的部位，如建筑物、公路、桥梁等的伸缩缝

学习情景三　防水材料的选用和验收

一、防水材料的选用

建筑物和构筑物的防水是依靠具有防水性能的材料来实现的，防水材料质量的优劣直接关系到防水层的耐久年限，防水工程的质量在很大程度上取决于防水材料的性能和质量，材料是防水工程的基础。我们在进行防水工程施工时，所采用的防水材料必须符合国家或行业的材料质量标准，并应满足设计要求。

1. 屋面防水材料的选用

屋面防水材料应根据建筑物类型、防水层合理作用年限、设防要求合理选用。防水等级分为 4 级，具体要求详见《屋面工程质量验收规范》（GB 50207—2002）中有关规定执行，如表 8.4 所示。

表 8.4　屋面工程防水等级和材料选择

项目	屋面防水等级			
建筑物类型	Ⅰ	Ⅱ	Ⅲ	Ⅳ
防水层合理使用年限	25 年	15 年	10 年	5 年
防水层选用材料	宜选用合成高分子防水卷材、高聚物改性沥青防水卷材、金属板材、合成高分子防水涂料、细石混凝土等材料	宜选用高聚物改性沥青防水卷材、合成高分子防水卷材、金属板材、合成高分子防水涂料、高聚物改性沥青防水涂料、细石混凝土、平瓦、油毡瓦等材料	宜选用三毡四油沥青防水卷材、高聚物改性沥青防水卷材、合成高分子防水卷材、金属板材、合成高分子防水涂料、高聚物改性沥青防水涂料、合成高分子防水涂料、细石混凝土、平瓦、油毡瓦等材料	宜选用高聚物改性沥青防水卷材、高聚物改性沥青防水涂料、沥青基防水涂料、波形瓦等材料
设防要求	三道或三道以上防水设防	二道防水设防	一道防水设防	一道防水设防

2. 地下工程防水材料的选用

地下工程的防水材料的防水等级分为 4 级，各级要求详见《地下防水工程质量验收规范》（GB 50208—2002）中有关规定。可根据各等级的设防要求选用相应的防水材料。

二、防水材料的验收

防水工程用防水材料必须具有产品合格证书和性能检验报告。防水材料进入施工现场后，应按有关要求进行相关项目的抽样检验，材料的规格尺寸、外观、物理性能指标等应符合相关标准要求，并出具复试检验报告。

目前，防水卷材通常要进行的检测项目有规格尺寸、外观质量、常温拉伸强度、常温扯断伸长率、耐热度、低温弯折性、不透水性等。

判定规则：当防水卷材的规格尺寸、外观质量、物理性能各项指标全部符合标准规定的技术要求时，则判定为合格品。若物理性能有一项指标不符合技术要求，应另取双倍试样进行该项复试，复试结果若仍不合格，则该产品为不合格品。

思考与练习

8-1 石油沥青的成分主要有哪几种？各有何作用？

8-2 石油沥青的主要技术性能有哪些？各用什么指标表示？

8-3 石油为什么会老化？如何延缓其老化？

模块八课件与微课

模块九　建筑木材

【知识目标】

了解木材的基本构造、物理性质、力学性质、防腐及防火措施；掌握木材在建筑工程中的应用，以及各类人造板材的特点及适用范围。

【技能目标】

通过本模块的学习，能够熟知木材加工的分类、用途以及技术指标，并能够进行木材的防护。

木材是传统的三大建筑材料之一，具有很多优良的性能，如轻质高强、导电导热性低、较好的弹性和韧性、能承受冲击和振动、易于加工等。但天然木材构造不均匀，具有各向异性，易吸湿变形，且易腐、易燃。树木生长周期长、成才不易，所以在应用木材做建筑材料时，对木材的节约使用和综合利用十分重要。

学习情景一　木材的基本知识

用肉眼或在低倍放大镜下所看到的木材构造和非构造特征称为宏观特征，也称为粗视特征。木材的宏观特征可通过横切面、径切面和弦切面来观察。横切面是与树干纵轴垂直锯割的切面；径切面是通过髓心的纵切面；弦切面是垂直横切面与年轮相切的纵切面。

就宏观特征而言，树木可分为树皮、木质部和髓心三个主要部分。木材的宏观构造如图 9-1 所示。木质部是木材的主体。其构造特征包括年轮、早材（春材）和晚材（夏材）、边材和心材、树脂道、管孔、轴向薄壁组织、木射线和波痕等。

1. 年轮、早材和晚材

从横切面上看，髓心周围一圈圈呈同心圆分布的木质层，称为年轮。年轮由春材和夏材两部分组成。木材的每一年轮内，靠髓心方向材色浅、组织松、材质软的部分是每年生长旺盛时期形成的，称为春材（早材）；靠树皮方向材色深、组织密、材质硬的部分是生长后期形成的，称为夏材（晚材）。夏材所占比例越大，木材的强度与表观密度就越大。当树种相同时，年轮稠密均匀者材质较好。

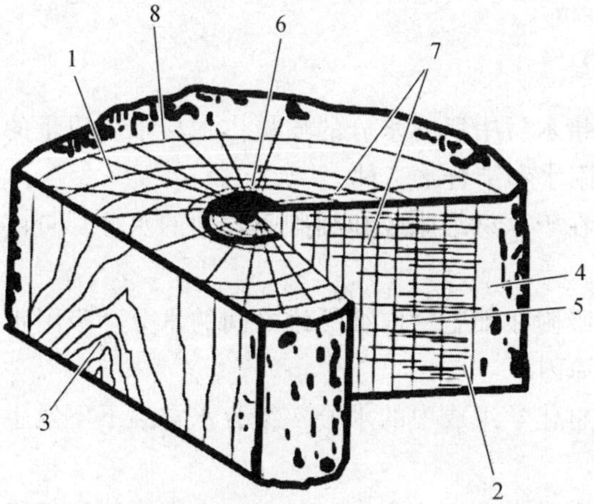

1—横切面；2—径切面；3—弦切面；4—树皮；5—木质部；6—髓心；7—髓线；8—年轮。

图 9-1　木材的宏观构造

2. 髓心与髓线

在树木的中心由第一年轮组成的初生木质部分称为髓心（又称树心）。其材质松软、强度低、易腐朽开裂。从髓心呈放射状穿过年轮的条纹称为髓线。线围细胞连接较弱，木材在干燥过程中易沿髓线开裂。

3. 心材与边材

靠近髓心周围材色较深、含水率小的部分称为心材；靠近树皮材色较浅、含水率大的部分，称为边材。

学习情景二　木材的主要性质

一、物理力学性质

木材的物理力学性质主要有密度、表观密度、含水率、湿胀干缩、吸湿性等，其中含水率对木材的物理力学性质影响很大。

1. 木材的密度和表观密度

（1）密度。木材的密度为 1.48 ~ 1.56 g/cm^3，平均约为 1.55 g/cm^3。由于木材的分子结构基本相同，因此木材的密度基本相同。

（2）表观密度。木材的孔隙率、含水率等因素决定了木材的表观密度。木材的表观密度越大，其湿胀干缩变化也越大。不同的树种，表观密度也不同。在常用木材中表观密度较大的（如麻栎）达 980 kg/m^3，较小的（如泡桐）仅 280 kg/m^3。一般木材表观密度为 400 ~ 600 kg/m^3。

2. 木材的含水率

木材的含水率是指木材中所含水分的质量占木材干燥质量的百分数。木材中的水分主要有自由水、吸附水和结合水三种。

（1）自由水指存在于木材细胞腔和细胞间隙中的水分。自由水的变化只影响木材的表观密度。

（2）吸附水指被吸附在细胞壁内细纤维之间的水分。吸附水的变化是影响木材强度和胀缩变形的主要原因。

（3）结合水指木材化学组成中的水分。结合水常温下不发生变化，对木材的性质一般没有影响。

木材细胞壁内充满吸附水，达到饱和状态，而细胞腔和细胞间隙中没有自由水时的含水率称为纤维饱和点。木材的纤维饱和点随树种而异，一般介于 25% ~ 35%，平均值 30%。纤维饱和点是木材物理力学性质发生变化的转折点。

木材所含水分与周围空气的湿度达到平衡时的含水率称为木材的平衡含水率，是木材干燥加工时的重要控制指标。

3. 木材的湿胀干缩变形

木材具有显著的湿胀干缩性。当木材的含水率在纤维饱和点以上时，只有自由水堆变化，木材的体积不发生变化。当木材的含水率在纤维饱和点以下时，随着干燥，细胞中的吸附水开始蒸发，体积收缩；反之，干燥木材吸湿后，体积将发生膨胀，直到含水率达到纤维饱和点为止。

木材的湿胀干缩变形随树种的不同而异，一般情况下，表观密度大的、夏材含量多的木材，湿胀干缩变形较大。

4. 木材的吸湿性

木材具有较强的吸湿性，它的含水率会随着环境温度、湿度的变化而变化。木材的吸湿性对木材的性能，特别是木材的湿胀干缩影响很大。因此，木材在使用时其含水率应接近或稍低于平衡含水率。

二、力学性质

木材的强度按照受力状态可分为抗压、抗拉、抗剪和抗弯四种。但由于木材的各向异性，在不同的纹理方向上强度表现不同。当顺纹抗压强度为 1 时，理论上木材的不同纹理间的强度关系见表 9.1。

表 9.1　木材各种强度间的关系

抗压	顺纹	1
	横纹	1/10 ~ 1/3
抗拉	顺纹	2 ~ 3
	横纹	1/20 ~ 1/3
抗剪	顺纹	1/7 ~ 1/3
	横纹	1/2 ~ 1
抗弯	顺纹	1.5 ~ 2.0
	横纹	1.5 ~ 2.0

木材的强度除与自身的树种构造有关外，还与含水率、疵病、荷载时间、环境温度等因素有关。当含水率在纤维饱和点以下时，木材的强度随含水率的增加而降低，木材的天然病，如节子、构造缺陷、裂纹、腐朽、虫蛀等，都会明显降低木材强度。木材在长期荷载作用下的强度会降低 50% ~ 60%（称为持久强度）。木材使用环境的温度超过 50 °C 或者受冻融作用后也会降低强度。木材的持久强度如图 9-2 所示。

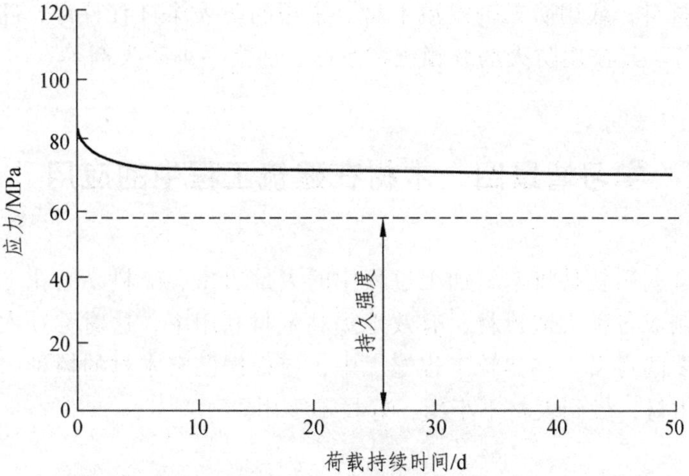

图 9-2　木材的持久强度

学习情景三　木材的防护

一、木材的腐蚀

木材的腐蚀变质通常是由真菌和昆虫的侵害造成的。真菌包括霉菌、变色菌和腐朽菌。腐朽菌破坏木材的细胞壁，使木材腐朽变坏。

霉菌、变色菌、腐朽菌等，在树皮和木质内部繁殖和生存的条件是空气、适宜的温度和湿度。当木材的含水率为 35% ~ 50%，环境温度为 25 ~ 30 °C，有足够的空气时，最适合真菌繁衍，木材也最易腐蚀。

另外，木材还易受到白蚁、天牛等昆虫的蛀蚀，形成很多孔眼或沟道，甚至蛀穴，破坏结构的完整性而使强度严重降低。

二、木材的防腐

木材的防腐是针对真菌和昆虫的生存条件（如水分、温度和养料等）采取相应的防腐措施（如使用防腐剂、通风、干燥、浸没在水中、深埋于地下或表面涂油漆），来抑制真菌的生长和昆虫的侵害。

三、木材的防火

木材为易燃物质，应进行防火处理，以提高其耐火性，使其着火后不致沿表面蔓延，当火源移开后，材面上的火焰立即熄灭。常用的防火处理是在木材表面涂刷、浸注或覆盖难燃材料，或用防火剂浸渍木材。常用的防火涂料有石膏、硅酸盐类、丙烯酸乳胶防火料等。浸渍用防火剂有硼化物系列、卤类系列防火剂等。

学习情景四　木材在建筑工程中的应用

木材的综合利用就是将木材加工过程中的大量边角、碎料、刨花、木丝等，经过再加工处理，制成各种人造板材，有效地提高木材利用率，这对弥补木材资源严重不足有着十分重要的意义。在建筑工程施工中，应根据已有木材的树种、等级、材质情况等合理使用木材，做到大材不小用，好材不零用。

一、胶合板

胶合板是用原木旋切成薄片，经干燥处理后，再用胶粘剂按奇数层数，以各层纤维互相垂直的方向，黏合热压而成的人造板材。一般为 3 ~ 13 层。工程中常用的是三合板和五合板。针叶树和阔叶树均可制作胶合板。

胶合板的特点是：材质均匀，强度高，无明显纤维饱和点存在，吸湿性小，不翘曲开裂，无疵病，幅面大，使用方便，装饰性好。

胶合板广泛用作建筑室内隔墙板、护壁板、天花板、门面板以及各种家具和装修。普通胶合板的胶种、特性及适用范围见表 9.2。

表 9.2 普通胶合板的胶种、特性及适用范围

种类	分类	名称	胶种	特性	适用范围
阔叶树材普通胶合板	Ⅰ类	NQF（耐气候胶合板）	酚醛树脂胶或其他性能相当的胶	耐久、耐煮沸或蒸汽处理、耐干热、抗菌	室外工程
	Ⅱ类	NS（耐水胶合板）	脲醛树脂胶或其他性能相当的胶	耐冷水浸泡及短时间热水浸泡、不耐煮沸	室外工程
	Ⅲ类	NC（耐潮胶合板）	血胶，带有多量填料脲醛树脂胶或其他性能相当的胶	短时间冷水浸泡	室内工程一般常态下使用
	Ⅳ类	BNS（不耐潮胶合板）	豆胶或其他性能相当的胶	有一定胶合强度，但不耐水	室内工程一般常态下使用
松木材普通胶合板	Ⅰ类	Ⅰ类胶合板	酚醛树脂胶或其他性能相当的合成树脂胶	耐久、耐热、抗真菌	室外长期使用工程
	Ⅱ类	Ⅱ类胶合板	脱水醛树脂胶或其他性能相当的合成树脂胶	耐水、抗真菌	潮湿环境下使用的工程
	Ⅲ类	Ⅲ类胶合板	血胶和加少量填料的脲醛树脂胶	耐湿	室内工程
	Ⅳ类	Ⅳ类胶合板	豆胶和加多量填料的脲醛树脂胶	不耐水、不耐湿	室内工程（干燥环境下使用）

二、纤维板

纤维板是将树皮、刨花、树枝等废料，经破碎浸泡、研磨成木浆，加入胶粘剂或利用木材自身的胶黏物质，再经过热压成型、干燥处理而制成的人造板材。因成型时温度和压力不同，纤维板可分为硬质、半硬质和软质三种。

纤维板对木材利用率高达 90%以上，且材质均匀，各向强度一致，弯曲强度大，不易胀缩和翘曲开裂，完全避免了木材的各种缺陷。

硬质纤维板在建筑上应用很广，可代替木板用于室内壁板、门板、地板、家具和其他装修等。软质纤维板表观密度小（$<400\ kg/m^3$），孔隙率大，多用于绝热、吸声材料。

三、刨花板、木丝板、木屑板

刨花板、木丝板、木屑板是利用木材加工中产生的大量刨花、木丝、木屑为原料，经干燥，与胶结料拌和，热压而成的板材。所用胶结料有动植物胶（豆胶、血胶）、合成树脂胶（酚醛树脂、脲醛树脂等）、无机胶凝材料（水泥、菱苦土等）。这类板材表观密度小，强度较低，主要用作绝热和吸声材料，经饰面处理后，还可用作吊顶板材、隔断板材等。

四、细木工板

细木工板是综合利用木材而加工的人造板材。芯板用木板条拼接而成，两个表面为贴木质单板的实心板材。按其结构可分为芯板条不胶拼的细木工板、芯板条胶拼的细木工板；按表面加工状况可分为一面砂光细木工板、两面砂光细木工板、不砂光细木工板；按所使用的胶合剂可分为Ⅰ类胶细木工板、Ⅱ类胶细木工板。

细木工板的技术性能指标：含水率为7%～13%；横向静曲强度，当板厚度为16 mm时，不低于15 MPa，当板厚度小于16 mm时，不低于12 MPa；胶层剪切强度不低于1 MPa。细木工板具有吸声、绝热、质坚、易加工等特点，主要适用于家具、车厢和建筑室内装修等。

思考与练习

9-1　木材有哪些性质？

9-2　木材的含水率变化对其强度的影响如何？

9-3　木材在吸湿或干燥过程中，体积变化有何规律？

9-4　试说明木材腐蚀的原因、防止木材腐蚀的方法，并说明其原理。

模块九课件与微课

模块十 装配式建筑常用材料

【知识目标】

掌握建筑产业现代化、装配式建筑、装配化施工等基本概念，了解国外装配式建筑发展历程与现状、中国装配式建筑发展历程与现状，熟悉国内部分装配式建筑企业在装配式建筑构件生产、装配化施工等方面的发展现状及产品。

【技能目标】

通过本模块学习，学生应掌握混凝土的概念、混凝土的制作要求及材料存放要求；掌握混凝土制备前准备工作及混凝土搅拌要求；掌握钢筋与型钢的种类；掌握保温材料的种类及作用；掌握外墙保温拉结件、预埋螺栓与螺母、预埋吊件及预埋管线的概念及作用。

学习情景一 基本概念与装配式发展历程和现状

一、基本概念

建筑业作为国民经济的支柱产业，是指专门从事土木工程、房屋建设、设备安装以及工程勘察设计工作的生产部门，其产品表现为各种工厂、矿井、铁路、桥梁、港口、道路、管线、房屋以及公共设施等建筑物和构筑物。随着国家推进建筑产业转型升级的步伐加快，建筑产业发展的最终目标是实现建筑产业现代化。那么，作为刚刚跨进大学校门并且选择了建筑工程技术等相关专业的学生来说，什么是“建筑产业现代化”？“建筑产业现代化”的发展前景又如何？……要了解这些问题，首先需要了解“建筑产业现代化”“装配式建筑”“装配化施工”等相关概念。

1. 建筑产业现代化基本概念

建筑产业现代化是指以绿色发展为理念，以现代科学技术进步为支撑，以工业化生产方式为手段，以工程项目管理创新为核心，以世界先进水平为目标，广泛运用信息技术、节能环保技术，将建筑产品生产全过程联结为完整的一体化产业链系统。其过程包括融投资、规划设计、开发建设、施工生产、管理服务以及新材料、新设备的更新换代等环节。简单地说，建筑产业现代化是指运用现代化管理模式，通过标准化的建筑设计以及模数化、工厂化的部品生产，运用信息技术手段，实现建筑构件和部品的通用化和现场施工的装配化、机械化。

发展建筑产业现代化，有利于建筑业在推进新型城镇化、建设美丽中国、实现中华民族伟大复兴的历史进程中，进一步强化和发挥作为国民经济基础产业、民生产业和支柱产业的重要地位，带动相关产业链发展的先导和引领作用。全面促进和实现建筑产业现代化既是一个漫长的历史发展过程，又是一个系统工程，需要政府、主管部门、行业协会、广大企业、大专院校共同关注、强力推进，最终才能实现建筑产业现代化。

2. 装配式建筑基本概念

装配式建筑是指把传统建造方式中的大量现场作业工作转移到工厂进行，在工厂加工制作好的建筑部品、部件，如楼板、墙板、楼梯、阳台、空调板等，运输到建筑施工现场，通过可靠的连接方式在现场装配安装而成的建筑。装配式建筑主要包括装配式混凝土结构、装配式钢结构及装配式木结构等建筑。装配式建筑采用标准化设计、工厂化生产、装配化施工、一体化装修、信息化管理，是现代工业化生产方式。大力发展装配式建筑，是落实中央城市工作会议精神的战略举措，是推进建筑产业转型升级的重要方式；大力发展装配式建筑，是实施推进“创新驱动发展、经济转型升级”的重要举措，也是切实转变城市建设模式，建设资源节约型、环境友好型城市的现实需要。

3. 装配化施工基本概念

装配化施工是指将通过工业化方式在工厂制造好的建筑产品（构件、配件、部件），在施工现场通过机械化、信息化等工程技术手段按照一定的工法和标准进行组合和安装，建成具有特定建筑产品的一种建造方式。

二、国外装配式建筑发展历程与现状

1. 17 世纪国外装配式建筑

17 世纪，欧洲建筑开始采用一些定型的预制构件搭建帐篷和简易房屋，开始走上工业化道路，初期的预制构件多数是金属通过手工铸造或锤打成形，成为建设房屋的配件。第一次工业革命后，蒸汽动力的出现促进了机械业的发展，手工的劳作逐渐被机器所取代，使得劳动力被进一步解放，金属材料构件开始普及。

2. 18 世纪国外装配式建筑

18 世纪，英国发明了波特兰水泥，这种水泥与水混合后可以快速结硬，加入石子和砂子混合后十分坚固，如果在其中放入木棍或者钢材，就可以做成承载力很强的构件，这就形成了钢筋混凝土结构。随着混凝土的配方被不断改进，钢筋混凝土房屋以其坚固的性能赢得了人们的青睐，并且很快传播到世界各地。由于混凝土生产需要大量使用水，冬季在现场无法施工，人们效仿金属构件预制的方法，将一些构件转移到室内生产，这就成了预制混凝土构件。

3. 19世纪国外装配式建筑

19世纪，欧洲大城市人口不断增加，受到汽车工业化的影响，制造业的优势日益突显，建筑走上工业化道路已成为必然，此时，盒子建筑（标准化的预制装配式空间模块）钢筋混凝土框架结构应运而生。

4. 20世纪国外装配式建筑

20世纪30年代，苏联在工业建筑中推行建筑构件标准化和预制装配方法。第二次世界大战后，为修建大量的住宅、学校和医院等，定型设计和预制构件有了很大发展。20世纪50年代，欧洲由于受“二战”的严重创伤，房屋短缺的同时又缺乏劳动力，建筑师开始大规模开发模数化系统，开始研发结构合理、成本较低的工业化建筑。1961—1964年德国发展了钢结构体系，住宅建筑工业化的高潮遍及欧洲各国，并发展到美国、加拿大、日本等经济发达国家。在建筑工业化的道路上，由于各国的资源条件和经济条件不同，具有足够资本积累和金属材料资源的国家钢结构发展迅速。一些国家由于钢材经过几十年的发展，各国建筑工业化都有自己的特点。如：

德国的厂房利用钢结构较紧缺，一般以发展混凝土结构为主。苏联、意大利等国装配式混凝土结构技术具备了成熟的建筑规范和标准；瑞典开发了大型混凝土预制板的工业化体系；法国走过了一条以全装配式大板和工具式模板现浇工艺为标准的建筑工业化的道路，推广“构造体系”，推行构件生产与施工分离，发展面向全行业的通用构配件的商品生产。

“人居67”生态公寓是一座位于加拿大蒙特利尔圣罗伦斯河畔的住宅小区，虽然它看上去不那么“美观”，也不够有“生活气息”，但其奇特的外观使得它成为当地的地标之一。该项目作为1967年蒙特利尔世博会的内容而实现，设计师设计建造“人居67”生态公寓时，基于向中低收入阶层提供社会福利（廉价）住宅的理想，将每一盒子式的住宅单元都设定为统一的模块，然后预制建造出来，再像集装箱那样以参差错落的形式堆积起来。“人居67”生态公寓巧妙地利用了立方体的形态，将354个灰米黄色的立方体错落有致地码放在一起构成158个单元。这种空间规划设计，既包含了立方体坚固的特点，又表现了错综复杂的美学形态，同时保证了户户都有花园和阳台的要求，同时兼顾了隐私性与采光性，表明未来住宅人性化、生态化的发展方向。

三、中国装配式建筑发展历程与现状

1. 20世纪50年代中国装配式建筑

20世纪50年代，国家为了经济建设发展，首先向苏联学习工业厂房的标准化设计和预制建造技术，大量的重工业厂房多数采用预制装配的方法进行建设，预制混凝土排架结构发展很好，预制柱、预制薄腹梁、预应力折线型屋架、鱼腹式吊车梁、预制预应力大型屋面板、预制外墙挂板等被大量采用，房屋预制构件产业上升到一个很高的水平。在国家钢材和水泥严重紧缺的情况下，预制技术为国家的工业发展做出了应有的贡献。

2. 20世纪60年代中国装配式建筑

20世纪60年代，随着中小预应力构件的发展，城乡出现了大批预制件厂。用于民用建筑的空心板、平板、檩条、挂瓦板，用于工业建筑的屋面板、F形板、槽形板以及工业与民用建筑均可采用的V形折板等，成为这些构件厂的主要产品，预制件行业开始形成。

3. 20世纪80年代中国装配式建筑

20世纪80年代，国家发展重心从生产逐渐向生活过渡，城市住宅的建设需求量配建不断加大。为了实现快速建设供应，借鉴苏联和欧洲预制装配式住宅的经验，开始了装配式混凝土大板房的建设，并迅速在北京、沈阳、太原、兰州等大城市推广。特别是北京市，在短短10年内建设了2 000多万平方米的装配式大板房，装配式结构在民用建筑领域掀起了一次工业化的高潮。但由于当时基础性的保温、防水材料技术比较低，在保温隔热、隔音防水等性能方面普遍存在严重缺陷，首轮分配到大板房的居住者多数是中、高层干部，在体验了大板房”夏热冬冷”的特点后，进一步影响了消费者的信心。

4. 20世纪90年代中国装配式建筑

20世纪90年代，国家开始实行房改，住宅建设从计划经济时代的政府供给分配方式向市场经济的自由选择方式过渡。住宅建设标准开始多元化，预制构件厂原有的模具难以适应新住宅的户型变化要求，其计划经济的经营特征无法满足市场变化的需求。装配式大板结构几乎全部迅速下马，被市场淘汰。

5. 21世纪中国装配式建筑

进入21世纪，随着全社会资源环境危机意识的加强，以及我国特殊的城镇化需求与土地等资源匮乏的现状，2004年政府提出了发展节能省地型住宅的要求，亦即“五节一环保”，并在新版的《住宅建筑规范》《住宅性能认定标准》中做了具体详细的要求。随着我国的经济水平和科技实力不断加强，各行各业的产业化程度不断提高，建筑房地产业得到长足发展，材料水平和装备水平足以支撑建筑生产方式的变革。我国的住宅产业化进入了一个新的发展时期，再加上受到劳动力人口红利逐渐消失的影响，建筑业的工业化转型迫在眉睫，但由于我国预制建筑行业已经停滞了将近 30 年，专业人才存在断档、技术沉淀几近消亡，众多企业和社会力量不得不投入大量人力、财力、物力进行建筑工业化研究，从引进技术到自主研发，不断积极探索。随着新编制的《装配式混凝土结构技术规程》（JGJ 1—2014）于 2014 年 10 月 1 日生效，我国装配式建筑产业发展开始重新起步，掀起又一次装配式建筑发展的高潮。

6. 中国装配式建筑发展现状

随着北京、上海、深圳、济南、沈阳等城市对装配式建筑的推进，带动了多地的装配式建筑发展，众多企业纷纷启动装配式建筑试点项目，出现了多种新型结构体系和技术路线，形成了“百花齐放”的良好发展态势。

学习情景二　装配式建筑常用材料与主要配件

目前中国众多的装配式建筑结构体系中，主要以装配式混凝土结构为主，其次为钢结构住宅。其中预制装配式混凝土结构住宅又以剪力墙结构和框架结构为主要代表。

混凝土是指由胶凝材料、骨料和水（或不加水）按适当的比例配合、拌和制成混合物，经一定时间硬化而成的人造石材。通常所说的混凝土是指用水泥作胶凝材料，砂石作骨料，与水（可含外加剂和掺合料）按一定比例配合，经搅拌而得的水泥混凝土，也称普通混凝土，它广泛应用于土木工程。在装配式建筑中主要用于制作预制混凝土构件和现场后浇，如图 10-1、图 10-2 所示。

图 10-1　叠合板混凝土浇筑

图 10-2　叠合板混凝土浇筑成型

一、混凝土的基本要求

1. 混凝土制作要求

装配式混凝土结构中，混凝土的各项力学性能指标和有关结构耐久性的要求应符合现行国家标准《混凝土结构设计规范》（GB 50010—2010）2015 版的规定。预制构件的混凝土强度等级不宜低于 C30，预应力混凝土预制构件的混凝土强度等级不宜低于 C40，且不应低于 C30；现浇混凝土的强度等级不应低于 C25。

水泥宜采用不低于 42.5 级的硅酸盐、普通硅酸盐水泥，砂宜选用细度模数为 2.3 ~ 3.0 的中粗砂，石子宜选用 5 ~ 25 m 碎石，质量应符合《普通混凝土用砂、石质量及检验方法标准》（JGJ 52—2006）的规定，不得使用海砂。

2. 混凝土材料存放要求

混凝土原材料应按品种、数量分别存放，并应符合下列规定：

（1）水泥和掺合料应存放在筒仓内，储存时应保持密封、干燥、防止受潮。

（2）砂、石应按不同品种、规格分别存放，并应有防尘和防雨等措施。

（3）外加剂应按不同生产企业、不同品种分别存放，并有防止沉淀等措施。

二、混凝土的制备

1. 制作前的准备工作

1）材料与主要机具

（1）水泥。水泥进场时必须有出厂合格证和试验报告单，并对其品种、级别、包装或散装仓号、出厂日期等进行检查，并对其强度、安定性及其他必要的性能指标进行复验，其质量必须符合现行国家标准《通用硅酸盐水泥》（GB 175—2007）的规定，当对水泥质量有怀疑或水泥出厂超过 3 个月（快硬硅酸盐水泥超过 1 个月）时，应复查试验并按试验结果使用。钢筋混凝土结构、预应力混凝土结构中严禁使用含氯化物的水泥。

（2）混凝土用砂一般以中、粗砂为宜。砂必须符合有害杂质最大含量低于国家标准规定的要求，砂中的有害杂质的多少会直接影响到混凝土的质量，如云母、黑云母、淤泥和黏土、硫化物和硫酸盐、有机物等。有害杂质会对混凝土的强度、抗冻性、抗渗性等方面产生不良影响或腐蚀钢筋影响结构的耐久性。

（3）石子。混凝土中所用石子应尽可能选用碎石。碎石由人工破碎，表面粗糙，空隙率和总表面积较大，故所需的水泥浆较多，与水泥浆的黏结力强，因此碎石混凝土强度较高。

（4）主要机具。混凝土搅拌机按其搅拌原理分为自落式和强制式两类。自落式搅拌机适用于搅拌流动性较大的混凝土（坍落度不小于 30 mm）；强制式搅拌机和自落式搅拌机相比，搅拌作用强烈，搅拌时间短，适于搅拌低流动性混凝土、干硬性混凝土和轻骨料混凝土。

2）作业条件

（1）试验室已下达混凝土配合比通知单，严格按照配合比进行生产任务，如有原材变化，以试验室的配合比变更通知单为准，严禁私自更改配合比。

（2）所有的原材料经检查，全部应符合配合比通知单所提出的要求。

（3）搅拌机及其配套的设备应运转灵活、安全可靠。电源及配电系统符合要求，安全可靠。

（4）所有计量器具必须有检定的有效期标识。计量器具灵敏可靠，并按施工配合比设专人定磅。

（5）新下达的混凝土配合比，应进行开盘鉴定。

2. 混凝土搅拌要求

1）准备工作

每台班开始前，对搅拌机及上料设备进行检查并试运转；对所用计量器具进行检查并定磅；校对施工配合比；对所用原材料的规格、品种、产地、牌号及质量进行检查，并与施工配合比进行核对；对砂、石的含水率进行检查，如有变化，及时通知试验人员调整用水量。一切检查符合要求后，方可开盘拌制混凝土。

2）物料计量

（1）砂、石计量：采用自动上料，需调整好斗门关闭的提前量，以保证计量准确。砂、石计量的允许偏差应≤±2%。

（2）水泥计量：搅拌采用散装水泥时，应每盘精确计量。水泥计量的允许偏差应≤±1%。

（3）外加剂及混合料计量：使用液态外加剂时，为防止沉淀要随用随搅拌。外加剂的计量允许偏差应≤±1%。

（4）水计量：水必须盘盘计量，其允许偏差应≤±1%。

3）第一盘混凝土拌制的操作

（1）每工作班拌制第一盘混凝土时，先加水使搅拌筒空转数分钟，搅拌筒被充分湿润后，将剩余积水倒净。

（2）搅拌第一盘时，由于砂浆粘筒壁而损失，因此，根据试验室提供的砂石含水率及配合比配料，每班第一盘料需增加水泥 10 kg，砂 20 kg。

（3）从第二盘开始，按给定的配合比投料。搅拌时间控制：混凝土搅拌时间为 60～120 s 为佳。冬期施工时搅拌时间应取常温搅拌时间的 1.5 倍。

4）出料时的外观及时间

出料前，在观察口目测拌合物的外观质量，保证混凝土应搅拌均匀、颜色一致，具有良好的和易性。每盘混凝土拌合物必须出尽，下料时间为 20 s。

5）混凝土拌制的检查及技术要求

见表 10.1。

表 10.1　混凝土拌制的检查及技术要求

检验项目	技术要求	检验方案		检验方法
		检验员	操作者	
称量误差值	水泥、掺合料、外加剂≤1%	日常巡检抽检≥1 次/班	自检	目测标准砝码
混凝土配方	见混凝土配合比	巡检	自检	目测
搅拌时间	见上述第（3）点	巡检	自检	目测
坍落度	保证坍落度 9～12 cm	日常巡检抽检≥1 次/班	自检	目测坍落度筒
混凝土强度等级	≥C30	抽检≥1 次/班	试验室	试件

学习情景三　钢筋与型钢

一、钢　筋

1. 钢筋种类

钢筋是指钢筋混凝土用和预应力混凝土用钢材，包括光圆钢筋、带肋钢筋（螺纹钢筋），如图 10-3、10-4 所示。按照生产工艺不同，钢筋分为低合金钢筋（HRB）、余热处理钢筋（RRB）和细晶粒钢筋（HRBF）。按照强度等级划分，钢筋分为Ⅰ级钢筋、Ⅱ级钢筋、Ⅲ级钢筋、Ⅳ级钢筋等。其中：Ⅰ级钢筋为圆钢，牌号为 HPB300；Ⅱ级钢筋、Ⅲ级钢筋、Ⅳ级钢筋均为螺纹钢筋，常用的钢筋牌号为Ⅱ级钢筋 HRB335（E）、

RRB335 和 HRBF335（E），Ⅲ级钢筋 HRB400（E）、RRB400 和 HRBF400（E），Ⅳ级钢筋 HRB500（E）、RRB500 和 HRBF500（E）。钢筋牌号后加“E”的为抗震专用钢筋。

图 10-3　光圆钢筋

图 10-4　螺纹钢筋

2. 钢筋施工流程

钢筋施工流程包括：钢筋进场验收→钢筋存放→钢筋配料→钢筋加工→钢筋连接→钢筋安装。

1）钢筋进场验收

钢筋进场应进行验收，验收项目包括：查对标牌、检查外观和力学性能检验，验收合格后方可使用。

（1）查对标牌。产品合格证、出厂检验报告是产品质量的证明资料，因此，钢筋混凝土工程中所用的钢筋，必须有钢筋产品合格证和出厂检验报告（有时两者可以合并）。进场的每捆（盘）钢筋（丝）均应有标牌，一般不少于两个，标牌上应有供方厂标、钢号、炉罐（批）号等标记，验收时应查对标牌上的标记是否与产品合格证和出厂检验报告上的相关内容一致。

（2）检查外观。钢筋的外观检查包括：钢筋应平直、无损伤；钢筋表面不得有裂纹、油污、颗粒状或片状锈蚀；钢筋表面凸块不允许超过螺纹的高度；钢筋的外形尺寸应符合有关规定。

（3）力学性能检验。钢筋进场时应按炉罐（批）号及直径分批验收，并按现行国家标准《钢筋混凝土用热轧带肋钢筋》（GB 1499.2）、《钢筋混凝土用热轧光圆钢筋》（GB 1499.1）等的规定抽取试件作力学性能检验，合格后方可使用（应有进场复验报告）。

2）钢筋存放

（1）进入施工现场的钢筋，必须严格按批分等级、钢号、直径等挂牌存放。

（2）钢筋应尽量放入库房或料棚内，露天堆放时，应选择地势较高、平坦、坚实的。

（3）钢筋的堆放应架空，离地不小于 200 mm。在场地或仓库周围，应设排水沟，以防积水。

（4）钢筋在运输或储存时，不得损坏标志。

（5）钢筋不得和酸、盐、油类等物品放在一起，也不能和可能产生有害气体的车间靠近。

（6）加工好的钢筋要分工程名称和构件名称编号、挂牌堆放整齐。

3）钢筋配料

钢筋配料是根据构件配筋图，先绘出各种形状和规格的单根钢筋简图并加以编号，然后分别计算钢筋下料长度和根数，填写配料单，申请加工。钢筋配料是确定钢筋材料计划，进行钢筋加工和结算的依据。钢筋配料长度是钢筋外缘之间的长度，即外包尺寸，这是施工中量度钢筋长度的基本依据。

4）钢筋加工

钢筋的加工有除锈、冷拉、调直、下料剪切及弯曲成型等。

（1）除锈：钢筋的表面应洁净。油渍、漆污和用锤敲击时能剥落的浮皮、铁锈等应在使用前清除干净。在焊接前，焊点处的水锈应清除干净。钢筋除锈一般可以通过以下两个途径：大量钢筋除锈可通过钢筋冷拉或钢筋调直机调直过程完成；少量的钢筋局部除锈可采用电动除锈机或人工用钢丝刷、砂盘以及喷砂和酸洗等方法进行。

（2）冷拉：在常温下对钢筋进行强力拉伸，以超过钢筋的屈服强度的拉应力，使钢筋产生塑性变形，达到调直钢筋、提高强度的目的。

（3）调直：钢筋调直宜采用机械方法，也可以采用冷拉。对局部曲折、弯曲或成盘的钢筋在使用前应加以调直。钢筋调直方法很多，常用的方法是使用卷扬机拉直和用调直机调直。

（4）下料切断：切断前，应将同规格钢筋长短搭配，统筹安排，一般先断长料，后断短料，以减少短头和损耗；钢筋切断可用钢筋切断机或手动剪切器。

（5）弯曲成型：钢筋弯曲的顺序是画线、试弯、弯曲成型；画线主要根据不同的弯曲角在钢筋上标出弯折的部位，以外包尺寸为依据，扣除弯曲量度差值；钢筋弯曲有人工弯曲和机械弯曲。

5）钢筋连接

钢筋连接是装配式混凝土结构安全的关键之一。节点设计实现强接缝、弱构件的原则，在节点设计上使装配式混凝土结构具有与现浇混凝土结构完全等同的整体性能、稳定性能和耐久性能。由于钢筋通过连接接头传力的性能总不如整根钢筋，因此设置钢筋连接原则为：钢筋接头宜设置在受力较小处，同一根钢筋上宜少设接头，同一构件中的纵向受力钢筋接头宜相互错开。

装配式混凝土建筑中，预制构件可以采用的钢筋连接方法有套筒灌浆连接、约束钢筋浆锚搭接等，如图10-5、图10-6所示。

6）钢筋安装

（1）准备工作

① 核对成品钢筋的钢号、直径、形状、尺寸和数量等是否与料单料牌相符。如有错漏，应纠正增补。

② 准备绑扎用的铁丝、绑扎工具、绑扎架等。钢筋绑扎用的铁丝，可采用20～22

号铁丝，其中 22 号铁丝只用于绑扎直径 12 mm 以下的钢筋。

③ 准备控制混凝土保护层用的塑料卡。

④ 画出钢筋位置线。钢筋接头的位置，应根据来料规格，结合有关接头位置、数量的规定，使其错开，在模板上画线。

⑤ 绑扎形式复杂的结构部位时，应先研究逐根钢筋穿插就位的顺序，并与模板工联系讨论支模和绑扎钢筋的先后次序，以减少绑扎困难。

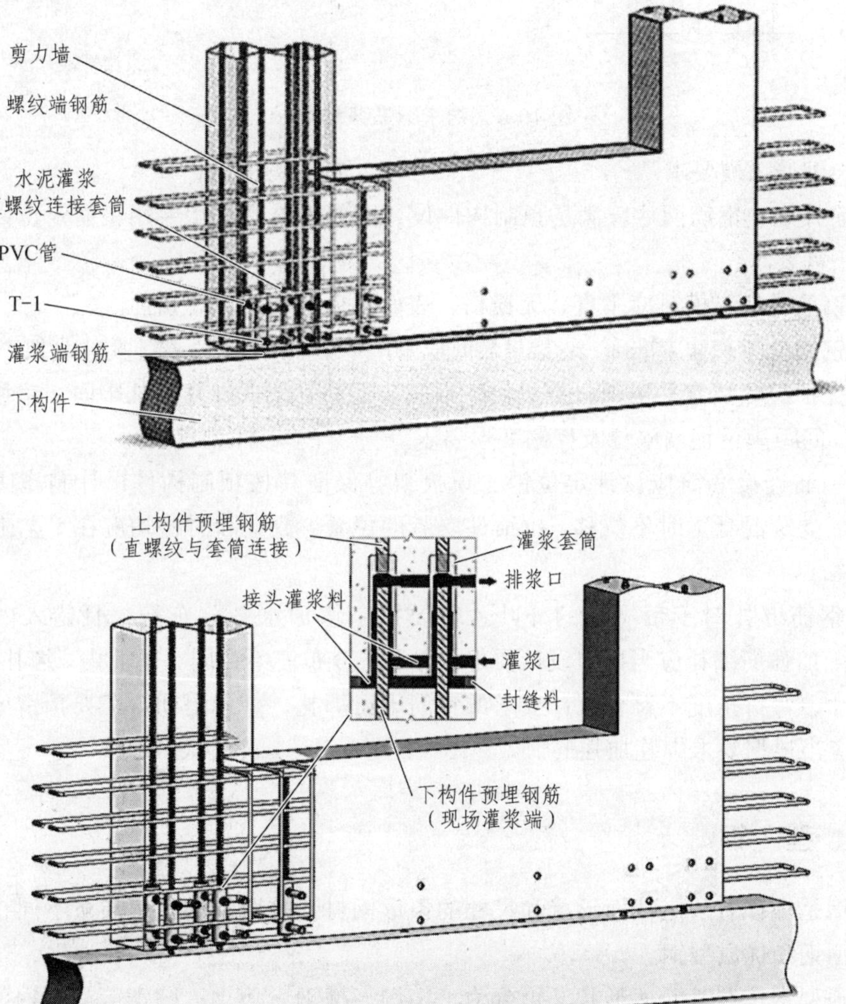

图 10-5　套筒灌浆连接

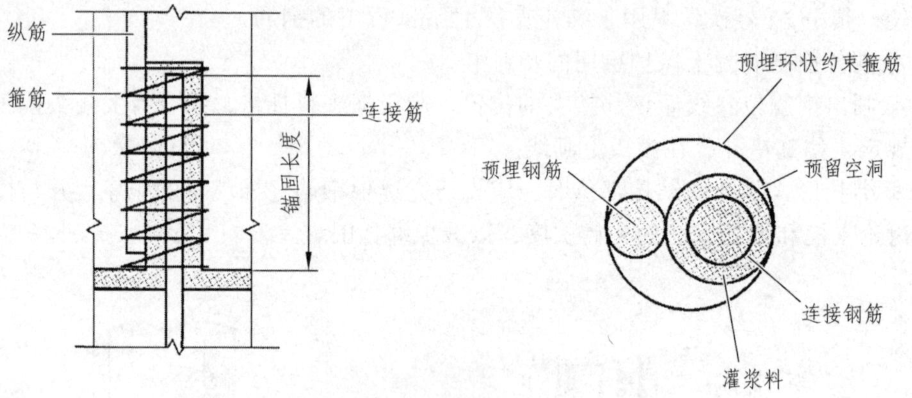

图 10-6　约束钢筋浆锚搭接

（2）钢筋入模要求

钢筋骨架、钢筋网片应满足预制构件设计图要求，宜采用专用钢筋定位件，入模应符合下列要求：

① 钢筋骨架入模时应平直、无损伤，表面不得有油污或者锈蚀。

② 钢筋骨架尺寸应准确，骨架吊装时应采用多吊点的专用吊架，防止骨架产生变形。

③ 保护层垫块宜采用塑料类垫块，且应与钢筋骨架或网片绑扎牢固，垫块按梅花状布置，间距满足钢筋限位及控制变形要求。

④ 钢筋连接套筒应设计定位销、模板架等保证其按预制构件设计制作图准确定位和保证浇筑混凝土时不位移。拉结件安装的位置、数量和时机均应在工艺卡中明确规定。

⑤ 钢筋绑扎对于带飞边的外叶，需要插空增加水平分布筋，且错入内叶部分 210 mm，加强筋绑扎应当按照设计要求，与水平分布筋不在同一平面内。绑扎过程中，对于尺寸、弯折角度不符合设计要求的钢筋不得绑扎，一律退回。需要预留梁槽或孔洞时，应当根据要求绑扎加强筋。

二、型　钢

型钢是一种有一定截面形状和尺寸的条形钢材。按照钢的冶炼质量不同，型钢分为普通型钢和优质型钢。

普通型钢按照其断面形状又可分为工字钢、槽钢、角钢、圆钢等。型钢可以在工厂直接热轧而成，或者采用钢板切割、焊接而成型。钢的材料要求：装配式混凝土结构中，钢材的各项性能指标均应符合现行国家标准《钢结构设计标准》（GB 50017—2017）的规定。型钢钢材宜采用 Q235 等级 B、C、D 的碳素结构钢及 Q345 等级 B、C、D、E 的低合金高强度结构钢。

学习情景四　保温材料

保温材料依据材料性质来分类，大体可分为有机材料、无机材料和复合材料，如聚苯板、挤塑聚苯板、石墨聚苯板、真金板、泡沫混凝土板、发泡聚氨酯板等。不同的保温材料性能各异，材料的导热系数数值的大小是衡量保温材料的重要指标，下面以聚苯板、挤塑聚苯板和石墨聚苯板（如图 10-7、10-8、10-9 所示）为例简要介绍其性能。

图 10-7　聚苯板

图 10-8　挤塑聚苯板

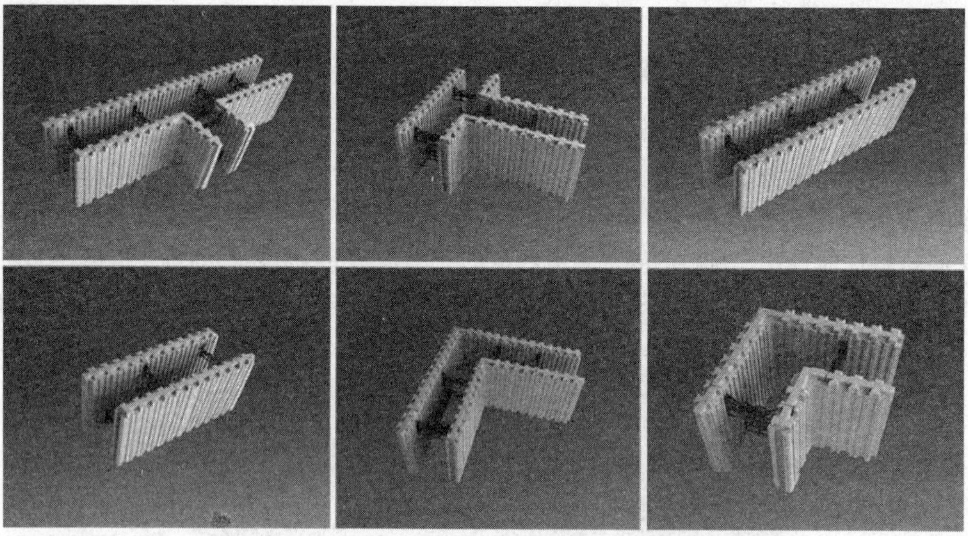

图 10-9　石墨聚苯板

1. 聚苯板

聚苯板全称聚苯乙烯泡沫板，简称 EPS 板，是由含有挥发性液体发泡剂的可发苯乙烯珠粒，经加热预发后在模具中加热成型的具有微细闭孔结构的白色固体，导热系数为 0.035 ~ 0.052 W/（m · K）。EPS 板主要性能指标应符合相关规定，其他性能指标应符合现行国家标准《绝热用模塑聚苯乙烯泡沫塑料》（GB/T 10801.1）的规定。

2. 挤塑聚苯板

挤塑聚苯板简称 XPS 板，也是聚苯板的一种，只不过生产工艺是挤塑成型，导热系数为 0.030W/（m · K），以聚苯乙烯树脂或其共聚物为主要成分，添加少量添加剂，通过加热挤塑成型而制得的具有闭孔结构的硬质泡沫塑料制品。挤塑聚苯板集防水和保温作用于一体，刚度大，抗压性能好，导热系数低。XPS 板主要性能指标应符合规定，其他性能指标应符合现行国家标准《绝热用挤塑聚苯乙烯泡沫塑料（XPS）》（GB/T 10801.2）的规定。

3. 石墨聚苯板

石墨聚苯板是膨胀苯板的一种，是化工巨头巴斯夫公司的经典产品，在聚苯乙烯原材料中添加了红外反射剂，这种物质可以反射热辐射并将 EPS 的保温性能提高 30%，同时防水性能很容易地实现 B_2 级到 B_1 级的跨越。石墨聚苯板的导热系数为 0.033 W/（m · K）。石墨聚苯板是目前所有保温材料中性价比最优的保温产品。因为聚苯板保温产品在保温领域里应用最广泛，不论是欧洲还是国内，聚苯板保温体系都具有最大的市场份额。

学习情景五　主要配件

一、外墙保温拉结件

外墙保温拉结件是用于连接预制保温墙体内、外层混凝土墙板，传递墙板剪力，以内外层墙板形成整体的连接器，如图 10-10、10-11 所示。拉结件宜选用纤维增强复合材料或不锈钢薄钢板加工制成。

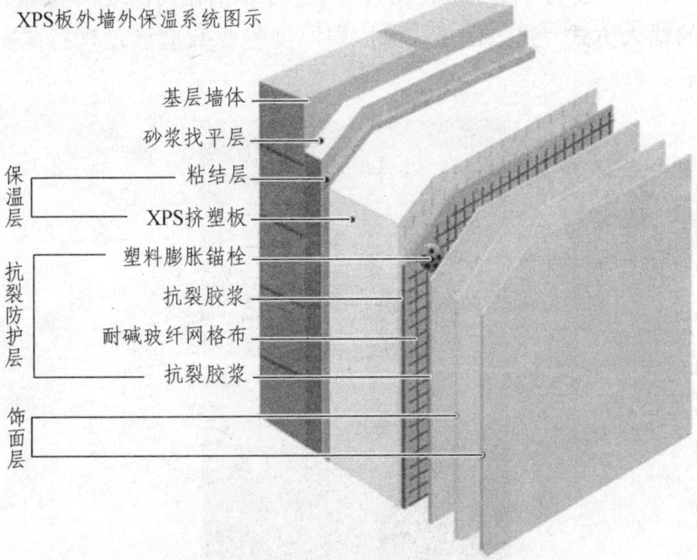

图 10-10　外墙保温立体示意图

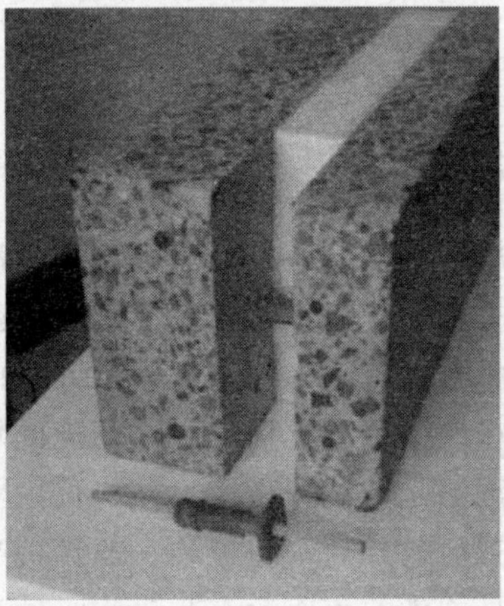

图 10-11　外墙保温拉结件连接图

夹心外墙板中，内外叶墙板的拉结件应符合下列规定：

（1）金属及非金属材料拉结件均应具有规定的承载力、变形和耐久性能，并应经过验证。

（2）拉结件应满足防腐和耐久性要求。

（3）拉结件应满足夹心外墙板的节能设计要求。

（4）外墙保温拉结件的拉伸强度、弯曲强度、剪切强度必须满足国家标准或行业标准规定方可使用。

（5）拉结件的设置方式应满足以下要求：

① 棒状或片状拉结件宜采用矩形或梅花形布置，间距一般为 400 ~ 600 mm，拉件与墙体洞口边缘距离一般为 100 ~ 200 mm；当有可靠依据时，也可按设计要求确定。

② 拉结件的锚入方式、锚入深度、保护层厚度等参数应满足现行国家标准的规定。如图 10-12 所示。

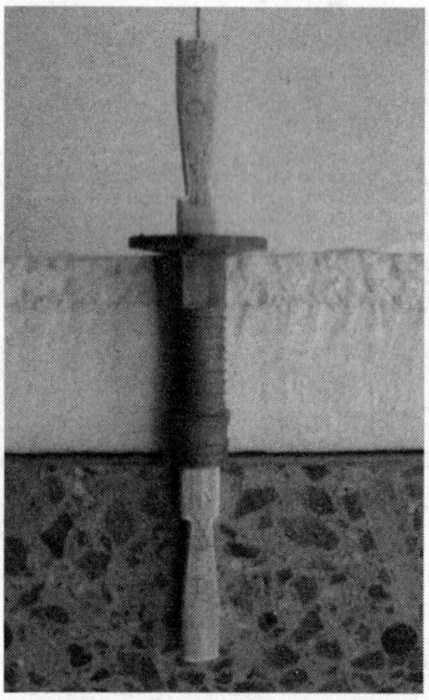

图 10-12　外墙保温拉结件

二、预埋螺栓与螺母

预埋件的材料、品种、规格、型号应符合国家相关标准规定和设计要求。预埋件的防腐防锈应满足现行国家标准《工业建筑防腐蚀设计规范》（GB 50046）和《涂覆涂装前钢材表面处理表面清洁度的目视评定》（GB/T 8923）的规定。

预埋螺栓是将螺栓预埋在预制混凝土构件中，留出的螺栓丝扣用来固定构件，可起到连接固定作用。常见的做法是预制挂板通过在构件内预埋螺栓与预制叠合板或阳台板进行连接，还有为固定其他构件而预埋螺栓。与预埋螺栓相对应的另一种方式是预埋螺母，预埋螺母的好处是构件的表面没有凸出物，便于运输和安装，内丝套筒就属于预埋螺母。对于小型预制混凝土构件，预埋螺栓和预埋螺母在不影响正常使用和满足起吊受力性能的前提下也可当作吊钉使用。

三、预埋吊件

预制混凝土构件以前常用的预埋吊件主要为吊环，目前多采用预埋吊钉的方式。

1. 圆头吊钉

圆头吊钉适用于所有预制混凝土构件的起吊，例如墙体、柱子、横梁、水泥管道等。它的特点是无须加固钢筋，拆装方便，性能卓越，使用操作简便。还有一种带眼圆头吊钉，通常在尾部的孔中栓上锚固钢筋，以增强圆头吊钉在预制混凝土中的锚固力。

2. 套筒吊钉

套筒吊钉适用于所有预制混凝土构件的起吊。其优点是预制混凝土构件表面平整，缺点是采用螺纹接驳器时，需要将接驳器的丝杆完全拧入套筒中，如果接驳器的丝杆没有拧到位或接驳器的丝杆受到损伤时可能降低其起吊能力。因此，在大型构件中较少使用套筒吊钉。

3. 平板吊钉

平板吊钉适用于所有预制混凝土构件的起吊，尤其适合墙板类薄型构件，平板吊钉种类繁多，选用时应根据厂家的产品手册和指南选用。平板吊钉的优点是起吊方式简单，安全可靠，正得到越来越广泛的运用。

四、预埋管线

1. 预埋管线及其种类

预埋管线是指在预制构件中预先留设的管道、线盒。预埋管线是用来穿管或留洞口为设备服务的通道，例如在建筑设备安装时穿各种管线用的通道（如强弱电、给水管线等）。预埋管线通常为钢管、铸铁管或 PVC 管，如图 10-13 所示。

2. 预埋管线要求

1）电气管线

（1）预制构件一般不得再进行打孔、开洞，特别是预制墙应按设计要求标高预留好过墙的孔洞，重点注意预留的位置、尺寸及数量等应符合设计要求。

（2）电气施工人员应对预制构件进行检查，检查预埋的线盒、线管、套管、大型支架埋件等不允许有遗漏，规格、数量及位置等应符合规范要求。

（3）预制构件中主要埋设：配电箱、等电位联结箱、开关盒、插座盒、弱电系统接线盒（消防显示器、控制器、按钮、电话、电视等）及其管线。

（4）预埋管线应畅通，金属管线内外壁应按规定做除锈和防腐处理，清除管口毛刺。埋入楼板及墙内管线的保护层不小于 15 mm，消防管路保护层不小于 30 mm。如图 10-13。

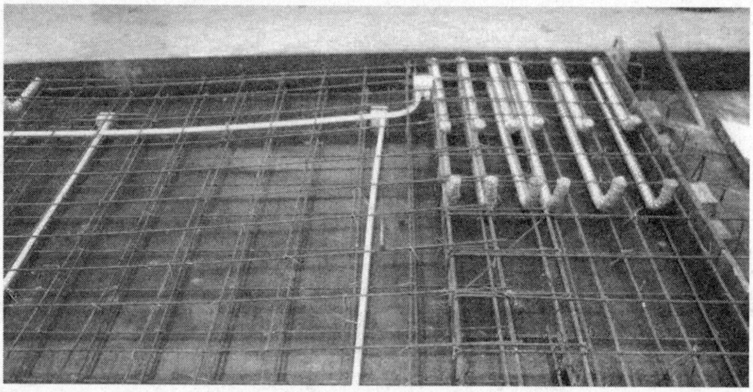

图 10-13 预制墙板预埋电气管道、线盒

2）水暖管线

（1）预留套管应按设计图纸中管道的定位、标高，同时结合装饰专业，绘制预留图，预留预埋应在预制构件厂内完成，并进行质量验收。

（2）在预制构件中预埋管道附件时，应做好保洁工作，避免附件被混凝土等材料堵塞。

（3）穿越预制墙体的管道应预埋刚性或柔性防水套管，按照防水套管相关规定选型；管顶上部净空高度不小于建筑物沉降量，一般不小于 150 mm；穿越预制楼板的管道应预留洞或预埋套管，一般孔洞或套管大于管外径 50 ~ 100 mm。

（4）当给水排水系统中的一些附件预留洞不易安装时，可采用直接预埋的办法。

（5）由于预制混凝土构件是在工厂生产现场组装，和主体结构间靠金属件或现场处理进行连接。因此，所有预制混凝土构件中预埋件的定位除了要满足距墙面、穿越楼板和穿梁的结构要求外，还应给金属件和墙体留有安装空间，一般距两侧构件边缘不小于 40 mm。

思考与练习

10-1 什么是混凝土？

10-2 简述混凝土制作及材料存放的基本要求。

10-3 简述混凝土的搅拌要求。

10-4 简述钢筋与型钢的种类。

10-5 简述保温材料的种类及作用。

10-6 简述外墙保温拉结件、预埋螺栓与螺母、预埋吊件及预埋管线的概念及作用。

模块十课件与微课

模块十一　建筑装饰材料

【知识目标】

1. 了解和掌握常用的装饰材料及其基本性质与应用。
2. 掌握造岩矿物从不同角度的分类，能描述建筑上常用岩石中存在的主要矿物。

【技能目标】

1. 通过本模块的学习，能够科学合理地选用各种装饰材料。
2. 掌握建筑石材的常用规格和选用原则，能够在实际生产中正确选用建筑石材。

学习情景一　天然石材

一、石材的分类

天然岩石按地质成因可分为火成岩、沉积岩、变质岩三大类。

1. 火成岩（也称岩浆岩）

火成岩由地壳深处熔融岩浆上升冷却而成，具有结晶结构而没有层理。根据生成条件的不同，岩浆岩可分为以下三类：

（1）深成岩。深成岩是岩浆在地表深处受上部覆盖层的压力作用，缓慢冷却而形成的岩石。其特点是结晶完全、晶粒明显可辨、构造致密、表观密度大、抗压强度高、吸水率小、抗冻及耐久性好。

（2）喷出岩。喷出岩是岩浆喷出地表冷凝而成。由于冷却较快，大部分结晶不完全呈细小结晶状。岩浆中所含气体在压力骤减时会在岩石中形成多孔构造。建筑中用到的喷出岩有玄武岩、辉绿岩、安山岩等。玄武岩和辉绿岩可作为耐酸和耐热材料，还是生产铸石和岩棉的原料。

（3）火山岩。火山岩是火山爆发时，岩浆被喷到空中急速冷却而形成的多孔散粒状岩石，多呈玻璃质结构，有较高的化学活性。如火山灰、火山渣、浮石等。火山凝灰岩是由散粒状岩石层受到覆盖层压力作用胶结成的岩石。火山灰可用作生产水泥时的混合材料，浮石是配制轻混凝土的一种天然轻骨料，火山凝灰岩容易分割，可用于砌筑基础、墙体等。

2. 沉积岩（也称水成岩）

沉积岩是各种岩石经风化、搬运、沉积和再造岩作用而形成的岩石。沉积岩呈层状构造，孔隙率和吸水率大，强度和耐久性较火成岩低。但因沉积岩分布广容易加工，在建筑上应用广泛。

沉积岩按照生成条件分为三类：

（1）机械沉积岩。机械沉积岩是岩石风化破碎以后，又经风、雨、河流及冰川等搬运、沉积、重新压实或胶结作用，在地表或距地表不太深处形成的岩石，主要有砂岩、砾岩、角砾岩和页岩等。

（2）化学沉积岩。化学沉积岩是岩石中的矿物溶于水后，经富集、沉积而成的岩石，如石膏、白云岩、菱镁矿等。石膏的化学成分为 $CaSO_4 \cdot 2H_2O$，是烧制建筑石膏和生产水泥的原料。白云岩的主要成分是白云石 $CaCO_3 \cdot MgCO_3$，其性能接近于石灰岩。菱镁矿的化学成分为 $MgCO_3$，是生产耐火材料的原料。

（3）生物沉积岩。生物沉积岩是海生动植物的遗骸，经分解、分选、沉积而成的岩石。如石灰岩、硅藻土等。石灰岩的主要成分为方解石（$CaCO_3$），常含有白云石、菱镁矿、石英、蛋白石、含铁矿物和黏土等。

3. 变质岩

变质岩是地壳中原有的岩石在地质运动过程中受到高温、高压的作用，在固态下发生矿物成分、结构构造和化学成分变化形成的新岩石。建筑中常用的变质岩有大理岩、蛇纹岩、石英岩、片麻岩、板岩等。

大理岩也称大理石，是由石灰岩、白云岩经变质而成的具有细晶结构的致密岩石。大理岩在我国分布广泛，而以云南大理生产的最负盛名。大理岩表观密度为 2 600 ~ 2 700 kg/m³，抗压强度较高，达 100 ~ 300 MPa。大理岩质地密实但硬度不高，易于加工，可用于石雕或磨光成镜面。纯大理岩为白色，若含有不同杂质呈灰色、黄色、玫瑰色、粉红色、红色、绿色、黑色等多种色彩和花纹，是高级装饰材料。

石英若是由硅质砂岩变质而成，质地均匀致密，硬度大，抗压强度高达 250 ~ 400 MPa，加工困难，但耐久性强。石英岩板材可用作重要建筑的饰面材料或地面、踏步、耐酸衬板等。

二、石材的技术性质

1. 表观密度

石材的表观密度与其矿物组成、孔隙率等因素有关。表观密度大的石材孔隙率小、抗压强度高、耐久性好。

按照表观密度的大小可将石材分为：重质石材，表观密度大于 1 800 kg/m^3；轻质石材，表观密度小于 1 800 kg/m^3。

2. 强　度

砌筑用石材的强度等级分为 7 个，即 MU100、MU80、MU60、MU50、MU40、MU30、MU20。它是以 3 个边长为 70 mm 的立方体试块的抗压强度平均值确定划分的。

石材的硬度取决于组成矿物的硬度和构造，硬度影响石材的易加工性和耐磨性。石材的硬度常用莫氏硬度表示，它是一种刻画硬度。

三、石材的应用

石材分为毛石、料石、饰面石材和色石子。

1. 毛　石

毛石也称片石，是采石场由爆破直接获得的形状不规则的石块。根据平整程度又将其分为乱毛石和平毛石两类。

（1）乱毛石。形状不规则，一般高度不小于 150 mm，一个方向长度达 300 ~ 400 mm，质量为 20 ~ 30 kg。

（2）平毛石。是由乱毛石略经加工而成。基本上有 6 个面，但表面粗糙。

2. 料　石

料石是由人工或机械开采出的较规则的六面体石块，再略经凿琢而成。根据表面加工度的平整程度分为毛料石、粗料石、半细料石和细料石四种。

（1）毛料石。外形大致方正，一般不加工或稍加修整，高度不小于 200 mm，长度为高度的 1.5 ~ 3 倍。叠砌面凹凸深度不大于 25 mm。

（2）粗料石。高度和厚度都不小于 200 mm，且不小于长度的 1/4，叠砌面凹凸深度不大于 200 mm。

（3）半细料石。规格尺寸同上，叠砌面凹凸深度不大于 15 mm。

（4）细料石。规格尺寸同上，叠砌面凹凸深度不大于 10 mm。

3. 饰面石材

用于建筑物内外墙面、柱面、地面、栏杆、台阶等处装修用的石材称为饰面石材。饰面石材的外形有加工成平面的板材，或者加工成曲面的各种定型件。

饰面石材从岩石种类分主要有大理石和花岗石两大类。大理石是指变质或沉积的碳酸盐类岩石，有大理岩、白云岩、石英岩、蛇纹岩等。花岗岩是指可开采为石材的各类火成岩，有花岗岩、安山岩、辉绿岩、辉长岩、玄武岩等。

大理石饰面材料因主要成分碳酸钙不耐大气中酸雨的腐蚀，所以除了少数几个含杂质少、质地较纯的品种，如汉白玉、艾叶青等外，不宜用于室外装修工程，否则面层会很快失去光泽，并且耐久性会变差。而花岗石饰面石材抗压强度高，耐磨性、耐久性均高，不论用于室内或室外使用年限都很长。

4. 色石砟

色石砟也称色石子，是由天然大理石、白云石、方解石或花岗岩等石材经破碎筛选加工而成。作为骨料主要用于人造大理石、水磨石、水刷石、干粘石、斩假石等建筑物面层的装饰工程。

学习情景二　建筑陶瓷

建筑装饰陶瓷通常是指用于建筑物内外墙面、地面及卫生洁具的陶瓷材料和制品，另外还有在园林或仿古建筑中使用的琉璃制品。它具有强度高、耐久性好、耐腐蚀、耐磨、防水、防火、易清洗以及花色品种多、装饰性好等优点。

一、建筑陶瓷的分类

陶瓷制品又可分为陶、瓷、炻三类。陶、瓷通常又各分为精（细）、粗两类。根据国标 GB/T 4100—2006《陶瓷砖》，陶瓷砖按材质分为瓷质砖（吸水率≤0.5%）、炻瓷砖（0.5%<吸水率≤3%）、细炻砖（3%<吸水率≤6%）、炻质砖（6%<吸水率≤10%）、陶质砖（吸水率>10%）。

瓷砖依用途分为外墙砖、内墙砖、地砖、广场砖、工业砖等。依品种分为釉面砖、通体砖（同质砖）、抛光砖、玻化砖、瓷质釉面砖（仿古砖）。

釉面砖就是砖的表面经过烧釉处理的砖。就是表面用釉料一起烧制而成的，主体又分陶土和瓷土两种，陶土烧制出来的背面承红色，瓷土烧制的背面呈灰白色。釉面砖表面可以做各种图案和花纹，比抛光砖色彩和图案丰富，因为表面是釉料，所以耐磨性不如抛光砖。

广场砖是用于铺砌广场及道路的陶瓷砖。

吸水率低于 0.5%的陶瓷都称为玻化砖，抛光砖吸水率低于 0.5%，也属玻化砖，抛光砖只是将玻化砖进行镜面抛光而得。市场上玻化砖、玻化抛光砖、抛光砖实际是同类产品。吸水率越低，玻化程度越好，产品理化性能越好。

渗花砖是将可溶性色料溶液渗入坯体内，烧成后呈现色彩或花纹的陶瓷砖。

仿古砖不同于抛光砖和瓷片，它“天生”就有一幅“自来旧”的面孔，因此，人们称它为仿古砖，还有复古砖、古典砖、泛古砖、瓷质釉面砖等。仿古砖设计的本质就是再现“自然”。

陶瓷锦砖俗称马赛克，是由各种颜色的多种几何形状的小瓷片（长边一般不大于50 mm），按照设计的图案反贴在一定规格的正方形牛皮纸上，每张（联）牛皮纸制品面积约为0.093 m^2，每40联装一箱，每箱可铺贴面积约3.7 m^2。陶瓷锦砖分为无釉和有釉两种。

二、瓷砖的性质

（1）尺寸：产品大小片尺寸齐一，可节省施工时间，而且整齐美观。

（2）吸水率：吸水率越低，玻化程度越好，产品理化性能越好，越不易因气候变化热胀冷缩而产生龟裂或剥落。

（3）平整性：平整性佳的瓷砖，表面不弯曲、不翘角，容易施工，施工后地面平坦。

（4）强度：抗折强度高，耐磨性佳且抗重压，不易磨损，历久弥新，适合公共场所使用。

（5）色差：将瓷砖平放在地板上，拼排成1 m^2，离3 m观看是否有颜色深浅不同或无法衔接，造成美观上的障碍。

学习情景三　建筑装饰玻璃

一、玻璃的性质

（1）玻璃的密度为2.45 ~ 2.55 g/cm^3，其孔隙率接近于零。

（2）玻璃没有固定熔点，宏观均匀，体现各向同性性质。

（3）普通玻璃的抗压强度一般为600 ~ 1 200 MPa，抗拉强度为40 ~ 80 MPa。脆性指数（弹性模量与抗拉强度之比）为130 ~ 1 500，玻璃是脆性较大的材料。

（4）玻璃的透光性良好。

（5）玻璃的折射率为1.50 ~ 1.52。

（6）热物理性质。玻璃的热稳定性差，当产生热变形时易导致炸裂。

（7）玻璃的化学稳定性很强，除氢氟酸外，能抵抗各种介质腐蚀作用。

二、常用的建筑玻璃

习惯上将窗用玻璃、压花玻璃、磨砂玻璃、磨光玻璃、有色玻璃等统称为平板玻璃。平板玻璃的生产方法有两种：一种是将玻璃液通过垂直引上或平拉、延压等方法而成，称为普通平板玻璃；另一种是将玻璃液漂浮在金属液（如锡液）面上，其自由摊平，经引逐渐降温退火而成，称为浮法玻璃。

（1）普通平板玻璃。国家标准规定，引拉法玻璃按厚度 2 mm、3 mm、4 mm、5 mm 分为 4 类，浮法玻璃按厚度 3 mm、4 mm、5 mm、6 mm、8 mm、10 mm、12 mm 分为 7 类。并要求单片玻璃的厚度差不大于 0.3 mm。标准规定，普通平板玻璃的尺寸不小于 600 mm×400 mm，浮法玻璃尺寸不小于 1 000 mm×1 200 mm，且不大于 2 500 mm×3 000 mm。目前，我国生产的浮法玻璃原板宽度可达 2.4 ~ 4.6 m，可以满足特殊使用要求。

由引拉法生产的平板玻璃分为特等品、一等品和二等品三个等级，浮法玻璃分为优等品、一级品与合格品三个等级。普通平板玻璃产量以重量箱计量，即以 50 kg 为一重量箱，即相当于 2 mm 厚的平板玻璃 10 m^2 的重量，其他规格厚度的玻璃应换算成重量箱。

（2）磨光玻璃。磨光玻璃是把平板玻璃经表面磨平抛光而成，分单面磨光和双面磨光两种，厚度一般为 5 mm、6 mm。其特点是表面非常平整，物象透过后不变形，且透光率高（大于 84%），用于高级建筑物的门窗或橱窗。

（3）钢化玻璃。钢化玻璃是将平板玻璃加热到一定温度后迅速冷却（即淬火）而制成。机械强度比平板玻璃高 4 ~ 6 倍，6 mm 厚的钢化玻璃抗弯强度达 125 MPa，且耐冲击、安全、破碎时碎片小且无锐角，不易伤人，故又名安全玻璃，能耐急热急冷，耐一般酸碱，透光率大于 82%。主要用于高层建筑门窗、车间天窗及高温车间等处。

（4）压花玻璃。压花玻璃是将熔融的玻璃液在快冷中通过带图案花纹的辊轴滚压而成的制品，又称花纹玻璃，一般规格为 800 mm×700 mm×3 mm。压花玻璃具有透光不透视的特点，这是由于其表面凹凸不平，当光线通过时即产生漫射，因此从玻璃的一面看另一面的物体时，物象显得模糊不清。另外，压花玻璃因其表面有各种图案花纹，所以又具有一定的艺术装饰效果。

（5）磨砂玻璃。磨砂玻璃又称毛玻璃，它是将平板玻璃的表面经机械喷砂或手工研磨，或氢氟酸溶蚀等方法处理成均匀毛面而成。其特点是透光不透视，光线不刺目且呈漫反射，常用于不需透视的门窗，如卫生间、浴厕、走廊等，也可用作黑板的板面。

（6）有色玻璃。有色玻璃是在原料中加入各种金属氧化物作为着色剂而制得带有红、绿、黄、蓝、紫等颜色的透明玻璃。将各色玻璃按设计的图案划分后，用铅条或黄铜条拼装成瑰丽的橱窗，装饰效果很好。

（7）热反射玻璃。热反射玻璃又叫镀膜玻璃，分复合和普通透明两种，具有良好的遮光性和隔热性能。由于这种玻璃表面涂敷金属或金属氧化物薄膜，有的透光率为 45% ~ 65%（对于可见光），有的甚至可在 20%到 80%变动，透光率低，可以达到遮光及降低室内温度的目的。但这种玻璃和普通玻璃一样是透明的。

（8）防火玻璃。防火玻璃是由两层或两层以上的平板玻璃间含有透明不燃胶黏层而制成的一种夹层玻璃，这种玻璃具有优良防火隔热性能，有一定的抗冲击强度。

（9）釉面玻璃。釉面玻璃是在玻璃表面涂敷一层易熔性色釉，然后加热到彩釉的熔融温度，使釉层与玻璃牢固地结合在一起，再经过退火处理，则可进行加工，如同普通玻璃一样，具有可切裁的可加工性。

（10）水晶玻璃。水晶玻璃也称石英玻璃，这种玻璃制品是高级立面装饰材料。水晶玻璃的玻璃珠是在耐火模具中制成的。其主要增强剂是二氧化硅，具有很高强度，而且表面光滑，耐腐蚀，化学稳定性好。水晶玻璃饰面板具有许多花色品种，其装饰性和耐久性均能令人满意。水晶玻璃的一个表面可以是粗糙的，这样更便于与水泥等粘结材料结合，其镶贴工艺性较好。

（11）玻璃空心砖。玻璃空心砖一般是由两块压铸成的凹形玻璃，经熔接或胶结成整块的空心砖。砖面可为光平，也可在内、外面压铸各种花纹。砖的腔内可为空气，也可填充玻璃棉等。砖形有方形、长方形、圆形等。玻璃砖具有一系列优良性能，绝热、隔声，透光率达 80%，光线柔和优美。砌筑方法基本上与普通砖相同。

（12）玻璃锦砖。玻璃锦砖也叫玻璃马赛克，它与陶瓷锦砖在外形和使用方法上有相似之处，但它是乳浊状半透明玻璃质材料，大小一般为 20 mm×20 mm×4 mm，背面略凹，四周侧边呈斜面，有利于与基面粘结牢固。玻璃锦砖颜色绚丽，色泽众多，历久常新，是一种很好的外墙装饰材料。

玻璃保管不当，易破碎和受潮发霉。透明玻璃一旦受潮发霉，轻者出现白斑、白毛或红绿光，影响外观质量和透光度，重者发生粘片而难分开。

平板玻璃应轻放，堆垛时应将箱盖向上，不得歪斜与平放，不得受重压，并应按品种、规格、等级分别放在干燥、通风的库房里，并与碱性的或其他有害物质（如石灰、水泥、油脂、酒精等）分开。

学习情景四　金属装饰材料

金属板材经常用于屋面及幕墙系统，有可能是非常现代、时尚、奢华，也可能是低调的装饰效果。

（1）建筑铝合金型材的生产方法分为挤压和轧制两类。

经挤压成型的建筑铝型材表面存在着不同的污垢和缺陷，同时自然氧化腹薄而软，耐蚀性差。因此必须对表面进行清洗和阳极氧化处理，以提高表面硬度、耐磨性、耐蚀性。然后进行表面着色，使铝合金型材获得多种美观大方的色泽。

建筑铝合金型材使用的合金，主要是铝镁硅合金（LD30、LD31），它具有良好的耐蚀性能和机械加工性能，广泛用于加工各种门窗及建筑工程的内外装饰制品。铝合金门窗是采用经表面处理的铝合金型材加工制作成的门窗构件。它具有质轻、密封性好、色调美观、耐腐蚀、使用维修方便、便于进行工业化生产的特点。

铝合金装饰板具有质轻、耐久性好、施工方便、装饰华丽等优点，适用于公共建筑室内外装饰，颜色有本色、古铜色、金黄色、茶色等。

铝合金装饰板分为铝合金花纹板、铝合金压型板、铝合金冲孔平板。

（2）钛锌板、建筑铜板及系统、铝镁锰合金板，采用 U 形扣槽式板通过扣压系统进行安装，它能应用于孤形、平面或者立式窗的装饰。

① 钛板：原钛、发丝或锤纹处理，氧化膜发色。

② 铜板：原铜（紫色），预钝化板（咖啡古色、绿色），镀锡铜。

③ 钛锌板：原色，预钝化板（蓝灰色、青铜色）。

④ 铝板：原色锤纹，不锈铝板，普通涂层，预辊涂氟碳涂层。

⑤ 不锈钢板。

⑥ 镀铝锌钢板。

⑦ 钛锌复合板：钛锌板与铝合金板用防火聚合物粘贴而成。

⑧ 钛锌-铝复合蜂窝板。

⑨ 铜复合板：铜板与铝合金板用防火聚合物粘贴而成，安装为一体的专业金属屋面、幕墙系统，目前已应用金属屋面的工程有很多。

学习情景五　建筑装饰涂料

一、涂料的分类

按涂层使用的部位分为外墙涂料、内墙涂料、地面涂料、顶棚涂料。

按涂膜厚度分为薄涂料、厚涂料、砂粒状涂料（彩砂涂料）。

按主要成膜物质分为有机涂料、无机高分子涂料、有机无机复合涂料。

按涂料所使用的稀释剂分为以有机溶剂作为稀释剂的溶剂型涂料和以水作稀释剂的水性涂料。

按涂料使用的功能分为防火涂料、防水涂料、防霉涂料、防结露涂料。

二、外墙装饰涂料

外墙装饰涂料是用于涂刷建筑外立面的，主要功能是装饰和保护建筑物的外墙面。所以最重要的一项指标就是抗紫外线照射，要求达到长时间照射不变色。外墙涂料还要求有抗水性能，要求有自涤性。漆膜要硬而平整，脏污一冲就掉。外墙涂料能用于内墙涂刷使用是因为它也具有抗水性能，而内墙涂料却不具备抗晒功能，所以不能把内墙涂料当外墙涂料用。

外墙涂料的种类很多，可以分为强力抗酸碱外墙涂料、有机硅自洁抗水外墙涂料、钢化防水腻子粉、纯丙烯酸弹性外墙涂料、有机硅自洁弹性外墒涂料、高级丙烯酸外墙涂料、氟碳涂料、瓷砖专用底漆、瓷砖面漆、高耐候憎水面漆、环保外墙乳胶漆、丙烯酸油性面漆、外墙油霸、金属漆、内外墙多功能涂料等。

主要品种有：

（1）合成树脂乳液外墙涂料。合成树脂乳液外墙涂料目前广泛使用苯乙烯-丙烯酸乳液作主要成膜物质，属薄型涂料。

（2）合成树脂乳液砂壁状建筑涂料。合成树脂乳液砂壁状建筑涂料（简称彩砂涂料）使用的合成树脂乳液常用苯乙烯-丙烯酸丁酯共聚乳液 BB-01 和 BB-02。

砂壁状建筑涂料通常采用喷涂方法施涂于建筑物的外墙形成粗面厚质涂层。

三、内墙装饰涂料

内墙装饰涂料主要功能是用来装饰及保护室内墙面。要求涂料便于涂刷，涂层应质地平滑、色彩丰富，并具有良好的透气性、耐碱、耐水、耐污染等性能。

（1）合成树脂乳液内墙涂料。合成树脂乳液内墙涂料为薄型内墙装饰涂料。

（2）水溶性内墙涂料。水溶性内墙涂料是以水溶性化合物为基料（如聚乙烯醇），加一定量填料、颜料和助剂，经过研磨、分散后而制成的，可分为Ⅰ类和Ⅱ类两大类。

常用的内墙装饰涂料还有聚乙烯醇系内墙涂料、聚醋酸乙烯乳液涂料、多彩和幻彩内墙涂料、纤维状涂料、仿瓷涂料等。

四、地面涂料

地面涂料主要功能是保护地面，使其清洁、美观。地面涂料应具有良好的耐碱、耐水、耐磨性能。

常用的地面装饰涂料有过氧乙烯地面涂料、聚氨酯-丙烯酸酯地面涂料、丙烯酸硅树脂地面涂料、环氧树脂厚质地面涂料、聚氨酯地面涂料等。

就目前用于建筑装饰的材料而言，较为突出的污染物有氨、甲醛、芳香烃等挥发性气体，铅、铬、镉、汞等重金属元素，放射性及光污染等。

氨和甲醛都是无色的刺激性气体，对人的视觉和呼吸系统有危害，氨主要来自涂料的原料和助剂，某些喷涂的涂料释放的氨尤其多，使用了外加剂的混凝土制品，有的也含有甲醛，主要来自多种合成树脂型胶黏剂和某些涂料，有的装饰布（纸）也有甲醛，各种木质人造板、贴面板、复合木地板，由于原料中的胶料和施工中使用的胶黏剂，会较多地释放出甲醛。用涂料油饰饰过的门窗、家具和器物也是散发甲醛的根源。芳香烃是指多环结构的碳氢化合物，主要是苯和苯系物，是有毒的挥发性气体，许多溶剂型涂料及其稀释剂、有机合成的胶黏剂、含焦油的防水材料和各种化学建材，都可能释放出苯系物或其他有害气体。

思考与练习

11-1 天然岩石有哪些分类？其具体内容包括哪些？

11-2 建筑陶瓷的主要技术性能有哪些？

11-3 涂料可以分为几种类型？

11-4 金属装饰材料应用在哪些方面？

11-5 常用的建筑玻璃有哪些？

模块十一课件与微课

参考文献

[1] 郭玉起. 建筑材料[M]. 北京：中国水利水电出版社，2015.
[2] 王海波，冷超群. 建筑材料[M]. 北京：北京理工大学出版社，2018.
[3] 孙武斌，张晨霞. 建筑材料[M]. 上海：上海交通大学出版社，2018.
[4] 张伟，王英林. 建筑材料与检测[M]. 北京：北京邮电大学出版社，2018.
[5] 肖明和，刘震霞. 装配式建筑概论[M]. 北京：中国建筑工业出版社，2019.

附录　建筑材料试验

试验一　水泥技术性能试验

一、水泥取样及其细度测定

1. 水泥的取样

水泥取样按其包装形式的不同，依据《水泥取样方法》（GB/T 12573—2008）的规定实施取样；所取试样应充分反映所验收批水泥的总体质量。

1）散装水泥

同厂同期、同品种、同强度等级的同一出场编号的水泥以 500 t 为一个取样批。取样方法是随机从不少于 3 个车罐中用槽形管在相应位置插入水泥一定深度（不超过 2 m）。将所取试样搅拌均匀后，再从中取出不少于 12 kg 放入标准的干燥密封容器中，同时另取一份封样保存。

2）袋装水泥

同厂、同期同品种、同强度等级的水泥以一次进场的同一出场编号的水泥 2001 为一批，先进行包装重量检查，每袋重量允许偏差 1 kg。随机地从 20 袋中各取等量的水泥，经搅拌均匀后取 12 kg 两份，密封好，一份送检，一份封样保存 3 个月。

注意：无论用什么方法取样，所取的试样都应充分搅拌均匀，通过 0.9 mm 方孔筛，并记录筛余百分率及筛余物情况。

2. 水泥细度测定

1）试验仪器设备

水泥负压筛析仪，如附图 1-1 所示。

2）试验步骤

（1）筛析试验前，应把负压筛放在筛座上，盖上筛盖、接通电源，检查控制系统，调节负压至 4 000 ~ 6 000 Pa。

（2）称取试样 25 g，置于洁净的负压篇中，盖上筛盖，放在筛座上，开动筛析仪连续筛析 2 min，在此期间如有试样附着筛盖上，可轻轻地敲击，使试样落下。

筛毕，用天平称量筛余物。

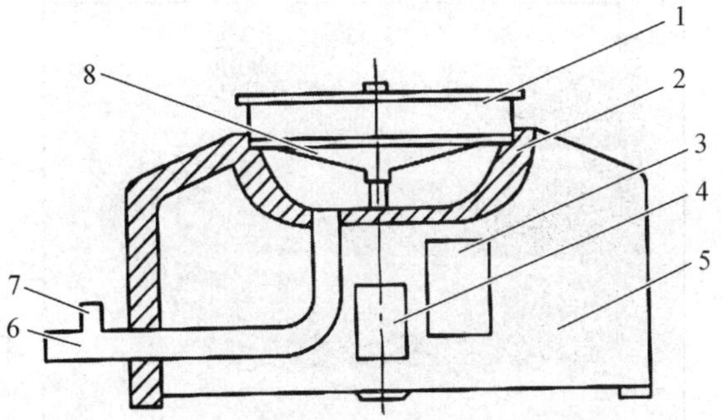

1—0.080 mm 或 0.045 mm 方孔筛；2—橡胶垫圈；3—控制板；4—微电机；5—壳体；6—抽气口；7—风门（调节负压）；8—喷气囊。

附图 1-1　水泥负压筛析仪

当工作负压小于 4 000 Pa 时，应清理吸尘器内水泥，使负压恢复正常。

3）试验结果计算

水泥细度按试样筛余百分数（精确至 0.1%）计算。

$$F=R_s/W\cdot 100\%$$

式中：F 为水泥试样的筛余百分数（%）；R_s 为水泥筛余物的质量（g）；W 为水泥试样的质量（g）。

4）试验数据记录及结果处理

试验数据记录及结果处理见附表 1-1。

附表 1-1　水泥细度试验数据记录及结果处理

<table>
<tr><th colspan="5">水泥细度试验</th></tr>
<tr><th>筛析用试样质量/g</th><th>筛余物质量/g</th><th>筛余率/%</th><th>筛余率平均值/%</th><th>备注</th></tr>
<tr><td></td><td></td><td></td><td rowspan="2"></td><td rowspan="2"></td></tr>
<tr><td></td><td></td><td></td></tr>
</table>

二、水泥胶砂强度试验

1.试验仪器设备

（1）行星式胶砂搅拌机。行星式胶砂搅拌机由搅拌锅、搅拌叶片、机座、计时器等组成。

（2）胶砂试模。胶砂试模由隔板端板、底座紧固装置及定位销组成，每个试模由 3 个水平的模槽组成，可同时成形 3 条 40 mm×40 mm×160 mm 的棱柱形试体，如附图 1-2 所示。

（3）胶砂振实台。胶砂振实台由可以跳动的台盘和使其跳动的凸轮等组成。

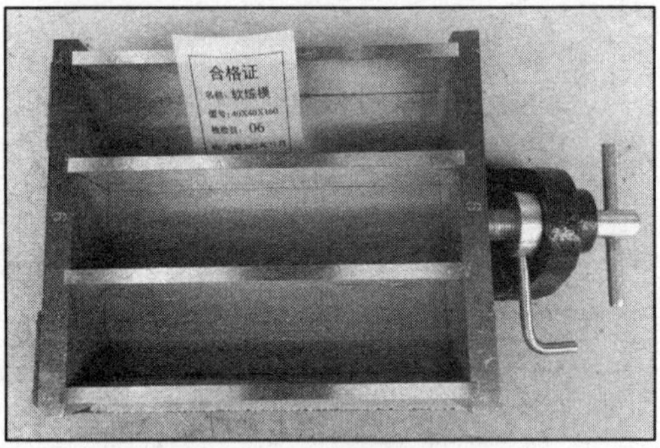

附图 1-2　水泥胶砂试模

（4）水泥抗折试验机。水泥抗折试验机如附图 1-3 所示。

（5）水泥抗压试验机。水泥抗压试验机如附图 1-4 所示。

（6）金属模套、金属刮平直尺、拨料器。

（7）其他。天平（精度为±1g），量管（精度为±1 mL）。

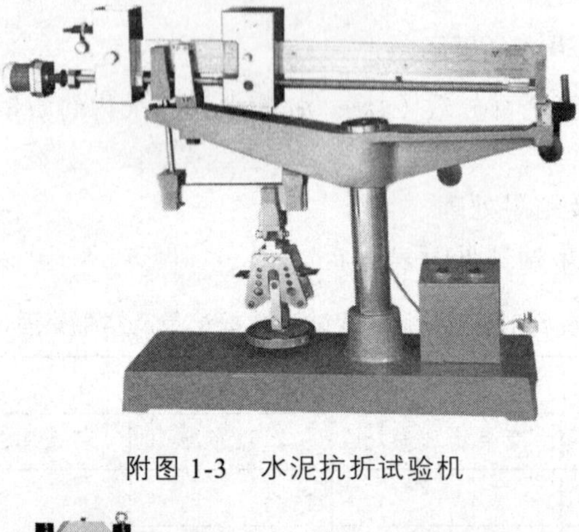

附图 1-3　水泥抗折试验机

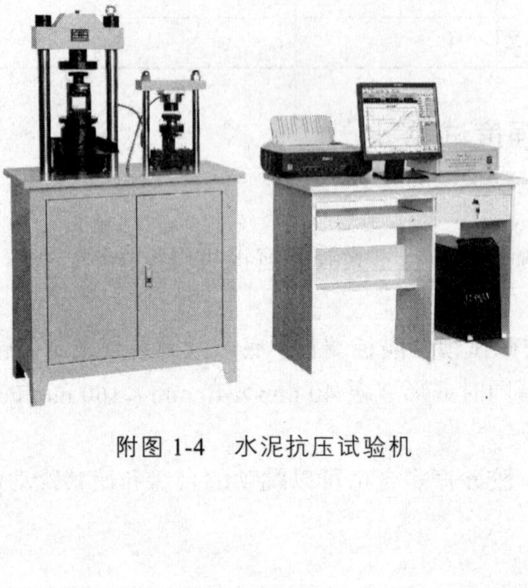

附图 1-4　水泥抗压试验机

2. 试验步骤

1）胶砂的制备

（1）称料。胶砂的质量配合比为水泥：标准砂：水=1：3：0.5，需水泥（450±5）g，水（225+1）g，ISO 标准砂（1 350±5）g。

（2）搅拌。依次加水和水泥于搅拌锅内，加标准砂于盛砂漏斗中，把锅放在固定架上，然后将搅拌锅上升至固定的位置，立即开动机器搅拌。先低速搅拌 30 s，加砂 30 s（从最粗粒级加入）；再高速搅拌 30 s，停拌 90 s（在第一个 15 s 内，用一胶皮刮具将叶片和锅壁上的胶砂刮入锅中间）；最后高速搅拌 60 s。

2）胶砂试体的制作

（1）组装试模。用湿抹布将试模擦净，紧密装配，并将试模内壁均匀地刷一薄层机油。

（2）装模。将试模和模套固定在振实台上。用一个小料勺从搅拌锅里将胶砂分两层装入试模。装第一层时，每个模槽里约装 300 g 胶砂，用大播料器垂直架在模套顶部沿每个模槽来回一次将料层播平，接着振实 60 次；再将剩下的胶砂装入，用小播料器播平，再振实 60 次。胶砂拌和后立即成形。

（3）刮平。移去模套，从振实台上取下试模。用一金属直尺以近似 90°的角度架在试模模顶的一端，然后沿试模长度方向以横向锯割动作慢慢向另一端移动，一次将超过试模部分的胶砂刮去，并用同一直尺在近乎水平的情况下将试体表面抹平。

（4）做标记。在试模上做标记或加字条标明试体相对于振实台的位置。

3）胶砂试体的养护

（1）脱模前的处理和养护。去掉留在模子四周的胶砂，立即将做好标记的试模放入雾室或水箱的水平架上养护，试模间不得叠放，以保证湿空气能与试模各边接触。养护到规定的脱模时间，取出脱模。脱模前，用防水墨水或颜料对试体进行编号和做其他标记。两个龄期以上的试体在编号时应将同一试模中的 3 条试体分在两个以上龄期内。

（2）脱模。对于 24 h 龄期的试体应在破型试验前 20 min 内脱模，对于 24 h 以上龄期的试体应在成形后 20 ~ 24 h 脱模。

如经 24 h 养护，会因脱模对强度造成损害时，可以延迟至 24 h 以后脱模，但在试验报告中应予说明。

已确定作为 24 h 龄期试验（或其他不下水直接做试验）的已脱模试体，应用湿布覆盖至做试验时为止。

（3）养护。将做好标记的试体立即水平或竖直放在（20±1）°C 水中养护，或在温度为（20±1）°C、相对湿度大于 90%的标准养护室中养护。水平放置时刮平面应朝上。养护期间试体之间的间隔或试体上表面的水深不得小于 5 mm。

注意：

a. 试验过程中，水泥、水、标准砂的温度与胶砂成形温度要保持一致。

b. 装试模时，试模四周应很密实，避免出现漏浆现象。

c. 试体带模养护的养护箱或雾室的温度保持在（20±1）°C、相对温度不低于90%。

d. 试体养护池的水温应在（20±1）°C。

e. 在温度给定的范围内，控制所设定的温度应为此范围的中值。

4）强度试验

进行强度试验的试体龄期是从水泥加水搅拌开至试验时算起，不同前期强度的试验时间见附表1-2。试体从水中取出后应揩去试体表面的沉积物，并用湿布限流到试验为止。

附表1-2　不同龄期强度的试验

龄期	试验时间	龄期	试验时间	龄期	试验时间
1 d	24 h±15 min	3 d	72 h±45 min	28 d	28 d±8 h
2 d	48 h±30 min	7 d	7 d±2 h		

（1）抗折强度测定。

① 通过平衡陀（配重陀）使抗折压力机的杠杆处于平衡状态。

② 将试体放入抗折夹具内，使侧面与试验机的支撑圆柱接触，试体长轴垂直于支撑圆柱，调整夹具，使杠杆在试体折断时尽可能接近平衡位置。通过加荷圆柱以（50±5）N/s 的速率均匀地将荷载垂直地加在棱柱体相对的侧面上，直至折断。

③ 保持两个半截棱柱体处于潮湿状态直至抗压强度试验。

④ 抗折强度的评定。以一组3个棱柱体抗折强度结果的平均值作为试验结果，当3个强度值中有超过平均值±10%时，应剔除后再取平均值作为抗折强度试验结果。

（2）抗压强度测定。

① 抗折强度试验后的6个断块应立即进行抗压强度试验，试验时须用抗压夹具进行，以试件的侧面作为受压面（受压面积为40 mm×40 mm），试体的底面靠近夹具定位销，并使夹具对准压力机的压板中心。

② 设置压力机的加荷速度为（2 400±200）N/s，以均匀的速度加荷直至破坏。

③ 抗压强度按下式计算：

$$R_c=F_c/A$$

式中：R_c为抗压强度（MPa）；F_c为破坏时的最大荷载（N）；A为受压部分面积（mm^2）。

④ 抗压强度结果评定。以一组棱柱体上得到的6个抗压强度测定值的算术平均值为试验结果。如果6个测定值中有一个超出这6个测定值的平均值的±10%，则应剔除这个测值，而以剩下5个测定值的平均数为试验结果。如果5个测定值中再有超过这5个测值的平均数的±10%，则此组结果作废。

注意：

a. 试验时一定要以试体的侧面为承折面和承压面。

b. 抗压强度试验时，一定要严格控制加荷速度。

c. 强度试验数据记录及结果处理见附表 1-3。

附表 1-3　水泥胶砂强度试验结果数据记录及结果处理

<table>
<tr><th rowspan="2">试体编号</th><th rowspan="2">试体龄期</th><th colspan="2">抗折强度 R_f/MPa</th><th rowspan="2">试体编号</th><th>破坏荷载</th><th>受压面积</th><th colspan="2">抗压强度 R_c/MPa</th></tr>
<tr><th>个别值</th><th>试验结果</th><th>F_c/N</th><th>A/mm^2</th><th>个别值</th><th>试验结果</th></tr>
<tr><td rowspan="2">1</td><td rowspan="6"></td><td rowspan="2"></td><td rowspan="6"></td><td>1</td><td></td><td></td><td></td><td rowspan="6"></td></tr>
<tr><td>2</td><td></td><td></td><td></td></tr>
<tr><td rowspan="2">2</td><td rowspan="2"></td><td>3</td><td></td><td></td><td></td></tr>
<tr><td>4</td><td></td><td></td><td></td></tr>
<tr><td rowspan="2">3</td><td rowspan="2"></td><td>5</td><td></td><td></td><td></td></tr>
<tr><td>6</td><td></td><td></td><td></td></tr>
</table>

试验二　水泥混凝土试验

一、水泥混凝土用细集料的筛分试验

1. 试验仪器设备

（1）标准筛。规格为 0.15 mm、0.3 mm、0.6 mm、1.18 mm、2.36 mm、4.5 mm、9.5 mm 的标准筛各 1 只，并附有底盘和筛盖。砂的公称粒径、砂筛筛孔的公称直径和方孔筛筛孔边长尺寸见附表 2-1。

附表 2-1　砂的公称粒径、砂筛筛孔的公称直径和方孔筛筛孔边长尺寸间的关系

砂的公称粒径/mm	砂筛筛孔的公称直径/mm	方孔筛筛孔边长/mm
5.0	5.0	4.75
2.50	2.50	3.36
1.25	1.25	1.18
0.63	0.63	0.60
0.315	0.315	0.30
0.16	0.16	0.15
0.08	0.08	0.075

（2）天平。其称量为 1 kg，感量为 1 g。

（3）烘箱。其控温在（105±5）°C。

（4）其他。搪瓷浅盘和软硬毛刷等。

2. 试样制备

（1）按附表 2-2 的有关要求取样。筛除大于 9.5 mm 的颗粒，并算出其筛余百分率。

（2）将试样缩分至约 1 100 g，置于（105±5）°C 的烘箱中供至恒重，冷却至室温后分为大致相等的两份备用。

附表 2-2　砂常规单项试验最小取样数量

序号	试验项目	最少取样数量/kg
1	颗粒级配	4.4
2	含泥量	4.4
3	泥块含量	20.0
4	表观密度	2.6
5	松散堆积密度与空隙率	5.0

3. 试验步骤

（1）将标准筛按由上至下、筛孔按由大到小的顺序套装在筛的底盘上。

（2）准确称取烘干试样约 500 g，精确至 1 g。倒入组装好的套筛上，盖好筛盖。

（3）取下套筛，再按筛孔由大到小的顺序在清洁的搪瓷盘上逐个用手筛，直至每分钟的筛出量不超过试样总量的 0.1%时为止。将通过的颗粒并入下一号筛中，并与下一号筛中的试样一起过筛，如此顺序进行，直至各号筛全部筛完为止。

（4）称取各筛筛余质量（精确至 1 g）。

4. 筛分结果有效性判断、试验数据计算和评价

（1）单次筛分结果有效性判断。将筛分后所有各筛和筛底盘上剩余量之和（$\sum m_i$）与筛分前砂样总质量（$M_{总}$）相比较。若 $|(\sum m_i-M_{总})/M_{总}\cdot 100\%|\geqslant 1\%$，单次筛分无效，需要重新取样筛分；若 $|(\sum m_i-M_{总})/M_{总}\cdot 100\%|<1\%$，单次筛分有效，连续计算以下各筛分参数。

① 分计筛余百分率（$a_i=m_i/M\cdot 100\%$）、累计筛余百分率（$A_i=a_1+a_2+a_3+\cdots+a_i$）、通过量百分率（$P_i=1-A_i$）。

② 计算细度模数，精度至 0.01。

$$M_x=(A_{0.15}+A_{0.3}+A_{0.6}+A_{1.18}+A_{2.36})-5A_{4.75}/100\%-A_{4.75}$$

式中：M_x 为砂浆的细模数；$A_{0.15}$，$A_{0.3}$，⋯，$A_{4.75}$ 分别为 0.15 mm，0.3 mm，⋯，4.75 mm，各筛上累计筛余百分率。

（2）砂样平行两次有效筛分后，最终筛分结果有效性判断。

① 计算两次筛分结果的细度模数差（$M_{x1}-M_{x2}$），若差值小于 0.2，则砂样筛分结果的细度模数取两次试验结果的算术平均值 $|(M_{x1}-M_{x2})/2|$，精确至 0.1；如果两次试验的

细度模数之差超过 0.20，需增加试验次数，重新取样继续筛分。

② 用计算的 M_x 平均值判断砂的粗细；按两次有效筛分在 0.6 mm 筛上的累计筛余百分率的平均值判断砂所属级配区；按对应级配区各筛上的通过率规定范围值，分析判断砂样是否满足规范要求。

5. 试验数据记录及结果处理

试验数据记录及结果处理见附表 2-3。

附表 2-3　水泥混凝土用砂筛分析试验数据记录及结果处理

<table>
<tr><td>干筛试样</td><td colspan="4">第 1 次</td><td colspan="4">第 2 次</td><td rowspan="2">平均</td></tr>
<tr><td>总量 m/g</td><td colspan="4">总量 m=</td><td colspan="4">总量 m=</td></tr>
<tr><td rowspan="2">筛孔尺寸
/mm</td><td>筛上
质量/g</td><td>分计
筛余/%</td><td>累计
筛余/%</td><td>通过率
/%</td><td>筛上
质量/g</td><td>分计
筛余/%</td><td>累计
筛余/%</td><td>通过率
/%</td><td>通过率
/%</td></tr>
<tr><td>1</td><td>2</td><td>3</td><td>4</td><td>1</td><td>2</td><td>3</td><td>4</td><td>5</td></tr>
<tr><td>9.50</td><td></td><td></td><td></td><td></td><td></td><td></td><td></td><td></td><td></td></tr>
<tr><td>4.75</td><td></td><td></td><td></td><td></td><td></td><td></td><td></td><td></td><td></td></tr>
<tr><td>2.36</td><td></td><td></td><td></td><td></td><td></td><td></td><td></td><td></td><td></td></tr>
<tr><td>1.18</td><td></td><td></td><td></td><td></td><td></td><td></td><td></td><td></td><td></td></tr>
<tr><td>0.60</td><td></td><td></td><td></td><td></td><td></td><td></td><td></td><td></td><td></td></tr>
<tr><td>0.30</td><td></td><td></td><td></td><td></td><td></td><td></td><td></td><td></td><td></td></tr>
<tr><td>0.15</td><td></td><td></td><td></td><td></td><td></td><td></td><td></td><td></td><td></td></tr>
<tr><td>底盘</td><td></td><td></td><td></td><td></td><td></td><td></td><td></td><td></td><td></td></tr>
<tr><td>细度模数</td><td colspan="4">M_{x1}=</td><td colspan="4">M_{x2}=</td><td>M_x=</td></tr>
<tr><td>砂的规格</td><td colspan="3"></td><td colspan="3">砂所属级配区</td><td colspan="3"></td></tr>
<tr><td>是否符合
级配规定</td><td colspan="9"></td></tr>
</table>

二、混凝土的拌制

1. 有关规定

（1）原材料应符合技术规范要求，并与施工实际用料相同。在拌和前，材料的温度应与试验室温度相同，保持在（20±5）°C；水泥若有受潮结块现象，需用 0.9 mm 的方孔筛将硬块筛除。

（2）各种材料用量以质量计，称量精度分别是：砂、石集料的称量精度为±3%；水泥、掺合料的称量精度为±2%；水、外加剂的称量精度为±1%；砂石集料以干燥状态为基准。

（3）混凝土试配最小搅拌量见附表 2-4。

附表 2-4　混凝土试配最小搅拌量

最小搅拌量	D_{max}≤30 mm	15 L
	D_{max}=40 mm	25 L
	≥1/4 搅拌机额定搅拌量	

（4）混凝土拌合物稠度允许偏差见附表 2-5 的规定。

附表 2-5　混凝土拌合物稠度允许偏差

拌合物性能		允许偏差		
塌落度/mm	设计值	≤40	50～90	≥100
	允许偏差	±10	±20	±30
维勃稠度/s	设计值	≥11	10-6	≤5
	允许偏差	±3	±2	±1
扩展度/mm	设计值	≥350		
	允许偏差	±30		

2. 试验仪器设备

（1）混凝土搅拌机。其容量为 30～100 L，转速为 18～22 r/min。

（2）台秤。其称量为 50 kg，感量为 50 g。

（3）天平。其称量为 5 kg，感量为 1 g。

（4）其他。拌板、抹刀、量筒、拌铲、坍落度尺子等。

3. 试验步骤

（1）人工拌和法

① 称料。按设计配合比将所需的材料分别称好装在各盛料器中。

② 润湿用具。将拌板和铁锹等接触混凝土拌合物的用具用湿抹布擦湿。

③ 干拌。先将砂倒在拌板上；然后加入水泥，用拌铲自拌板一端翻拌至另一端，直至充分混合，颜色均匀一致；再加入石子翻拌混合均匀为止。

④ 加水湿拌。将干拌合物堆成长堆，中心扒一凹槽，将已称量好的水一半左右倒入凹槽中，仔细翻拌；然后将拌合物堆成长堆，中心扒一凹槽，倒入剩余的水，翻拌至少 6 遍。从加水完毕时起的拌和时间应满足附表 2-6 的要求。

附表 2-6　混凝土拌合物的拌和时间

拌合物体积/L	拌和时间/min
30	4～5
31～50	5～9
51～75	9～12

注意：

a. 拌和前，必须将拌板和拌铲用湿布擦湿，若拌板吸水应垫一塑料布。

b. 拌和后，立即做坍落度试验或试件成形，从开始加水时算起，全部操作须在30 min内完成。拌和工具使用后，必须立即用水冲洗干净。

（2）机械搅拌法

① 称料。按设计配合比将所需的材料分别称好装在各盛料器中，砂石集料以全干状态为准。

② 涮膛。拌制前先对混凝土搅拌机挂浆，即用按配合比要求的水泥、砂、水和少量石子在搅拌机中涮膛，然后倒去多余砂浆。

③ 干拌。将称好的石子、砂、水泥按顺序倒入搅拌机内，干拌均匀。

④ 湿拌。将需用的水徐徐倒入搅拌机内一起拌和，全部加料时间不得超过2 min。

⑤ 人工拌和。将拌合物自搅拌机中卸出，倾倒在拌板上，再经人工拌和1 ~ 2 min。拌好后，根据试验要求，即可做坍落度测定或试件成形。从开始加水时算起，全部操作须在30 min内完成。

三、混凝土拌和和易性试验

1. 流动性测定——坍落度法

1）主要仪具设备

（1）坍落度筒、坍落度尺子、弹头捣棒、加料漏斗。

（2）小铲、拌板、抹刀等。

2）试验步骤

（1）润湿。测定前，用湿布润湿坍落度筒及其他各种拌和用具，并把加料漏斗置于坍落度筒上，放置在拌板上。

（2）装料、插捣。取拌好的混凝土拌合物分3层装入坍落度筒内，每层装入高度约为筒高的1/3。

用捣棒在每层的横截面上沿螺旋线由边缘至中心在全面积上均匀插捣25次。底层要插至拌板，其他两层应插透本层并至下层20 ~ 30 mm。捣棒须垂直压下（边缘部分除外），不得冲击。插捣时应注意评定拌合物的棍度情况。

（3）抹平、提筒、量高。顶层插捣完毕后，用捣棒以锯和割的动作清除多余混凝土，用抹刀抹平拌合物筒口。抹平过程中须评定拌合物的含砂情况。

刮净筒底周围的拌合物，在5 ~ 10 s内垂直提起坍落度筒。从开始装筒到提起坍落度筒的全过程不应超过2.5 min。

用坍落度尺子立即测出筒高与坍落后的混凝土拌合物试体最高点的高度差，即为该拌合物的坍落度，精确至5 mm。

（4）坍落度试验结果确定。以两次测定结果的平均值作为测定值。

若两次结果相差 20 mm 以上须做第 3 次试验，当第 3 次结果与前两次结果均相差 20 mm 以上时，整个试验重做。

注意：

提起坍落度筒后，若拌合物发生崩塌或一边剪切破坏，则应重新取样进行测定；若仍出现上述现象，则该拌合物的和易性不合格，并应记录备查。

（5）坍落度试验数据记录及结果处理见附表 2-7。

附表 2-7　混凝土拌合物坍落度试验数据记录及结果处理

试验次数	拌和 15 L 混凝土各种材料用量					坍落度值/mm	
	胶凝材料用量/kg		用砂量/kg	用石量/kg	用水量/kg		
	水泥用量	矿物掺和料质量				个别值	平均值
1							
2							

3）黏聚性和保水性的目测评定

在测定坍落度评价混凝土流动性的同时，采取目测等办法直观评定拌合物的黏聚性和保水性。评定办法见附表 2-8。

附表 2-8　混凝土拌合物棍度、含砂情况、黏聚性和保水性的评定

项目	内容	评定标准	
棍度	插捣难易程度	上	很容易插捣
		中	插捣时稍有石子阻滞的感觉
		下	石子阻滞严重，很难深入插捣
含砂情况	抹平情况	多	连续抹 1～2 次即可抹平，无蜂窝现象
		中	连续抹 5～6 次可抹平，无蜂窝现象
		少	不容易抹平，有空隙和石子外漏现象
黏聚性	用捣棒在坍落物锥体一侧轻轻敲打	良好	拌合物料堆整体渐渐下沉
		不好	料堆突然倒塌，部分崩裂或发生石子离析
保水性	稀浆从拌合物底部析出程度	良好	无稀浆或仅有少量稀浆由料堆底部析出
		不好	有较多稀浆从拌合物料堆底部析出，锥体集料外露

4）和易性调整

（1）当坍落度小于设计要求时，保持水胶比不变，适当增加水胶浆用量，其增加数量可据测定值与设计值之差确定，通常每增大 20 mm 坍落度，需增加 5%～10%的水胶浆。

（2）当坍落度大于设计要求时，可在保持砂率不变的条件下，增加集料用量。

（3）当出现含砂不足，黏聚性、保水性不良时，可适当增大砂率；反之减小砂率。

5）和易性评定

当拌合物的流动性、黏聚性和保水性均满足设计要求时，混凝土拌合物的和易性评定为合格。

2. 流动性测定——维勃稠度法

1）主要仪器设备

维勃稠度仪、捣棒、小铲等。

2）试验步骤

（1）把维勃稠度仪放置在坚实的操作台上，用湿布把容器、坍落度筒、喂料斗内壁及其他用具擦湿。

（2）将喂料斗提到坍落度筒上方扣紧，校正容器位置，使其中心与喂料斗中心重合，然后拧紧固定螺丝。

（3）把混凝土拌合物用小铲分 3 层经喂料斗均匀地装入筒内，装料及插捣方式同坍落度法。

（4）将圆盘、喂料斗都转离坍落度筒，小心并垂直地提起坍落度筒，提筒时要注意不能使混凝土试体产生横向扭动。把透明圆盘转动到混凝土圆台体顶面，放松测杆螺丝，小心地降下圆盘，使它轻轻地接触混凝土顶面。

（5）拧紧定位螺丝，并检查测杆螺丝是否完全放松；同时开启振动台和计时器，当振动到透明圆盘的底面被水泥浆布满的瞬间，关闭振动台，停止计时。

3）试验结果确定

由计时器读出振动台振动的时间，单位为秒（s），即为该混凝土拌合物的维勃稠度值。

若维勃稠度值小于 5 s 或大于 30 s，则此种混凝土所具有的稠度已超出本仪器的适用范围，不能用维勃稠度值表示。试验数据记录及结果处理见附表 2-9。

附表 2-9　混凝土拌合物维勃稠度试验数据记录及结果处理

<table>
<tr><td colspan="3">试样编号</td><td colspan="2"></td><td colspan="2">试样来源</td><td colspan="2"></td></tr>
<tr><td colspan="3">试样名称</td><td colspan="2"></td><td colspan="2">试样用途</td><td colspan="2"></td></tr>
<tr><td rowspan="3">试验次数</td><td colspan="5">拌和 15 L 混凝土各种材料的用量</td><td colspan="2">维勃稠度/s</td><td rowspan="3">备注</td></tr>
<tr><td colspan="2">胶凝材料用量/kg</td><td rowspan="2">用砂量/kg</td><td rowspan="2">用石量/kg</td><td rowspan="2">用水量/kg</td><td rowspan="2">个别值</td><td rowspan="2">个别值</td></tr>
<tr><td>水泥质量</td><td>矿物掺合料质量</td></tr>
<tr><td></td><td></td><td></td><td></td><td></td><td></td><td></td><td rowspan="2"></td><td rowspan="2"></td></tr>
<tr><td></td><td></td><td></td><td></td><td></td><td></td><td></td></tr>
</table>

试验三 砂浆试验

一、砂浆沉入度测定

1. 试验仪具设备

（1）砂浆稠度仪。砂浆稠度仪由试锥、盛浆容器和支座三部分组成。

（2）钢制捣棒。钢制捣棒的直径为 10 mm，长为 350 mm，端部磨圆。

（3）秒表。

2. 试验步骤

（1）用少量润滑油轻擦滑杆，再将滑杆上多余的油用吸油纸擦净，使滑杆能自由滑动。

（2）用湿布擦净盛浆容器和试锥表面。

（3）将砂浆拌合物一次装入容器，使砂浆表面低于容器口约 10 mm。用捣棒自容器中心向边缘均匀地插捣 25 次，然后轻轻地将容器摇动或敲击 5～6 次，使砂浆表面平整，接着将容器置于稠度测定仪的底座上。

（4）拧开试锥滑杆的制动螺栓，向下移动滑杆，当试锥尖端与砂浆表面刚接触时，拧紧制动螺栓，使齿条测杆下端刚接触滑杆上端，读出刻度盘上的读数（精确到 1 mm）。

（5）拧开制动螺栓，同时记录时间，达 10 s 时立即拧紧制动螺栓，将齿条测杆下端接触滑杆上端，从刻度盘上读出下沉深度（精确到 1 mm），二次读数的差值即为砂浆的稠度值。

（6）将容器内砂浆倒出，另取已拌制均匀的试样，重复上述测定。

3. 试验结果评定及要求

（1）同盘砂浆取两次试验结果的算术平均值，计算值精确到 1 mm。

（2）当两次试验值之差大于 10 mm 时，应重新取样测定。

4. 试验数据记录及结果处理

试验数据记录及结果处理见附表 3-1。

附表 3-1 砂浆稠度测定试验数据记录及结果

试验次数	沉入度/mm		备注
	单次测定值	平均值	
1			
2			

二、砂浆保水性测定

1. 试验仪具设备

（1）金属或硬塑料圆环试模。其内径为 100 mm，内部高度为 25 mm。

（2）可密封的取样容器。容器应清洁、干燥。

（3）2 kg 的重物。

（4）医用棉纱。医用棉纱尺寸为 110 mm×110 mm，宜选用纱线稀疏、厚度较薄的棉纱。

（5）超白滤纸。超白滤纸应符合《化学分析滤纸》（GB/T 1914—2007）中速定性滤纸的规定，直径应为 110 mm，单位面积质量应为 200 g/m^2。

（6）2 片金属或玻璃的方形或圆形不透水片。其边长或直径应大于 110 mm。

（7）天平。其量程为 200 g，感量应为 0.1 g；量程为 2 000 g，感量应为 1 g。

（8）烘箱。

2. 试验步骤

（1）称量下不透水片与干燥试模质量 m_1 和 8 片中速定性滤纸质量 m_2。

（2）将砂浆拌合物一次性装入试模，并用抹刀插捣数次，当装入的砂浆略高于试模边缘时，用抹刀以 45°角一次性将试模表面多余的砂浆刮去后，再用抹刀以较平的角度在试模表面反方向将砂浆刮平。

（3）抹掉试模边的砂浆，称量试模、下不透水片与砂浆总质量 m_3。

（4）用 2 片医用棉纱覆盖在砂浆表面，再在棉纱表面放上 8 片滤纸，用不透水片盖在滤纸表面，以 2 kg 的重物把上不透水片压住。

（5）静置 2 min 后移走重物及上不透水片，取出滤纸（不包括棉纱），迅速称量滤纸质量 m_4。

（6）从砂浆的配合比及加水量计算砂浆的含水率。若无法计算，可按（7）的规定测定砂浆的含水率。

（7）砂浆含水率测定方法：称取 100 g 砂浆拌合物试样，置于一干燥并已称重的盘中，在（105±5）°C 的烘箱中烘干至恒重。砂浆含水率 a 按下式计算：

$$a=(m_6-m_5)/m_6 \cdot 100\%$$

式中：a 为砂浆含水率（%）；m_6 为烘干后砂浆样本的质量（g），精确至 1 g；m_5 为砂浆样本的总质量（g），精确至 0.1 g。

3. 试验结果计算及要求

（1）砂浆保水率应按下式计算：

$$W=\{1-(m_4-m_2)/[a\times(m_3-m_1)]\}\times 100\%$$

式中：W 为保水率（%）；m_1 为下不透水片与干燥试模质量（g），精确至 1 g；m_2 为 8

片滤纸吸水前的质量（g），精确至 0.1 g；m_3 为试模、下不透水片与砂浆的总质量（g），精确至 1 g；m_4 为 8 片滤纸吸水后的质量（g），精确至 0.1 g；a 为砂浆含水率（%）。

（2）取两次试验测定值的平均值作为结果，若两个测定值中有一个超出平均值 5%，则此组试验结果无效。重复试验，再用一批新拌的砂浆做两组试验。

4. 试验数据记录及结果处理

试验数据记录及结果处理见附表 3-2。

附表 3-2　砂浆含水率测定试验数据记录及结果处理

试验次数	下不透水片与干燥试模质量 m_1/g	8 片滤纸吸水前的质量 m_2/g	试模、下不透水片与砂浆的总质量 m_3/g	8 片滤纸吸水后的质量 m_4/g	砂浆样本的总质量 m_5/g	烘干后砂浆样本的质量 m_6/g	砂浆含水率 a/%	保水率 W/%	平均保水率 $\bar{W}$/%
1									
2									

试验四　防水材料试验

一、沥青针入度测定

1. 试验仪器设备

（1）数显式自动针入度仪。数显式自动针入度仪如附图 4-1 所示，其组成包括标准针和针连杆[总质量为（50±0.05）g]；砝码[（50±0.05）g]。针、针连杆和砝码总质量为（100±0.05）g。

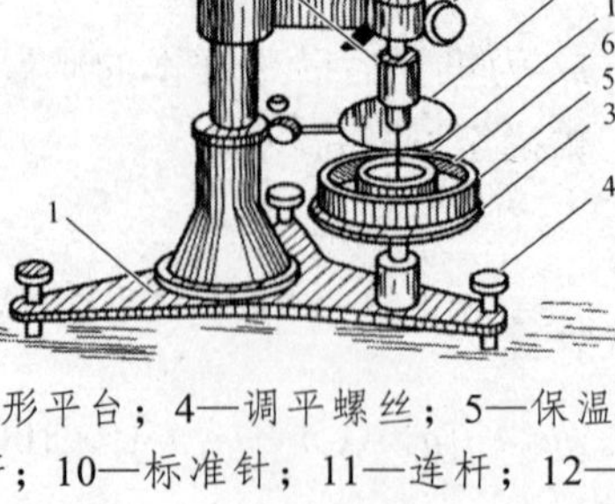

1—底座；2—小镜；3—圆形平台；4—调平螺丝；5—保温皿；6—试样；7—刻度盘；8—指针；9—活杆；10—标准针；11—连杆；12—按钮；13—砝码。

附图 4-1　数显式自动针入度仪

（2）金属盛样皿。盛样皿为圆柱形平底金属皿，盛样皿规格见附表 4-1。

附表 4-1　盛样皿的选择

盛样皿名称	盛样皿的规格（内径、深）/mm	适用范围（针入度）/0.1 mm
小	55、35	<200
大	70、45	200 ~ 350
特殊	深≥60、体积≥125 mL	>350

（3）盛样皿盖。盛样盖为平板玻璃，其直径不小于盛样皿开口尺寸。

（4）恒温水槽。恒温水槽的容积不少于 10 L，控温的精确度为 0.1 °C。水槽中应设有一个带孔的搁架，位于水面下不得少于 100 mm 处，距水槽底不得少于 50 mm 处。

（5）平底玻璃皿。平底玻璃皿用于盛装恒温水浴用水的容器，容积不少于 1 L，深度不少于 80 mm，内设有个不锈钢三脚支架，能使盛样皿稳定。

（6）温度计。温度计量测值为 0 ~ 50 °C，分度为 0.1 °C。

（7）溶剂。三氯乙烯等。

（8）其他。电炉、石棉网、金属锅等。

2. 试验准备

（1）沥青试样的准备。将沥青在 120 ~ 180 °C 下脱水。脱水后的沥青试样放入金属皿中，在电炉上加热熔化。加热过程中，要充分搅拌使气泡完全排除。控制加热温度不得高于沥青估计软化点以上 100 °C，加热时间不得超过 30 min。

（2）调整恒温水浴。按试验要求将恒温水槽调节到要求的试验温度 25 °C 并保持恒温。

（3）灌模。将加热成流动状态的沥青倒入盛样皿 10 mm，并盖上盛样皿盖，以防落入灰尘。

（4）冷却，将试样在 15 ~ 30 °C 的空气中冷却，其中，小盛样皿冷却 1 ~ 1.5 h；大盛样皿冷却 1.5 ~ 2 h；特殊盛样皿冷却 2 ~ 2.5 h。然后将样皿移入保持在规定试验温度（25±0.1）°C 的恒温水浴中 1 ~ 1.5 h（小盛样皿）、1.5 ~ 2 h（大盛样皿）、2 ~ 2.5 h（特殊盛样血）。

（5）调整针入度仪。借助脚螺旋水准泡，调整针入度仪使之水平，检查针连杆及导轨等各部分的灵活性，安装试针及附加砝码。

3. 测定步骤

（1）从恒温水槽中取出达恒温状态的盛样皿，移至平底玻璃皿中的三脚支架上，玻璃皿中水温保持试验温度（25±0.1）°C，水深高于试样表面不小于 10 mm。

（2）将平底玻璃皿置于针入度仪的平台上。慢慢放下针连杆，调整标准针使针尖恰好与试样表面接触（可借助反光镜或手电观察），拉下刻度盘的拉杆，使其与针连杆的顶端轻轻接触。

（3）选择自动针入度仪 5 s 的按钮，按下启动键，使标准针自动下落贯入试样，5 s 后自动停止贯入。

（4）读取示数盘上的针入度值，精确至 0.5（0.1 mm）mm。

4. 平行试验

同一试样平行试验至少 3 次，各测试点之间及其与盛样皿边缘的距离不少于 10 mm。每次测试后，应将试样置于恒温水浴中，并保证平底玻璃皿中的水温符合试验要求，同时将标准针取下，用三氯乙烯溶剂擦净试针表面的沥青，并用干净的棉花或布擦干。

注意：

测定针入度大于 200 mm 的沥青试样时，至少用 3 根标准针，每次测定后将针留在试样中，直至 3 次测定完成后，才能将标准针一同从试样中取出。

5. 试验数据记录及结果处理

同一试样 3 次平行试验结果的最大值和最小值之差在下列允许误差范围内时，计算 3 次试验结果的平均值，取整数作为针入度试验结果（以 0.1 mm 为单位）。沥青针入度试验精度要求见附表 4-2；沥青针入度重复性和再现性误差要求见附表 4-3，试验结果记录见附表 4-4。

附表 4-2　沥青针入度试验精度要求

针入度/0.1 mm	允许差值/0.1 mm
0 ~ 49	2
50 ~ 149	4
150 ~ 249	12
250 ~ 500	20

附表 4-3　沥青针入度重复性和再现性误差要求

沥青针入度/0.1 mm	重复性误差/0.1 mm	再现性误差/0.1 mm
<	2	4
≥	平均值的 4%	平均值的 4%

附表 4-4　沥青针入度试验结果记录

试验次数	试验温度/ °C	试验时间/s	试验荷载/N	针入度值/0.1 mm	
				个别值	平均值

注意：

a. 沥青要预先除去水分，加热时要不断搅拌以防局部过热，搅拌时要避免沥青中混入空气泡。

b. 试验操作的关键是严格控制试验温度，维持水浴温度恒定，每次试验前都要检查、调节平底玻璃皿内的水温至符合试验要求的温度。

c. 试验操作的难点是必须调整标准针的针尖刚好与沥青试样的表面接触。

d. 每次测定时，各测试点之间及其与盛样皿边缘的距离不少于 10 mm，且每次都要将试针表面的沥青擦净、擦干。

二、沥青延度测定

1. 试验仪器设备

（1）延度试验仪。其形状及组成如附图 4-2 所示。

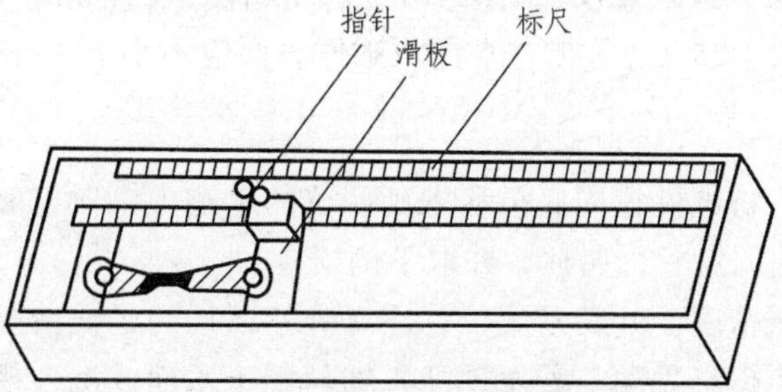

附图 4-2 沥青延度试验仪

（2）延度试模。延度试模用黄铜制成，由两个端模和两个侧模组成，其形状如附图 4-3 所示。

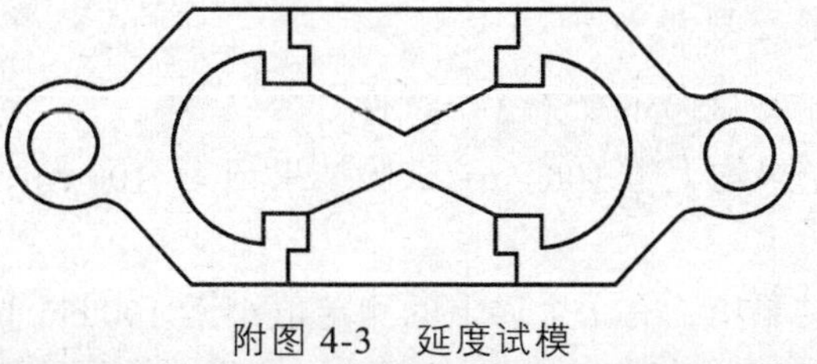

附图 4-3 延度试模

（3）试模底板。其可用玻璃板或磨光的铜板、不锈钢板。

（4）恒温水槽。其容量不少于 10 L。控制温度的精确度为 0.1 °C。水槽中应设有带孔搁架，搁架距水槽底不得少于 50 mm，试件浸入水中深度不小于 100 mm。

（5）温度计。其量程为 0 ~ 5 °C，分度为 0.1 °C。

（6）加热炉具。

（7）甘油滑石粉隔离剂。甘油与滑石粉的质量比为 2∶1。

（8）其他。平刮刀、石棉网、酒精、食盐等。

2. 试验准备

（1）加热沥青试样，将试样加热融化，加热温度不得高于沥青估计软化点以上100 °C，加热时间不得超过 30 min。

（2）涂隔离剂，组装试模。将隔离剂搅拌均匀，涂于清洁干燥的玻璃板和两个侧模的内表面，并将试模在玻璃板上组装好。

（3）灌模。将脱水过滤加热的试样自试模的一端至另一端往返数次缓缓注入试模中，并略高出试模表面（灌模时勿使气泡混入）。

（4）冷却，刮平，冷却，将试件在 15 ~ 30 °C 的空气中冷却 30 ~ 40 min 后，置于规定试验温度（25±0.1）°C 的恒温水浴中，保持 30 min 后取出，用热的刮刀刮去高出试模的沥青，使沥青表面与模面平齐（沥青的刮法应自试模的中间刮向两端，且表面应刮得平滑）。然后将试模连同底板再漫入规定试验温度的水槽中 1 ~ 1.5 h。

（5）检查延度仪。检查延度仪的运转情况，拉伸速度控制在（5±0.25）cm/min；水温控制在试验温度（25±0.5）°C，水面距试件表面应不小于 25 mm。

3. 试验步骤

（1）安装试件。将试件连同底板移入延度仪的水槽中，取下底板，将试模两端的孔分别在滑板及槽端固定板金属柱，并取下侧模。

（2）拉伸，调水密度。开动延度仪，注意观察试件的延伸情况。拉伸过程中仪器不得有震动，水面不得有晃动。若发现沥青细丝浮于水面或沉入槽底，则应在水中分别加入酒精或食盐调整水的密度至与试样的密度相近后，重新进行试验。

（3）读数。试件拉断时指针所指标尺上的读数即为沥青的延度（cm）。在正常情况下，试件拉伸时应成锥尖状，拉断时断面为零。若不能得到这种结果则应在报告中注明。

4. 试验结果评定及要求

同一试样，每次平行试验不少于 3 个试件。

（1）如 3 个测定结果均大于 100 cm，试验结果记为>100 cm；特殊需要也可分别记录实测值。

（2）如 3 个测定结果中，有 1 个以上的测定值小于 100 cm 时，若最大值或最小值与平均值之差满足重复性试验精度要求，则取 3 个测定结果的平均值的整数作为延度试验结果，若平均值大于 100 cm，记作“>100 cm”；若最大值与最小值之差不符合重复性试验精度要求时，则试验重做。

（3）精密度或允许差。当试验结果小于 100 cm 时，重复性试验精度的允许差为平均值的 20%，再现性试验精度的允许差为平均值的 30%。

5. 试验数据记录及结果处理

沥青延度试验数据记录及结果处理见附表 4-5。

附表 4-5 沥青延度试验数据记录及结果处理

试验次数	试验温度 T_0/°C	拉伸速度 u/（cm · min^{-1}）	延度 D/cm	
			个别值	平均值

注意：

a. 随度试模的两个端模内壁绝对不能涂抹隔离剂，且隔离剂的涂抹量要适中。

b. 灌模时应使试样高出试模，以免试样冷却后欠模。

c. 灌模后制模前，先在空气中冷却，再在水中恒温，然后方可刮模，最后在规定温度的水中恒温。

d. 沥青试刮时，应自试模的中间向两端，且表面应刮得平滑，务必使沥青面与试模面齐平，不得有凹陷或凸出现象。